果壳阅读
guokr.com果壳网支持

第六日译丛

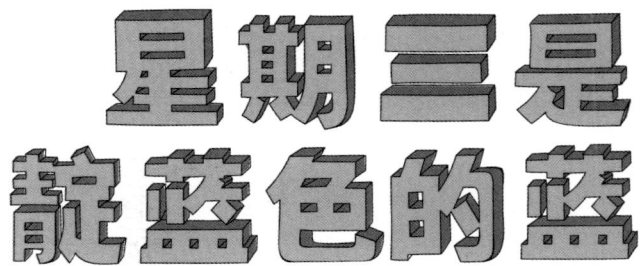

星期三是靛蓝色的蓝

[美]理查德·西托维奇　[美]戴维·伊戈曼　著

萧倩　徐漪　译

湖南科学技术出版社

目　录

身边人的世界

艾瑞卡·博登（Erica Borden）每天都要盯着巨大的屏幕观察天气变化。她是一位气象学家，今年 27 岁。她总是表情丰富，长长的深色头发勾勒出她脸庞的轮廓。此刻屏幕上的气象状况显示这是风和日丽的一天，而艾瑞卡正和同事阿维娃（Aviva）一起分享一袋巧克力葡萄干。艾瑞卡没有任何理由怀疑自己的大脑中有着与众不同的地方。

可是，从她还是一枚小小受精卵的那一刻开始，她染色体深处就埋藏着一丝细微的遗传变化。而正是这一丝变化，此刻跻身她数以十亿计的大脑神经细胞中，使得她所经历的世界与她朋友所经历的有所不同。

阿维娃就坐在旁边，她把一颗葡萄干扔进嘴里，对她与朋友的不同经历也一无所知。在大学的时候，阿维娃曾向室友提问："我怎么知道我看到的红色和你看到的红色是一回事儿呢？会不会你看到的红色在我看来其实是绿色的？"她们最后做出结论：她们永远也不会知道答案，但是这答案并不要紧——不管她们的大脑中的红和绿究竟分别是什么样的，只要在日常生活里她们会将同一只苹果称为"红苹果"就行了。但直到今日，

I

阿维娃还常常有"也许同样的红色在两个人看起来是不一样的"念头，并为此感到好奇。她所不知道的是，这种相同事物引起不同人的不同感受和经历的现象远远超过对颜色的识别，而且她未能意识到艾瑞卡所经历的世界与自己所经历的世界之间有着可观的差异。

艾瑞卡和阿维娃就这么比肩坐着，分享同一袋巧克力葡萄干。当艾瑞卡将葡萄干放在舌头上细细品味的时候，她的指尖仿佛正拂过褶皱不平的物体表面；当她耳中听到喇叭里播报天气的声音时，她不由自主地感到一片深邃的靛蓝色正在自己视野的左上方泛起涟漪；当她想到今天是星期四时，"周四"这个概念仿佛在她的右肩的某个地方占有一席之地。艾瑞卡的大脑正如海岸边的气候系统：那里没有界限和障碍，所有的元素都自由自在地混合、碰撞在一起。艾瑞卡的不同感觉与思想观念都对彼此敞开，它们一起流动汇合，就像空中的气流。

但阿维娃不是这样，她头脑中的东西都被整整齐齐地圈在不同的小隔间里：葡萄干就是葡萄干；声音只能被听见，不会被"看见"；星期四让她憧憬周末，却不具有任何空间位置的意味。她的大脑就像险峻山脉中的气候系统：群峰的阻隔使得某一处的天气与另一处的无关。

艾瑞卡和阿维娃对她们感知世界的区别一无所知。

绝大多数人的大脑都和阿维娃一样。

而艾瑞卡所拥有的，是一种罕见的现象：联觉。(Synesthesia，又被译为通感效应或共感觉。——译者注)

星期二是什么颜色的?

Chapter 1

大多数人从未听说过联觉（synesthesia）这个词。

但每个人都知道麻醉（anesthesia）这个词，其英文直译过来就是"没有感觉"的意思。Synesthesia 和 anesthesia 有相似的韵律，享有同一个词根（希腊语里 *syn* ＝联合，*aisthaesis* ＝感觉），而 syne 的 thesia 就是联觉的意思——譬如某种声音或音乐不仅仅被听见，也能被"看见""品尝"，或者像身体被触碰那样被感知。有些具有联觉特征的人在孩提时就发现世界上其他的人和自己不一样，并因此而感到极度震惊。而其他联觉者哪怕长大成人以后也对自己的与众不同之处一无所知。

"我以为每个人都这样！"他们宣称。

联觉者往往是在突发的偶然事件中发现自己感知世界的方式与他人不同的。譬如，具有联觉的艺术家卡罗尔·斯蒂恩（Carol Steen）在 7 岁时曾经对同学说："字母 A 是我见过的最美丽的粉红色。"

卡罗尔的同学觉得她这话神经兮兮的，于是狠狠地瞪了她一眼。从那以后，卡罗尔再也没跟别人说起过她的那些色彩，直到 20 岁的一个傍晚，当她和家人围坐在餐桌边吃晚饭的时候，她告诉他们数字 5 是黄色的。令她吃惊的是，爸爸坚持说，"不，它是赭黄色的"，并拒绝解释。后来，当 30 来岁的她在密歇根大学教授艺术的时候，一个心理学专业的同事告诉她这种给字母数字赋予色彩的经历有一个名字：联觉。

那时，卡罗尔对联觉的全部了解只局限于字典上的定义，而那只与带色彩的音乐有关。之后的 20 年间，她对有关的知识非常渴求，直到有一天，她听到本书的作者之一，理查德·西托维奇（Richard Cytowic），在全国公共广播电台上解释联觉这一现象注1。那时她才意识到，自己的经历不但是真切的，而且还有很重要的科学意义。她对此一直心存感激，并说："他所

中

分享的知识终于在 50 年的孤独隔绝之后赋予了我自由。"

另一位具有"数字构型"感觉的女性，在上大学之前都不知道别人并不像自己一样，会把数字沿着一条弯曲折叠的三维线排列在一起。她向数学教授抱怨方程式对她而言颇为困难，因为"那些数字总是坚持要跑到它们本来的位置去"。那位教授觉得她的感觉非比寻常，于是递过去一根金属丝，让她指出数字都位于线上的什么地方。教授看到，"她毫不犹豫地拿起金属丝，左一弯右一折，直到它看起来像一个在三维上被扭曲的东西。好几次，她精心修正已经形成的折角，直到它的角度完全准确"。注2

"这有什么奇怪的吗？"女生认真地问，"难道不是所有人眼里的数字都是这样的？"

当知道并非如此的时候，她大吃一惊。

很多联觉者都花了很长的时间才意识到自己的感受相当特殊。瑞士人琼·米洛伽夫（Jean Milogav）到了 60 岁才意识到她所见到的彩色字母与数字不同寻常：

> 我是读到弗拉基米尔·纳博科夫（Vladimir Nabokov）的自传《说吧，记忆》（*Speak，Memory*）的时候才意识到这一点的。让我非常惊讶的是，他所描写的联觉跟我所经历的一模一样：所有的字母和数字都是有颜色的……不过我看到的颜色和他的不一样。
>
> 我也从来没和别人说起过这个，不过不是因为我害羞，而是我以为别人都和我一样。直到读到纳博科夫的描写我才知道这一切并不普通……我非常享受自己的经历，如果这些颜色突然消失的话，我会觉得很难受的。不过我不觉得它们会消失，我都 61 岁了，在我的一生里它们一直跟着我。注3

琼能说德语、意大利语、法语和西班牙语，由于她所看到的颜色是由字母的形状，而不是发音来决定的，所以不管她说什么语言，单词的颜色都由拼写来决定。

正如我们刚提到的，联觉者往往是从偶然事件中发现自己具有这种令人惊异的能力。而理查德重新发现联觉这一现象的经历也充满了偶然色彩。1980 年 2 月，他前去参加晚宴，主人因为上菜缓慢而向大家道歉，并解释说这是因为"鸡肉上的'尖角'不够多"。这位主人，也就是后来成为理查德《尝得出形状的人》（*The Man Who Tasted Shapes*）一书的主角的迈克尔·华生（Michael Watson），可以将嗅觉与味觉与手上或脸上的物理触感联系在一起。

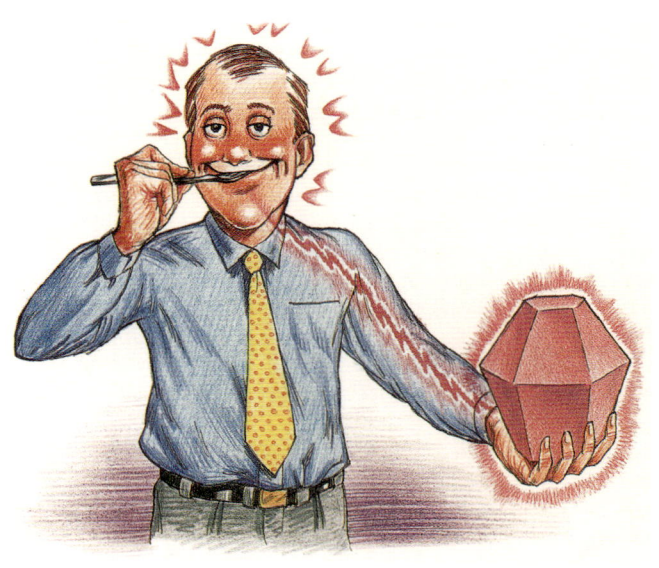

图 1.1 对于迈克尔·华生来说，味觉和嗅觉能激发他对于形状、质地、重量和温度的触感

"一种强烈的味道，"他解释说，"可以从我的手臂挥洒而下直抵手心，我仿佛能感受到它的形状、重量、质感和温度，就像我手里握着什么物体一样。"（见图1.1）他那天晚上希望鸡肉具有一种更加尖锐的触觉，"就像将我的手心放在一张铺满指甲的床上一样"，可惜，那道菜显然过于圆润了。

"我不能让你们吃这种东西。"他坚持说，他由于将食物烹饪成了错误的形状而备感尴尬。迈克尔非常喜欢下厨，不过他并不让味觉来指引自己，却喜欢在脑海里将一道道菜赋予特定的外形、材质和其他可供触摸的质感。

"他们只不过喜欢吸引他人的注意力" [4]

在那个时候，理查德的学术研究圈里没有人听说过联觉这回事，而科学界对此丧失兴趣已达数十年之久，因为它不但不能解释这种现象，甚至不能证明某个人主观描述的经历是确实可靠的。理查德之所以会知道联觉，是因为他读过有名的苏联神经心理学家 A. R. 鲁利亚（A. R. Luria）的著作《记忆大师的心灵》（*The Mind of a Mnemonist*）。书中讲到一名记忆大师史洛歇夫斯基（Sheresevsky），他惊人的记忆力来自"五觉联觉"（即一种感觉可以激发全部五种感觉——译者注）。譬如，一阵铃声可以激起他七种不同的感触：

> 我听到一只铃铛响起来……一个小小的圆形物体滚动到我眼前……我的手指能感觉到一种绳索般粗糙的触觉……我尝到盐水的滋味……以及某种白色的东西。[注4]

理查德的同事们嘲笑说，他的研究对象迈克尔不是疯子就是在嗑药。他们坚持认为联觉是不可能的，因为经典的神经科学认为不同感觉是由大脑的不同区域管理的，而联觉与这种理念相悖。他们警告理查德不要以此为科研课题，因为它"太怪异，太新潮"了，而且会"摧毁"他的学术生涯。换句话说，这些人表现出面对新事物时教条派的经典反应：否认它，把它扫到地毯下面去。

感谢理查德的开创性工作，现在原有的学界共识已经被改变了。今天世界各地的年轻科学家们写出了许多有关联觉的博士论文、科研文章与书籍，而且，他们看待大脑的方式也与过去完全不一样了。在接下来的篇章里，我们将遇到他们之中的许多人。

在很长的时间里，面对联觉，许多人都会用一种未经思考，甚至充满敌意的态度来拒绝它。怀疑者宣称"那些人都是在幻想"，认定那些所谓的联觉者不过是想象力发达、急需他人注意，并且充满表现欲望的人而已。联觉者经历的"个体性"也常常被怀疑者用来作为"他们只不过是捏造事实"的证据。所谓个体性是指，任何两个联觉者——哪怕是同卵双胞胎——面对同样的字母或数字时所感觉到的颜色往往是不同的。而人们常将联觉与嗑药联系在一起，这倒也并非完全没有道理，因为服用 LSD（D-麦角酸二乙酰胺）和麦司卡林（mescaline）这样的致幻剂确实可以激发联觉经历（在嗑药"high"的时候，和"high"之后都有可能发生）。不过，嗑药之后所经历的联觉和自然产生的联觉并不相同（不过，嗑药能引起联觉这个现象，倒是使自然的联觉显得更加有趣了）。当找不到其他原因来否定联觉时，怀疑者常常会把有联觉经历的人归于"那些疯狂的艺术家"的类型。

很多学者也对联觉存疑，而且他们经常试着用一种简单的理论来解释最常见的联觉现象——将字母和数字赋予色彩的经历：他们认为，这些所谓的联觉者之所以把 A 看成红色、D 看成绿色，不过是"回忆"起小时候所见到的彩色识字图册，或者冰箱贴而已。但是，正如弗朗西斯·高尔顿爵士（Sir Francis Galton）在一个世纪以前的英国所注意到的那样，联觉现象具有家族遗传性。很难想象，一个家族里的人都继承了冰箱贴，并且记住它们的色彩。而且，几乎每个人都在童年时看过彩色识字书或者玩过冰箱贴，可是大多数人并不会将某种色彩的"记忆"不可逆转地与特定的数字或字母捆绑在一起。最后，既然每个人的联觉经历都带有如此特殊的个体性，哪怕同一个家族里的人都会看到不同色彩，因此预设的回忆似乎并不能解释这种现象。

实际上，高尔顿所注意到的是，这些其他方面颇为正常的人每当注视字母的时候会看到颜色。换句话说，是书写符号（grapheme，字形）的视觉表现激发了他们对颜色的感知。相反，我们发现语言的发音（phonemes，音素），则倾向于激发味觉感知。譬如，对于詹姆斯·沃纳顿（James Wannerton）来说，像"village""college"和"message"这种含有［idg］音节的单词带有香肠的味道，而"Derek"这个名字感觉像耳垢，"safety"则尝起来像有淡淡黄油味的烤面包片。而且，音素所激发的味道往往和含有这个音素的单词所代表的食物味道有关（如果这个单词是形容食物的话）。譬如，April 这个单词因为含有"apri"这个音素而带有杏子（apricots）的味道，Barbara 颇似大黄（rhubarb），而 Cincinnati 则很像肉桂卷（cinnamon rolls）。小时候吃过的食物特别容易成为模板，让其他词语据此激发联觉——我们将在第 6 章（Chapter 6）进一步探讨这个重要的现象。

引人注目的是，一旦某种联觉链接被建立起来，它往往将终生存在。也就是说，对于某个联觉者来说，A 永远是深蓝色的，而 Derek 总是带有耳垢的味道。一旦建立，这种单词与色彩或者味道之间对应的关系就被锁定了。最令人着迷的是，联觉虽然受到遗传基因的影响，是一种"先天"的功能，但同时它又具有很大的"后天"成分，因为它与生命早期所接触的文化的方方面面——包括所学习的字母、数字与接触的食物——有着极深的渊源。事实上，正如我们所知，这种固定的对应关系是建立在感觉系统的许多不同方面之间的，而这种多样性是因为引发联觉的基因能增加不同脑区之间的交流。至于这种交流是通过增加神经网络连接的数量，还是通过提高已有神经连接的活性，我们将在第 9 章（Chapter 9）探讨。

对于能看到彩色字母和数字的情况而言，掌管识别字母与数字形状的脑区（图 1.2 中的绿色区域）正处于大脑左半球中名为 V4 的色彩识别脑区（图 1.2 中的红色区域）的附近。因为

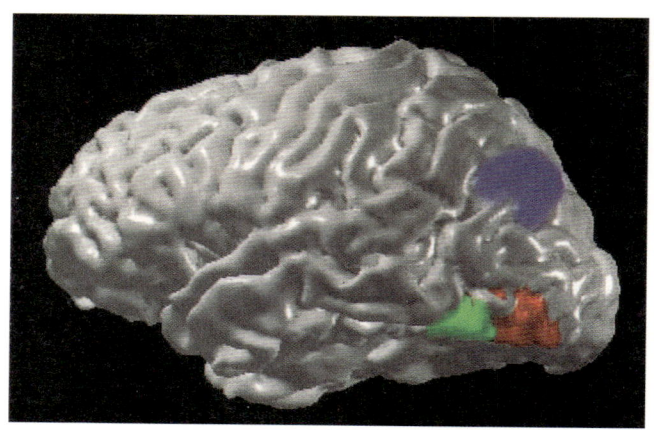

图 1.2　掌管识别字母与数字形状的脑区（绿色区域）正处于大脑左半球中名为 V4 的色彩识别脑区（红色区域）的附近

10

增加了交流，所以人眼所见到的字母形状能激发 V4 色彩识别区的活性。有趣的是，色觉正常的联觉者经常觉得他们所见到的颜色相当"怪异"或者"丑陋"，根本就不是他们平时常见到的颜色。而史蒂夫·S，一个患有色盲的联觉者，则宣称他看见了"火星一样的颜色"。[注5] 史蒂夫双眼视网膜中一些光感细胞异常，从而限制了他所能看到的颜色，然而联觉经历所激发的色彩脑区似乎与他的视觉并无关系。这样的例子为"联觉者只不过是记得他们小时候看到的色彩而已"之类的说法提供了极好的反击：一个人怎么可能记得他们从来都没有看见过、也不可能看见过的颜色呢？

另一种对联觉的常见质疑是：这些人不过是运用所谓的修辞手法罢了，多少像我们形容衣服的花色"太嘈杂"一样。[注6] 仔[7]细想想，确实，嘈杂是听觉探知的，而衣服的花色则是视觉感受。可是，为什么我们要用味觉词语来形容一个人，譬如"这个女孩真甜"呢？还有，形容声音响亮、人品冷静、环境热闹又是怎么回事呢？其实我们并不知道这些修辞手法在大脑里都是怎么工作的，用它来否决联觉，未免陷入了逻辑循环自证的怪圈：没准我们可以换个方向来想，也许这些修辞手法本来就来自于联觉的经历呢？在本书里，我们将讨论理解联觉这一真切的神经现象，将如何为我们更好地理解修辞甚至艺术创造力服务。我们将在第 8 章（Chapter 8）读到这部分内容。

比原想的更常见

因为很多人都没听说过联觉，一个常见的问题是："这个现象有多普遍？"

1880 年，弗朗西斯·高尔顿[注7]根据他对能看到"带色彩的数字"的人的观察研究，认为会经历联觉这一现象的，每 20 个人里就有一个。与他同时代的人所做出的估计也不低：大致在 1/10 到 1/4 之间[注8]。相反，理查德研究了各种不同的联觉现象之后，在 1989 年提出，联觉在人群中相当罕见，大约每 25000 人里才出一个联觉者。他所提出的这一数据是根据北美所知的联觉案例来估计的，而 1994 年一项对 200 万人的线上调查也对他所提出的数据提供了支撑[注9]。

可是，这项调查的一大缺点是，参与研究的被试者并不是广大人群中的一个有代表性的随机样本。任何调查性研究都很可能有偏差。譬如，虽然 200 万人听起来是一个相当不错的大样本，但是实际上它仅仅包含了当年拥有电脑或者使用特定网络服务公司的人。此外，只有那些看到了问卷并选择参加调查的人才提供了数据，而且，这项研究依赖于参与者汇报自己是否有联觉经历，而没有让他们经过研究者的仔细检验、确定他们是否为真正的联觉者。

当联觉逐渐再次成为科研界里有趣的研究领域之后，其他的研究者也试图对人群中联觉者的普遍性进行评估。1993 年，西蒙·拜伦-科恩（Simon Baron-Cohen）与同事在伦敦对两个非随机的人群进行了调查，提出每 2000 到 2500 人之间应该有一个联觉者[注10]。他们是在本地报纸上刊发广告，然后根据对广告做出回应的人数与报纸的发行数量来算出这一数字的。虽然这项研究也在很大程度上依赖于回应者的自我评估，但这些研究者们倒也对那些自称有联觉经历的人做了一番调查，以确定他们是否真是联觉者。但问题是，科学家们没法对那些没有做出回应的人进行调查，只能认定他们没有联觉经历，所以 1/2000 这个数字应该是个颇为保守的估计。

　　随着神经科学家们对联觉日益了解，广大媒体也对它产生了兴趣。于是，联觉者开始在报纸杂志上看到有关他们的信息，或在收音机里听到与自己相关的故事。他们开始积极地联系科学家，希望能参与到调查研究中。于是，更多的研究者开始根据这些揭示自己作为联觉者身份的人们来估算联觉在人群中的普遍率。在德国，辛德尔克·埃姆里希（Hinderk Emrich）与同事估计每 300 到 700 人里就有一个联觉者[注11]，而在美国，维兰努亚·拉玛钱德朗（Vilayanur Ramachandran）与爱德华·哈伯德（Edward Hubbard）根据一项在课堂上进行的调查将这个数字定在 1/200 左右[注12]。因为这些数字也是基于被试的自我评价，所以这些研究也具有我们前面所提到的那些缺陷。

　　终于，在 2005 年，朱莉娅·西姆纳（Julia Simner）与同事在爱丁堡对两个人群进行了接近随机的取样与详细测试。其中一个人群位于一所大学之中，而另一个则由某个大型科技博物馆的访客组成。为了克服前述研究中自我评估所带来的问题，他们使用了客观的测试来检验这些自我评估的准确性。其中，在大学中进行的那一项研究针对各种联觉现象都做了检测，在博物馆中进行的则将研究焦点放在能看到带色彩的文字和数字这种联觉现象上。由于这些研究者使用了较好的采样方法、客观的评估检测，并且在两个人群中比较了所得的研究结果，他们所做出的估测，大约是迄今为止最准确可信的。

　　他们的结果再一次显示，联觉远比我们原想的要普遍。每23 人里就可能有一人具有某一种联觉，而带色彩的数字或字母这种联觉的普遍率大概是 1/90。他们发现，最普遍的联觉类型是将颜色赋予一周中的每一天，而其次就是能看到带色的数字与字母——过去，这种联觉现象被认为是人群里最普遍的。

　　我们在这段历史中可以看到，科学"事实"是怎样根据人类不断获取新信息而改变的。非常典型的是，回答一个问题可能导致更多的问题被提出来，而新的方法学与不断提高的技术精度也可以导致我们对科学认知的改变。有时，提出不同的问题也会将我们带入新的空间。最常见的是，我们得到互相矛盾的数据，与开放式的、未被交代清楚的结局。

为了说明以上的科学探索过程，这里有一个很好的例子：在早期的研究中，科学家们曾认为联觉现象在女性中远远比在男性中更普遍：自称有联觉经历的女性数量是男性的 3 到 6 倍。这一发现似乎可以被遗传理论解释：也许联觉有关的基因是处在 X 染色体上的。因为母亲的两条 X 染色体可以传给女儿或者儿子，可是父亲的那条 X 染色体只能传给女儿（所以，如果父亲带有联觉，女儿百分之百地会继承一条带有联觉的 X 染色体，而儿子继承的可能性为零；只有母亲带有联觉，儿女继承联觉基因的可能性才是相等的。总的来说，女儿继承的可能性更大。——译者注）。由此，人们开始猜测，也许联觉的遗传基础能够在 X 染色体上找到答案。

可是，这种假说并不能解释联觉的女性数量为什么远超男性。有人于是将所观察到的 1∶6 的男女比例归结于一种被称作"雄性致死"（male lethality）的遗传现象。在这种现象中，上一代带有联觉相关的基因将导致大约一半的雄性胚胎死亡——造成流产，而继承了联觉基因的雌性胚胎大多得以存活，以至于联觉的女性远多于男性。

然而，当朱莉娅·西姆纳对随机采样进行分析时，让她大吃一惊的是，她发现联觉在女性中并不比男性更普遍。事实上，她在人群中找到了数量相当的联觉男性与女性。实际上，从前研究中所发现的女性里联觉更为普遍的现象，很可能只是因为在自我评估、展示自己的联觉经历这件事情上，男女表现不同而已。换句话说，与男性相比，女性更倾向于吐露自己所经历的有趣或奇特的感受，譬如联觉。于是，基于西姆纳的研究结果，我们再也不用为性遗传或者雄性致死争论不休了[注13]。本书两位作者中的戴维·伊戈曼（David Eagleman）曾花费许多年时间研究有联觉经历的家庭与他们的 DNA。在第 9 章（Chapter 9）中，将阐述这些遗传学的研究结果，以及它们所揭示的联觉的神经系统机制。

在早期出现的家庭现象

联觉通常在童年时代就颇为明显。联觉者常常宣称自己不记得什么时候开始具有联觉的经历，而是自打有记忆起，联觉就一直跟着他们。实际上，孩提时代我们都会想当然地以为别人都和自己一样[注14]。但当他们发现并非如此时，他们心里的钟摆往往会摆向另一个极端，认为全世界只有他们自己有这样的感受。譬如，布鲁斯·布赖登（Bruce Brydon）的联觉能让他在物体周围看到彩色的晕光，而这种感受让他觉得孤独：

> 我从来没有告诉过任何人我能看到那些别人看不到的彩色光。对我来说，我自己也无法理解这是怎么一回事，而尝试向他人解释一点也不能解决我的困惑。当我的经历为他人所承认，甚至被他人分享的时候，我真是开心极了。现在我 35 岁，在建筑业工作。那种生怕别人认为我很荒谬的恐惧让我一直不敢将自己的秘密说出来。

很不幸的是，对于年轻的联觉者来说，被人质疑是很常见的事情。丹尼·西蒙（Deni Simon）有三种联觉：听觉与色彩、字形与色彩、感情与色彩。她回忆说：

我父母觉得我非常奇怪。他们以为我是在编造这种感受，从而获取注意。每个人总是立即为我提供各种心理学解释：我只是想象力太发达啦，我被宠坏了所以需要注意力啦，等等。我妈妈是唯一一个相信我的人，但我不知道她是不是确信我所说的一切经历都是真的。

有时候，一些意想不到的情况会发生。譬如，有个保姆曾经警告一个4岁孩子的父母："斯凯勒有精神问题！"因为孩子曾经告诉她，在自己的苹果汁里看到了"彩色的吸管"（很有可能是因为他能将味觉或嗅觉与色彩和形状联系到了一起）。他还为"直升机飞过的声音"或者"布谷鸟报时声音"画了许多蜡笔画（这可能表明他有涉及色彩与听觉的联觉）。幸好他的父母都是博士生，并没有因为保姆的报告而大惊小怪。他们去学校图书馆查阅书籍寻找可能的解释，并最终给理查德打了个电话，问他自己的孩子是不是具有联觉。

正如高尔顿所注意到的，联觉经常在家族里扎堆[注15]。在这种情况下，在别人看来很奇怪的言谈感受很快就能引起共鸣。譬如，弗拉基米尔·纳博科夫在蹒跚学步的时候就向他的母亲抱怨说识字积木上的字母颜色"全都错乱了"，她立刻就明白儿子是说识字积木上的颜色和他大脑中给字母所赋予的颜色是不同的。之所以纳博科夫的母亲能这样好地理解他，正是因为她自己就能看到彩色的字母，听到彩色的声音[注16]——这正好说明虽然联觉可能被遗传，但父母和子女可以具有不同的联觉类型。后来，纳博科夫的儿子迪米特里也具有色彩与字形以及色彩与声音的联觉[注17]。有趣的是，纳博科夫的妻子薇拉也是一位联觉者，因而后人很难确定迪米特里的联觉究竟是从爸爸还是从妈妈那里继承的。

苏珊·奥斯本（Susan Osborne）小时候没有因为联觉而被

嘲笑，这是由于她的爸爸和姐妹都有字形与色彩的联觉。他们在 20 世纪 50 年代驾车旅行的时候，曾靠着给路边标识赋予色彩来打发时间。譬如，他们可能对着"206 路"叫出"天蓝色、淡橙色和粉红色"，而看到"距 Scranton 还有 87 迈（mile）"时则宣称这是"红色与柠檬绿"。当然了，每个人都有他们自己所选中的颜色，而彼此争论捍卫自己的选择是游戏里最有趣的部分。苏珊的妈妈不是一个联觉者，她永远都不理解这种家庭娱乐究竟是怎么回事。

感谢最近的科研进展，联觉率先成为能够被归结于某个特定基因的神经现象之一。而且，我们现在知道，联觉实际上是大脑中不同部分活跃互动的结果，而这种互动本身是可以遗传的。我们将在第 9 章（Chapter 9）进一步对此进行阐释。

在 19 世纪与 20 世纪早期，科研报告常常强调联觉在童年特别常见[注18]。1883 年，著名的心理学大师 G. 斯坦利·霍尔（G. Stanley Hall）发现在 35 名儿童中，有 21 人（60％）都用色彩来描述乐器的声音[注19]，从而让霍尔感到联觉在儿童中，远比在成人中普遍[注20]。许多联觉者都宣称自己从幼年期就开始经历联觉的体验，对这种现象一个可能的解释是：许多人在长大的过程中失去了产生联觉的能力。

与这种猜想一致的是，我们在对联觉的历史案例进行研究的时候，也发现其中有一小部分人认定自己从青春期起就不再能体会联觉的经历了。譬如，一个联觉者的兄弟说，他小时候也是有联觉体验的，但是"在我经历成年礼（犹太传统仪式，通常施行于男孩 13 岁时——译者注）的时候它就消失了"。这个年龄时间颇值得玩味，因为青春期正是每个人的身体经历巨大变化的时期——这种变化不但体现在外形上，也体现在大脑的结构上。年幼的大脑在整个童年阶段都在不断地重整和变化，但青春期急剧上升的性激素水平则给大脑的发育带来又一股巨大的推力。

与里格斯（Riggs）和卡沃斯基（Karwoski）在 1934 年所报道的"青春期的人常常失去联觉能力"相比，我们发现，宣称自己丢失联觉体验的人并不是很多。当然，我们并不像他们那样对被试进行了客观的评估，所以我们的发现只能被看作一些偶然性的零散记录。最近的一项研究也涉及这一现象，但它发现色彩与字形的联觉在成年人里和在六七岁的孩童里一样普遍注21。所以，这种类型的联觉可能不容易在成长中消失，或者如果它们确实会消失的话，那么消失的时间应该是在六七岁之前。

比在青春期失去联觉更罕见的是，有些人汇报说自己在青春期突然获得了联觉的能力。就我们所知，有两位女性就宣称自己将色彩与听觉联系在一起的能力是在 13 岁左右出现的。德国的辛德尔克·埃姆里希也报道过在青春期内联觉消失或获得强化的案例。

这一类的观察结果有着理论上的重要性。在研究联觉的学者中，有一点是为大家广泛承认的：在人生早期，"学习"或"习得"在建立联觉上起到了关键的作用。一旦被建立起来，这种不同感觉之间的联系往往在人的一生中保持稳定——起码对绝大多数的联觉者来说是这样。譬如，弗拉基米尔·纳博科夫曾经在儿子迪米特里 8 岁到 10 岁之间记下他给不同字母所赋予的颜色。当迪米特里快 40 岁的时候，他偶然找到了父亲留下的笔记本，并重新省视自己，发现那些字母与颜色的组合丝毫未变注22。尽管青春期丢失或获得联觉的现象罕见，它却向我们显示，在联觉这方面，年轻的大脑很可能充满可塑性。

早期的文献也支持这一说法。1917 年，斯坦福的心理学家，同时也是一个联觉者的戴维·斯塔尔·乔丹（David Starr Jordan），在儿子 8 岁时曾经记下了他所"看到"的色彩与字母的组合注23。在此后的几年间，戴维并未向儿子提起这件事，但 5 年之后，他让儿子重述他的色彩字母表，发现在原先的 26 个组合里，有 11 个（42%）都起了微妙的改变注24。今后的科学家也许应该多做些这种类型的跟踪观察，看看童年时的色彩与其他感觉之间的联系是否会随着青春期的到来而经受改变。

为什么联觉也许在儿童中格外普遍，却有相当一部分人在少年时期丢掉这种经验？对此我们只能做出猜测：因为联觉是一种相对固定而又过于宽泛的思维方式，有可能在人生后期，它被更加具有弹性的认知模式所代替，也就是抽象的思维与语言。也许，认知的发展经历了不同的阶段：从感知开始，到体会感知与感知之间的相似性，再到产生联觉或开始理解与运用暗喻，最后终于到达抽象的语言（表 1.1）。换句话说，也许联觉是大脑发育中的一个正常阶段，但是在少数成年人中它被一直保留了下来。我们将在第 8 章（Chapter 8）继续探索联觉的重要性。

表 1.1	认知的不同阶段

感知的相似性——▶联觉的链接——▶暗喻的对应性——▶抽象的语言

注：在复杂度不断增加的认知里，那些被建立起的联觉链接是处于相似的感知（譬如将明亮的色彩与"耀眼"联系在一起）与暗喻的对应（譬如使用"喧闹"来形容颜色）之间的一种形式。

联觉并不是……

在过去的 300 年间，英语中的 synesthesia 这个词语被用来形容非常不同的东西（从诗歌中的通感修辞，到那些精心设计出来的媒体效果——譬如有迷幻感的音乐和服装、声光演出历史秀、西洋透视画，甚至跨学科的教育课程），以至于人们往往对它的使用产生混淆。于是，我们在这里将那些把联觉运用于创作、试图在不同感觉之间搭建桥梁的艺术家——包括用画笔捕捉音乐的乔治娅·奥·吉弗（Georgia O'Keeffe）注25，将色彩与光线的音阶运用到曲谱中的亚历山大·斯克里亚宾（Alexander Scriabin）注26——与那些真正具有联觉经历的人区别开来。后者包括不少著名的文艺人士，譬如小说家弗拉基米尔·纳博科夫、作曲家奥利维埃·梅西安（Olivier Messiaen）与艾米·比奇（Amy Beach），以及画家大卫·霍克尼（David Hockney）和瓦西里·康定斯基（Wassily Kandinsky）。也许正是因为许多富有创造力的人们具有联觉，所以人们才常常宣称那些联觉者不过是采用艺术的修辞，而不是具有真实的体验。

联觉并不是语言修辞。如果它真的是一种暗喻的话，那么不同感觉（譬如字母与色彩）之间的联系应该随着语境的改变而改变，而不是像我们在联觉者中所观察到的那样，在相当长的时间内保持稳定。而且，不同的联觉者应该分享许多类似的联觉链接，而不是我们现在所观察到的，每个人都有自己的一套字母色彩表。而且，联觉也不是诗歌，虽然我们经常在文学里看到通感这类的修辞，但是诗人们常常运用涉及各种感觉的形容词，从而在读者心中激起一种远比特定的联觉经历涵盖面更广的复合型感官审美体验。

联觉并不来自丰富的想象力。联觉者所有的视觉体验并非像图画一般栩栩如生、纤毛毕现，而往往是非常简单甚至是初级的。譬如，一种很常见的联觉是"彩色听觉"，也就是每天周遭环境中的各种声音——尤其是音乐——能够激起对颜色、形状或者运动的感知。对这些联觉者来说，各种声音能激发某种像焰火一样的视觉效果：各种颜色、不同形状的物体以不同的运动方式出现又消失。这是他们的真实体验。其他没有联觉经历的人在听贝多芬的时候也许眼前会浮现出一片田园牧歌的风景，而联觉者只会看到五光十色的线条和不停运动的几何形状。丹尼·西蒙曾这样描述她的体会：

> 当我听音乐的时候，我眼前12英寸（1英寸＝2.54厘米）远的地方将出现一片大约1英尺（1英尺＝0.3048米）高的"屏幕"，音乐则将不同的形状像放投影一样相继打在上面。你可以把音乐所带来的图景想象成示波器里所见到的那些运动的线——带颜色的线。这些线常常带有金属般的质地，并且各自具有不同高度和宽度，以及最重要的——深度。我最喜欢的音乐常常具有特别长的线条，一直延展到"屏幕"之外。

丹尼的联觉特别生动醒目，因为她所看到的东西都出现在眼前一块明确界定的空间之中。值得指出的是，联觉者并不会混淆不同的感觉。也就是说，当他们一边听音乐一边看到图景时，他们并不是把听觉与视觉搞混了，而是同时经历了这两种感觉。用哲学词语来说，他们感受到了更多的"感质"（qualia）。所谓感质，就是某个物体所能被我们感受到的那些特质，譬如红、甜或者引起痛楚，等等。

支持"联觉不是幻想"的另一个证据来自大脑扫描成像。这些研究表明，联觉者在经历联觉时大脑被激活的图像与他们进行幻想时并不一样。实际上，联觉造成的大脑激活模式倒是和实际的感觉所造成的更相似。而且，很多联觉者并不热衷于彰显自己是如何特别，反而很少与他人分享自己的经历（也许[15]是以为别人和自己一样，或者是因为害怕他人嘲笑而默默地埋

21

藏了自己的秘密），这就进一步说明那种"联觉者只不过是以丰富想象力来唤起别人的注意"的说法是多么站不住脚。事实上，不管他们如何低调，那些异常清晰、不可消弭的联觉经历往往伴随他们一生。

研究主观体验

传统的理念认为，疼痛、晕眩、易遗忘这些症状是病人主观经历并描述的，而表征——譬如发言、瘫痪，或者语言上的错误——才是外在表现的、客观的、可以被观察到的事实。

长期以来，联觉所具有的一个问题就是它不具备可以被客观观察的表征。也就是说，对联觉的报道完全依赖于那些自称有此经历的人的主观表述。在很长一段时间里，现代科学认为这种在神经与精神方面的自我汇报是不合适用于严肃研究的。从方法学上来说，"内省"（introspection）是无法被证实或证伪的，从而在科学上是站不住脚的。不过，在 19 世纪之前，科学界并不排斥将第一人称的描述用于研究，因为那时，内省是被广为使用的试验方法。

于是我们毫不惊异地看到，19 世纪末也正是联觉成为科研热点的时间，那时候，许多关于这一现象的文章被发表出来（图 1.3）。譬如，在 1881 到 1931 的 50 年间，我们能找到 75 篇有关联觉的文章，而在 1932 到 1982 的 50 年间，则只有 23 篇。在这之后的 50 年间，科研界普遍抵触对精神思想体验方面的研究，而这是与行为学派（behaviorism）——心理学中一种将观察行为（而非分析主观陈述）作为正确研究方法的学派——的盛行分不开的。然而，从文章数量上来看，在今天，联觉研究迎来了第二个春天。

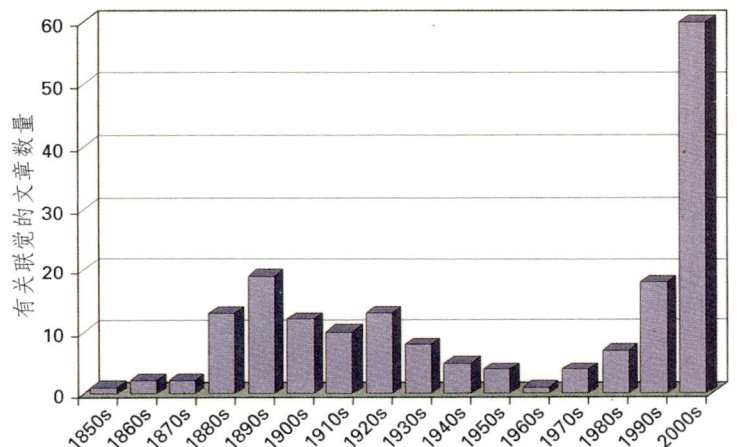

图 1.3 在 1850 到 2006 年之间有关联觉的同行评议的学术文章数量。在 19 世纪与 20 世纪交界处，科学界曾经对这一现象相当关注，但自从行为学派大行其道、成为心理学中的主要流派之后（它最盛行的时候是在 1920 到 1940 之间），有关联觉的文章数量就大大下降了。不过，最近几十年来科学家们对它开始重新重视，暗示着另一个有关联觉的研究春天的到来

　　联觉研究在最初的盛行之后，由于科学不能给它合理的解释，渐渐被学界遗忘。简单地说，心理学与神经科学在当年还是非常不成熟的学科——那时，心理学理论完全依赖于各种表面联系，而研究者对神经组织的理解与今天相比几乎微不足道；那时，现代神经病学才刚刚起步，神经科学还没有被创建起来。在我们对大脑的组织与结构的理解慢慢进化、变得更加"现代"的过程中，行为学派登上舞台。它强烈反对着眼于主观体验的研究，以至于在很长的时间里，连简单地承认"内心活动"都是不被允许的。在这种情况下，联觉在研究者的眼

16

中，再也不是一个值得重视的领域。

　　不管你是否相信，直到最近，人们才开始将情感思维活动与大脑的功能联系在一起：在漫长的历史里，神经病学对精神上的体验并不重视[注27]。相反，它注重的是运动、脊柱反射等一系列机体外在的物理现象，而把内心留给精神病学家或者哲学家去研究。20 世纪 50 年代，对于大脑皮质与精神活动之间的联系，当年的文献依然表现得模棱两可[注28]，这样摇摆不定的态度直到被称为"大脑的十年"（Decade of the Brain）的 20 世纪 90 年代才有所改变（Decade of the Brain：20 世纪 90 年代，美国国立卫生研究院大力宣传推动有关脑科学的研究，而美国总统布什为表示支持，将 20 世纪 90 年代定为"大脑的十年"——译者注）。

　　现代科学如何区别第一人称的主观体验与旁观者的"客观"观察？由于联觉者的主观体验因个体不同而不同，所以研究这一现象变得格外困难。事实上，哪怕同为色彩—文字联觉者，两个人也可能具有不同的色彩与文字组合，而这一点，常常被反对联觉研究的人拿出来作为证据，支持"联觉并不真实存在"这一论点。可是，这恰恰来自对神经机制与现象本身的误解。而且，它激发我们思考另一个更加深刻的问题：究竟"真实"是对谁而言的——是对于体验者，还是对于观察者？

　　虽然在我们对大脑结构的研究中积累了大量的知识，但要研究精神世界，还是相当困难。也许我们应该从多才多艺的 19 世纪医生与物理学家古斯塔夫·费希纳（Gustav Fechner）那里获得一些灵感，因为他一直想改变那种把着眼点全都放在机体的物理生理现象上的状况。他曾相当清楚地表述了"内心世界是存在的"这一观点，而他的话虽然在 19 世纪的哲学家里广为流传，但是在 20 世纪，却因为研究者们对解码神经系统过于狂热而渐渐被世人忘记了。在今天，我们面临的问题是，如何在这一领域进行科学研究。从根本上来说，费希纳所提出的"精神物理学"（psychophysics）——一个试图将物理的刺激与主观感受联系在一起的领域——并没有真正意义上的物质基础，因为无论怎样的大脑图像或是分析神经活动的技术都无法取代被试主观的内省与汇报。甚至，现代的神经成像技术本身也是以被试的内心精神状态为起点的。

我们如何才能用客观的方法研究内心精神状态呢？不同的科学家会选择不同类型的数据。心理学家倾向于衡量人们的行为，偏向生物学的研究者则更侧重于考虑生理物理现象，譬如大脑的图像。而研究联觉现象正好将我们这些研究者放在这两种倾向的中间，并让我们意识到第一人称的内省与汇报和第三者的观察同样重要。而且，这两种方式都承载了重要的理论意义，也可能为研究结论带来偏差。

一项实验只能带来观察的结果，只有被试本身才享有真实的体验，但是他们常常倾向于解释，而不是直接地描述自己的感受。这不仅是因为人们平时往往没有必要描述自己的意识与体验，所以往往无法区别这两种汇报之间的微妙差异，同时也因为，实际上，对自己经历的不同汇报方式也暗含了不同的理论假设注29。这些假设在所谓的"民众心理学"（folk psychology），即常识心理学中的意义和它们在神经科学中的意义往往截然不同。神经科学家们经常把实验分解成不同的部分，而每一部分都带有许多特定而微妙的特性。

譬如，让我们考虑一下由药物导致的视觉幻象，在这种经历里人们经常会"看到"许多并不存在的东西。从 20 世纪 20 年代开始，德国心理学家海因里希·克卢弗（Heinrich Klüver）[18]就对这一现象很感兴趣，想要对它多了解一些。他让被试服用致幻剂麦斯卡林（mescaline），很快发现被试对他们所见到的"无法描述"的幻象感到不可思议，并在汇报时加入了许多诗意的渲染，或者华丽的解释，而不是直接朴素地描述自己的经历。克卢弗于是对被试进行训练，让他们在内省时更加仔细，将重点放在一些基础核心的部分之上，在被试做到这些之后，他终于能从他们的叙述中归纳出 3 种视觉体验。在第 2 章（Chapter 2）里，我们将在讨论不同联觉经历概念上的相似性时[注30]，提到克卢弗所提出的 3 种体验里的一种——"形状常量"（form constants）。

被试会运用在现代神经科学中具有特定意义的假设来解释自己的经历，而研究者们同样也会在将被试的汇报翻译成科学记录时错误地做出假设。有时单个研究者会这么做，而有时整个研究领域都这样做。而他们往往不能意识到，自己的假设和被试的假设具有同样重要的理论基础。正因为这样，科学家们往往不能仅从字面上解释被试的汇报，但是通过对被试进行适当的培训，研究者们也许可以削弱一些偏差。此外，如果研究者和被试都使用一份固定的文稿来进行问询或汇报的话，也可能有所帮助。哪怕使用所谓的"客观"数据（譬如通过大脑扫描而获得的脑内新陈代新水平的图像），研究者的假设也可能引入偏差。当研究者并不是从字面上去接受它们，而是使用适当的方法来解释甚至修改它们时，主观汇报就能成为相当有用的数据来源。数年前，理查德曾经提醒研究者："虽然联觉者常常被指责成'充满幻想'的人，实际上，是我们这些研究者需要仔细考虑如何解释他们的汇报。[注31]"培训研究者，就像培训被试一样重要。

因为联觉经历是如此难以言喻，所以联觉者特别容易渲染他们的体验。因为很难描述自己的经历，所以他们常常借助于各种修辞手法。譬如，迈克尔·华生就曾经将荷兰薄荷的味道形容成"一个清凉的玻璃圆柱体"。他是在使用比喻，还是用研究者能够明白的措辞来如实地表述自己的触觉呢？为了区别这两者，研究者让他着重于描述他的确切感受，而不是试图使用语言文字来形象地"解释"这种感受。于是，当闻到荷兰薄荷的味道时，迈克尔在空中移动手掌，摩擦手指，做出触摸的样子：

> 它的外形是圆的。在它的背部，我摸到一个圆滑的曲 [19]面——非常非常光滑。所以，它一定是大理石的，或者玻璃的，因为那种顺滑的感受就像缎面一般。我没有摸到任何褶皱，表面上也没有任何突起，所以它一定是玻璃的，因为如果是大理石的，我应该能摸到石质上的坑洼。它摸起来很凉，也说明它的材质应该是某种玻璃或者石头。但它最美妙的地方还是它的光滑。我能沿着它往上或者往下移动我的双手，但我摸不到任何到顶的地方，我觉得它可能是无穷高的。所以我能对此做出的最好表述就是它是一个很高的、光滑的、玻璃圆柱……能把我的手伸到这片区域之中感觉很有趣，而且非常美妙。[注32]

很清楚，迈克尔所感受到的是非常基础的触觉。而且，每次接受相同的外界味觉或嗅觉刺激的时候，他总会拥有完全相同的触觉体验。这样的联觉特性在研究者们询问其他联觉者的经历并重复测试他们时得到了证明。在现在所用的诊断联觉的五条标准里，有两条与此相关："初级性"与"一致性"。初级性是指联觉并不复杂华丽，而是包含了相当简单甚至底层的感觉体验——格子、折线、冷的、粗糙、平滑、酸的，等等。一致性则是说相同刺激所激起的联觉感受在长时间内相当稳定（虽然不是绝对稳定）。正因为有了这些固定的诊断条件，联觉作为一种真实存在的现象终于得到了承认。

如果理查德只是从字面上去理解迈克尔的描述，或者认为他不过是在运用修辞手法，而不去仔细探究其中包含了怎样的感觉特质的话，也许直到今天，联觉还只是一段有趣的轶闻，而不会成为一种与众不同但是极其重要的神经现象，并指导我们进一步认识大脑的连接方式。现在研究这一现象的科学家们不再评判被试的实验汇报是否属实，相反，他们努力理解实验汇报的含义，并试图将主观的汇报与被观察到的行为联系在一起——这就需要同时使用到第一人称的汇报与第三人称的观察。在研究者与被试之间进行的系统性、结构固定的访谈和对话构成了一种第二人称式的关系，并使得分享知识与体验成为可能。这种反馈有时候能让联觉者更有意识地进行自我反思和体验，也会激发研究者进一步开发其他的行为观察实验。

有关研究者会引进偏见的理论——虽然研究者的偏见显然是属于第三人称的观察性研究的——在很长的时间里阻止了第一人称的主观汇报成为研究的主流。譬如，理查德在 20 世纪 70 年代接受眼科学培训时第一次意识到了医生与病人之间有着不少相互误解。他惊异地发现，病人经常宣称他们能看到某些并不存在的东西，并能用生动、充满细节的语言形容他们的所见所感，而且这些幻觉在不同病人之间往往有一定的相似性，但是医生使用各种专业器械不能发现任何问题。医生总是以为任何眼科问题都有生理上的物理特征，能被他们的仪器探测出来。人们认为这种观点是理所当然，虽然没有人明确地教授这种想法，它也相当深入人心。

回头看，这种盲目的自信简直让人无语，但是，因为研究者所做出的许多假设都看起来是那样"显而易见"，以至于没人去质疑其中是否带有偏见。病人并不想听到"你的眼睛什么问题都没有",那只会让他们觉得自己的疑问没有得到回答,于是不停追问,使得医生感到一筹莫展——双方有着不同的期待。也许正是因为理查德敏锐地察觉到这种观察者与观察对象之间的误解与不协调,所以他在面临迈克尔时并没有像许多同行一样认定他的经历是不真实的,或进一步认为迈克尔神经不大正常。研究者对某种现象的偏见——无论是支持或否认这一现象——都可能影响到数据与结果。

现实的另一种质感

想象一下,如果你能像鸟儿或甲虫那样感知光谱短波端的紫外线,或者像仪器那样能看到远红外线或者 X 光,你所看到的世界显然会和其他人不同,你眼中的"现实"也会具有不同的质感。这与联觉者的情况很相似,他们对世界的感受也比较丰富。

非联觉者往往觉得,经常看见并不存在的颜色、质地和形状一定是一种负担。他们问道:"每天都要跟这些多余的东西打交道不会让人发疯吗?"那么,设想一个类似的问题——一个盲人对你说:"可怜的家伙,不管你往哪儿看,都能看到东西。看到那么多东西,你不会发疯吗?"当然不会了!因为视觉是一种正常的现象,我们早就把它当作现实的一部分了。联觉者也是如此,只不过他们的现实与其他人的略有不同。

这向我们指出了一个中心问题:所谓现实,实际上比人们所想的要主观得多。现实并不仅仅是一个被我们的大脑被动感知的外在物理世界[注33],现实是由每个人的大脑不断对外界刺激进行特定过滤并积极创建出来的一种经历。

在这层意义里，联觉实际上是一种不同的体验模式，它强调了我们是如何作为个体经历这个世界的。它展示了精神世界的广度，并使得我们从根本上重新思考大脑的组成。在 1/4 个世纪以前，神经病学家坚持认为联觉不是真实的，因为它与既有的理论相悖；今天，联觉者令人难以置信的真实经历迫使我们改变理论。而且，理解这种奇特而有趣的现象可以帮助我们了解大脑究竟是如何工作的。

万花筒般的世界

Chapter 2

我们体内 25000 个基因中，竟然有 2/3 都在大脑中表达。基因表达的方式多姿多彩，而且它们的表达水平也会受到外界环境的影响（即所谓的"表观遗传"，epigenetic），联觉则是由一系列这类的基因表达组合造成的。如果你具有一种联觉，那你有 50％ 的机会具有第二种或第三种联觉，也就是说，联觉有关的基因很可能在不同的大脑区域中都有表达。我们称那些带有不止一种联觉的人具有"多觉性"（polymodal）联觉。

在表 2.1 中，我们可以看到不同联觉类型在联觉者中的相对普遍程度。表中数据来自美国语言学家肖恩·戴（Sean Day）的研究，而他自己也是一个联觉者。同时，他还是一个叫作"The Synesthesia List"的网站的管理者。这个网站旨在将联觉者、科学家以及其他对联觉现象感兴趣的人联系在一起[注1]。不过，这张表中的数据是由自称有联觉经历的人汇报的，所以它也像我们前一章中所提到的那些研究一样，可能与现实有所偏差。譬如，肖恩·戴的数据显示，联觉者的男女比例是 1：2.5，而字形—色彩型的联觉现象是最常见的，而这两点在前文所提到的朱莉娅·西姆纳与同事所进行的、对人群随机取样的研究中都未能被证实[注2]。西姆纳等人的研究发现，联觉者里男性和女性差不多各占一半，而将一个星期里的每一天赋予色彩是最普遍的联觉现象。虽然有些不足之处，但是这张表本身还是很有用的。

表 2.1　　不同联觉类型在联觉者中的相对普遍程度

种类	频率（％）
字形—色彩	66.50
时间—色彩	22.80
音乐—色彩	18.50

续表1

种类	频率(%)
声音—色彩	14.50
（词语的）音素—色彩	9.90
音符—色彩	9.60
气味—色彩	6.80
味道—色彩	6.60
声音—味道	6.20
痛觉—色彩	5.80
性格—色彩	5.50
触觉—色彩	4.00
声音—触觉	4.00
温度—色彩	2.40
视觉—味觉	2.10
声音—嗅觉	1.80
视觉—听觉	1.50
高潮—色彩	1.00
情感—色彩	1.00
视觉—嗅觉	1.00
视觉—触觉	1.00
嗅觉—触觉	0.60
触觉—味觉	0.60
嗅觉—听觉	0.50

种类	频率(%)
声音—运动感觉	0.50
声音—温度	0.50
味觉—触觉	0.50
运动感觉—听觉	0.40
性格—嗅觉	0.40
触觉—听觉	0.40
触觉—嗅觉	0.30
视觉—温度	0.30
音符—味觉	0.10
性格—触觉	0.10
嗅觉—味觉	0.10
嗅觉—温度	0.10
味觉—听觉	0.10
味觉—温度	0.10
温度—听觉	0.10
触觉—温度	0.10

注：表中列出的是不同类型联觉的相对频率。数据来自肖恩·戴对非随机取样的、自称具有联觉经历的738位被试所做的调查。在戴的这个样本中，72%是女性，28%为男性（数据来自 http：//home. comcast. net/~sean. day/html/types. htm）。（在联觉组合中，左边的是引起联觉感受的刺激，右边则是所引起的联觉感受）

当我们观察表2.1时，有几件事情值得注意。首先，某些联觉组合远比其他的更为普遍。也许你现在能意识到迈克尔·华生的味觉与触觉联觉有多么少见了：还不到 1‰！其次，很明显，在联觉中，色彩感觉远比其他的感觉更常见。字形、时间(譬如一个星期中的每一天）与声音则是在能诱发联觉的刺激里最为普遍。另一个需要注意的现象是，联觉经历是单向的，譬如声音能激发视觉感受，而视觉感受很少能够激发听 25 觉。这一点也向我们展示了联觉是一种真实的现象，因为科学家们知道在神经系统里，这种单向的现象很常见，而如果一个人信口开河编造故事的话，则不太会出现这样的巧合。最后，虽然我们认为联觉是不同感觉之间的交叉，但实际上有些并非属于感觉系统的神经感受(譬如性格）也是联觉中的一部分。这就让联觉现象显得更加有趣了。

最近，戴维的实验室对 1067 名字形—色彩型联觉者进行了严格的测试［在第 3 章(Chapter 3）里我们将阐述测试的细节］。在图 2.1 里，我们可以看到在这些联觉者中，有不少人具有其他的联觉经历，而一星期或一月里的每一天激发色彩感受(表 2.1 中的时间—色彩型组合）的联觉是最常见的。考虑到这些联觉本来就相对常见，这一结果并不令人惊讶。音乐—色彩与数字—空间顺序这两种类型并列成为第二常见的、与字形—色彩型并存的联觉现象。戴的调查并不包括数字—空间顺序这种联觉，所以它未出现在表 2.1 中。我们将在第 5 章(Chapter 5）中进一步讨论这种联觉。注意，除了数字—空间顺序类型以外，其他常见的并存联觉类型几乎都包含了色彩感觉，而触觉、味觉、听觉和嗅觉相对罕见。在 203 位被试中，有 45 人(22％）声称自己不具备其他联觉感受。我们将在第 9 26 章(Chapter 9）与第 10 章（Chapter 10）深入探讨哪些联觉感受容易并存，以及其中的原因。

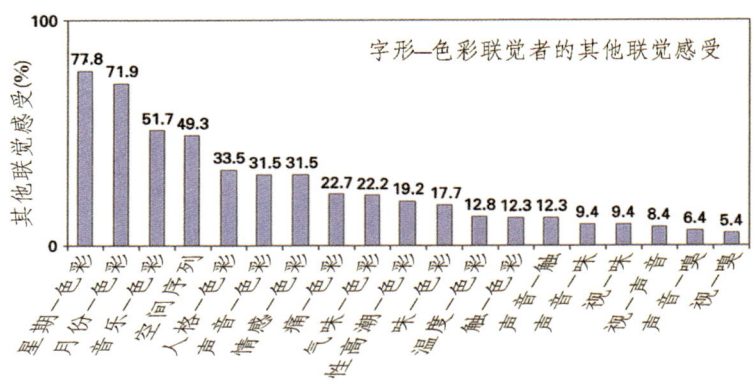

图2.1　1067名字形—色彩联觉者所汇报的其他联觉感受。这些数据来自于戴维·伊戈曼（David Eagleman）有关联觉的系列测试

常见的联觉类型

　　为了更好地介绍不同的联觉类型，我们将在下面简要地对五种常见的联觉类型进行阐释：数字形状、字型—色彩联觉（同时包括字形与音节）、味觉文字、色彩与听觉以及对字形拟人化。

数字形状

　　在一个世纪以前，人们就注意到有些人能将色彩、透视与空间感觉和特定的概念以一种有序的方式组合在一起[注3]。那些能在空间中"看到"数字（也就是数字—空间顺序联觉）的人会不由自主地将数字或者其他有顺序的符号沿着一条曲折或扭曲的轨迹在空间里排列起来。有时候这条轨迹会以一定的角度或弧线回转成环，将观察者的身体围在其中（见图2.2）。不同的

图 2.2   一条顺时针方向的轨迹线在几个右拐之后把人环在中间

人会有不同的体验。在图 2.3 里你可以看到 1883 年弗朗西斯·高尔顿所记录的一些简单的空间轨迹线[注4]：

> 不过，这些图画并不能告诉我们那些人所看到的轨迹线究竟占有多大的空间；它所延伸的区域往往超过了人在一瞥之中所能触及的范围，迫使联觉者处于"幻想"中的目光不断变换方向。有时候，这种轨迹甚至是 360° 全景式的。
>
> 对于几乎所有此类联觉者来说，自从他们有记忆以来，这种数字轨迹线——起码它最先开始的部分——就存在于大脑深处了。它们的出现"不以意志为转移"，而且它们的形状与位置在相当大的程度上保持恒定。[注5]

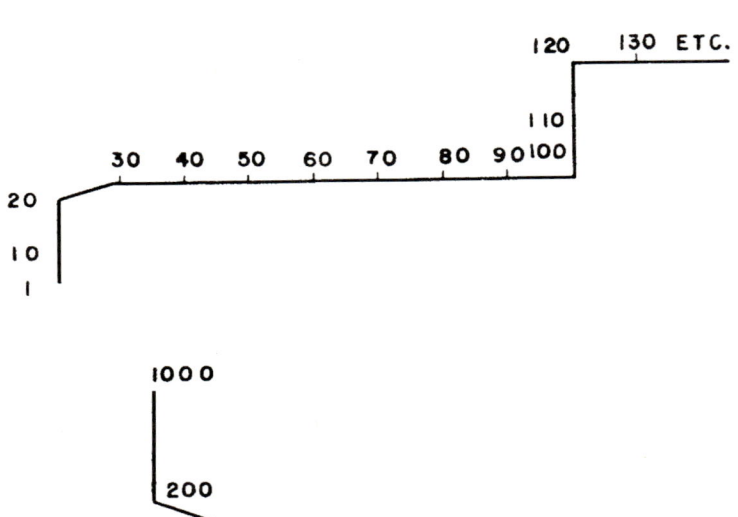

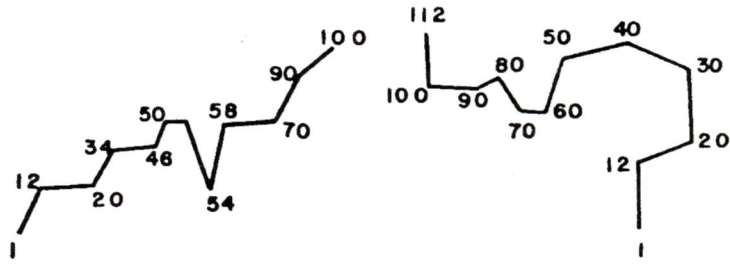

图 2.3　弗朗西斯·高尔顿在 1883 记录下的数字轨迹线

就像其他联觉一样，数字形状这种类型也具有多样性——²⁸还记得那个向数学老师抱怨"那些数字总是坚持要跑到它们本来的位置去"的学生吗？在课堂上，诺贝尔物理学奖获得者理查德·费曼（Richard Feynman）也能看到飘浮在空中的彩色等式^{注6}："当我讲课的时候，贝塞尔函数在我眼前展现出一幅隐约的图像……j 是淡褐色的，n 是浅浅的蓝紫色，x 是深棕色的，它们在空中飘来飘去。而我很好奇，学生眼里的这个等式究竟是什么样子的。"

当听说其他人和自己看待数字不一样时，或者听到其他人评价自己的感受很奇怪时，数字形状类型的联觉者往往感到非常惊讶。就像字形联觉者玛蒂·派克（Marti Pike）说的那样："我从来没有意识到在空间里给整个字母表或数字做出排序是很奇怪的事。"就像她一样，数字形状联觉者能生动而客观地描述他们眼前所见的现象。

数字形状联觉和数学能力之间没有关系——数字形状联觉者的数学水平并不比其他人更高或者更低，而且，这种联觉和其他的智力能力也不相关。但是，因为这种联觉者会自动把数字放到特定的位置上去，所以当他们和更复杂的数学——譬如几何与微积分——打交道的时候，那些固执的数字会让情况变得颇具趣味。玛蒂说："有一点，它们并不是位置固定、一成不变的，实际上，它们在空间里出现时会有果冻一样的流动性。"大小也可能成为问题——对于玛蒂来说，在她的眼里 6 是数字里个子最高的，因而含有 6 的数字也就显得格外大。换言之，玛蒂很难理解为什么 11 比 6 大，或者 234 比 66 大。而且，对她而言，大小的比较与空间感受紧密联系在一起，如果有人年纪比她大，她会往"上"看，不过，比她年轻的人并不在"下面"，却在"后面"。

字母、时间和年月日也可能以类似的方式组合成形状，且这种现象较为普遍。在后一种情况下，不同的月份可能在空间里占有不均等的位置，而处于最上面的月份不一定是一月（图2.4）。

　　数字形状联觉，比其他的联觉类型更能向我们凸显出注意力在改变感知上的重要性。西尔斯（Seers）他们能像看谷歌地图一样读其所见到的全景图，一会儿放大，一会儿缩小，并在沿着轨迹前行时不断变换视角。他们的视线能向左或向右，向上或向下，就像看虚拟节目一样——正如玛蒂所描述的，"一幅在空间浮动的 3D 图"。她将自己所见的图景叫作"记忆地图"，并将它比作这样一幅地图：你首先看到全景图，但是细节欠奉，然而你可以随时将它的某一部分拉近，仔细观察。当你这样做的时候，在你视线的焦点，光照强度被改变，于是细节仿佛被探照灯打亮一样凸现出来。另一个名字简写为 HC 的联觉者则说，当她扫视自己所见的数字形式时，仿佛有一个"小窗口"，每次只允许六七种颜色显现出来。不过，虽然联觉者能够改变他们的视角或视窗，联觉里的感知组合却总是保持不变的。

　　虽然玛蒂花费了许多精力使用彩色铅笔描绘自己所见的图像，但她坚持说自己的画并不能真正展示那种立体、全景式的特征。而其他的微妙之处，譬如透明的质感，也很难被表达出来。她总在一幅黑色的背景之上见到那些由字母和数字组成的图形（图 2.5 与图 2.6），而图中那些小小的红色"x"标出了在这幅"地图"上她能够聚焦并且变换视角的地方。"现在再看这些画，哪怕对于我自己来说，它们也显得荒谬极了……我很不习惯在一维的，或者有如此限定界限的空间上看到这些地图。这些地图延伸到视野之外，我仿佛在看着整个地平线。"

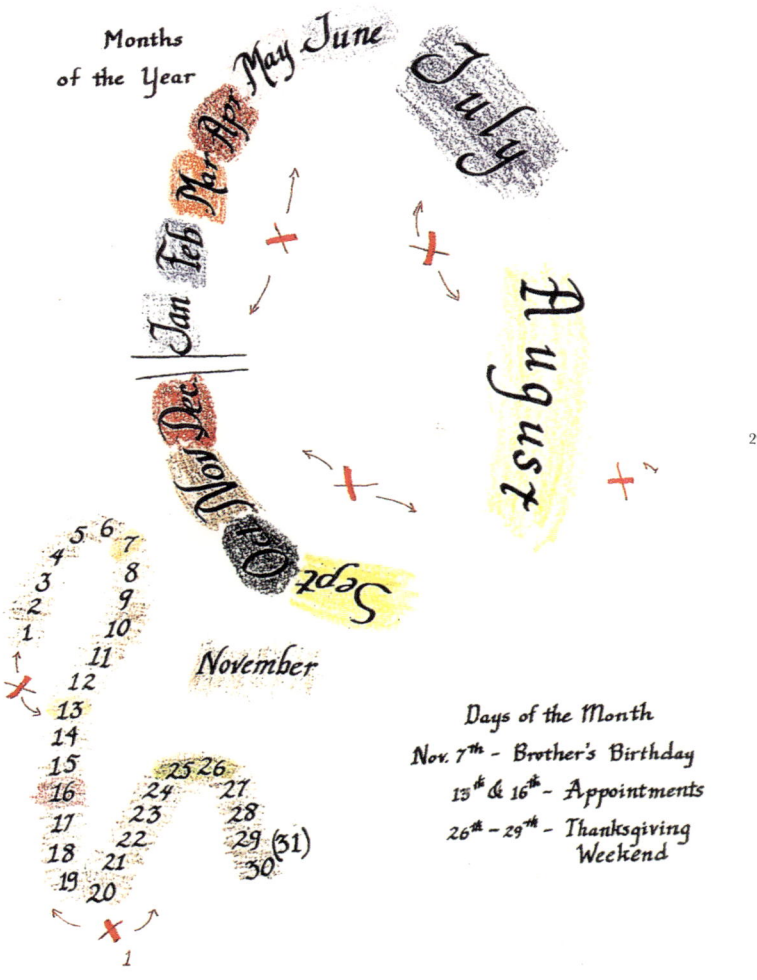

29

图 2.4　玛蒂·派克所见到的月份和日子组成的形状。注意，六月出现在最顶上，而七月、八月、九月比其他月份占有的空间要大。棕色的十一月的每一天组成一条迂回曲折的棕色轨迹。而有会议的日子、生日和特殊日期被高光凸显出来，这对她记事也颇有帮助

图 2.5　玛蒂·派克的字母表。对于她来说，字母 A 和 Z 似乎描在黑色的背景上，而其他字母所组成的环形图案则飘浮在三维空间中。字母 J 到 S 像被聚光灯打中一样凸显出来。在红色的"x"所标出的地方，视野与视角可以转换（请注意字母 D、S、M、V 边上的 x 标志）［引自文献 Cytowic（2002），已被授权，请看书后的引文目录——译者注］

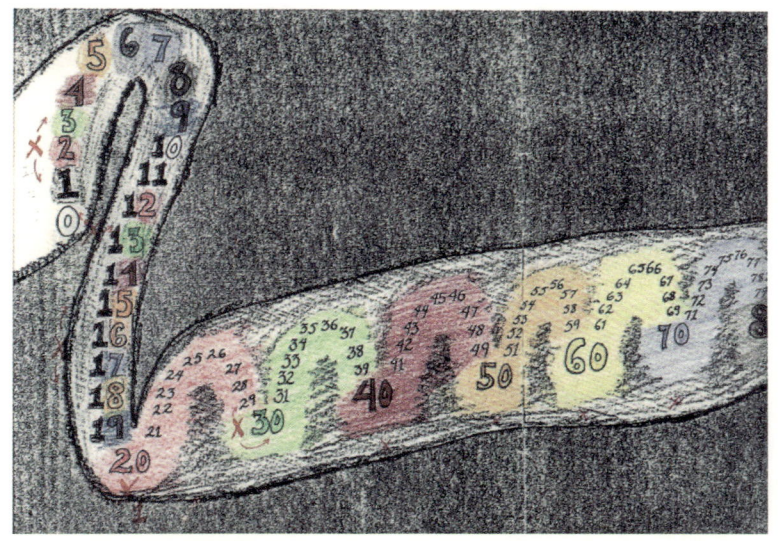

图 2.6　玛蒂·派克的数字形状图。1～20 是独立出现的，20～100 之间的数字则是以十为单位群聚在一起的。而 100 以上的数字会重复这一空间模式，只不过在百位数上加了一个 1。她每次可以同时看到差不多 100 个字母（譬如从 50～150）。值得一提的是，因为时钟上的 12 个数字的方向和她所看到的不同，所以在学习看时间时，她得格外花精力去"忘掉"自己根深蒂固的数字形状。在图 2.6 里，可以看到她的"时间日期形状"［引自文献 Cytowic（2002），已被授权——译者注］

字形—色彩联觉

通过玛蒂·派克这个具有字形—色彩型联觉者的例子，我们可以对联觉和学习之间的关系略说几句。很显然，对字母和数字的认知并不是与生俱来的，孩子们必须学习这些人造的文化现象。那究竟在什么时候什么地点，玛蒂"学习"到字母 A 是红色的呢？一旦她学到了这一概念，她的基因是如何帮助发育中的大脑将这个"红色＝字母 A"的连接固化，并且让它如此鲜明呢？面对这些问题，简短的回答是：我们并不知道其中的具体机制。在对联觉和学习的科学研究上，我们还只能简单描述它们之间确实具有相互作用，而不清楚这些作用具体是怎样发生的。不过，可以肯定的是，任何有关联觉的、概括性的科学理论都必须将神经发育与习得经历考虑进来（关于"习得经历"的一个例子是：我们对某种语言的学习过程）。此外，我们需要意识到，除了字母与数字，其他习得的"字形"——譬如标点、盲文和音乐符号——也都可以与色彩联系到一起。尽管我们还缺乏对这一现象的根本性了解，但在第9章（Chapter 9），我们将简要阐述其中的理论。

在下一章我们还会详细介绍字形—色彩类型的联觉者。在此处简短的概述里，我们只是想格外强调这里引发联觉的是字形，而不是音节。也就是说，对于这种联觉而言，一个单词是怎么拼写的，比它是如何发音的更加重要。譬如，"fish"和"photo"这两个单词在此类联觉者的眼里相当不同，哪怕它们发音相似。"Cathie"也与它的同音词"Kathy"不一样，"Brown"与"Browne"也是有差异的（图2.7）。不奇怪的是，像玛蒂这样的字形—色彩联觉者通常用色彩来帮助他们记住别人的名字，尤其是那些拼写比较罕见的名字。同样，数字1、2等也有它们自己的颜色，而这些颜色与具有相应数字含义的单词（譬如1-one，2-two——译者注）所含字母的颜色是不同的。此外，无论这些字形，或是含有字形的单词是被读到还是被听到，或甚至被想到，它们所激发起的色彩联想都是相同的。

通常第一个字母给整个单词提供底纹，元音的色彩则明明暗暗地镶嵌在背景之上。联觉者通常认为单词的浓淡深浅非常重要，如果一个单词不具备这样的特性的话，则会显得格外怪

图 2.7   在以字形为基础的联觉现象里，同音词看起来是不同的。通常第一个字母为整个单词提供背景颜色，而元音有的比背景暗，有的比背景亮

异。在玛蒂的例子里，A 和 I 让单词变暗，E 和 O 则让单词亮起来，U 则是中性的。正如我们在图 2.7 里所见的那样，"Tin 比 Tan 暗，Tan 比 Ten 暗（当然了，10 这个数字和表示 10 的这个单词 ten 看起来可不一样），Ten 比 Tun 更暗。Tun（意思是装酒的大桶）这个词的明暗程度处于 Tin 与 Tan，或者 Ten 与 Tan 之间。如果 E 被加到 Tun 的后面——形成 Tune 这个单词的话，这个新词则变得明亮多了"。对于玛蒂来说，重要性[34]仅次于明暗的是字母的"空间大小"。譬如 B 比 C，K 比 L 颜色更多。玛蒂把她所见到的单词明暗比作织毯：

字母的颜色就像纺织品一样，单独的线有自己的色彩，但当它们被织到一起时，却交杂在一起，显现出其他的颜色。譬如，T 的存在让单词成为绿色调的，但是其他字母也会有所影响——就像一幅织锦，每五股线里有两股棕色的，三股绿色的那样。再看每股线里，有的线是红的（TAN 里的"A"），有的是黄的（TEN 里的"E"），有的是灰的（TUN 里的"U"），有的是黑的（TIN 里的"I"）。这就像观赏织毯，当你站在上面的时候，看到的是绿色的毯子，当你坐下来，也许发现它的绿色里杂有棕色，再仔细看看，你就会发现红黄紫等各种其他颜色。

这就为我们提供了"注意力能影响联觉者的观察感受"的又一例证。改变注意力的焦点，就能改变他们的感知。譬如，一个字形—色彩联觉者对图 2.8 中左边由 2 组成的数字 5 的感知就取决于他是把注意力放在大 5 上面，还是 2 上面。

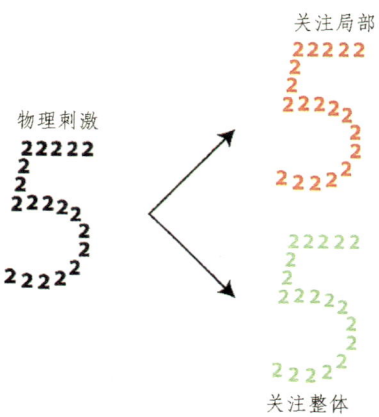

图 2.8　改变注意力的焦点就能改变联觉者的感知［引自文献 Palmer et al.（2002），已被授权］

音素联觉少数派

研究表明，6 个月大的婴儿就能识别母语中的基本音素。当孩子长到四五岁的时候，他们开始辨认字母与单词，于是对音素的学习慢慢让位给对字形的识别。有趣的是，基于字形的联觉远比基于音素的联觉要常见。从此可见，联觉这一现象往往产生于大脑与语言发育里较晚的时期，也就是儿童时代的中期——此时孩子的大脑还在进行着繁忙的重组工作。至于为什么联觉往往产生于这一时期，我们并不清楚。

玛蒂·派克大概是在四岁左右开始认识字母的，这也是大多数孩童开始学习字母的年龄[注7]。在她的记忆里，第一次拼写的字母是"牛奶"（M-I-L-K）。当她的祖母问她如何拼写 TEA 时，玛蒂记得字母 T 是属于字母表的"阴影区"里的，而当时她还"不能看到"那个区域里的东西——在那个年纪，她的字母表才刚刚开始成型，许多部分还处于云遮雾障之中。她在阅读方面颇为早慧，在她（5 岁时）进入学校之前，玛蒂就已经能够自己读书了。而她开始上学时，字母表的形象已经牢牢地刻在她的脑海之中。其后不久，在日历里，星期的空间模型也很快被塑造出来。到了大约 7 岁的时候，在玛蒂的大脑里，月份也开始具有固定的"模样"了。

学习在联觉的形成过程之中有着重要作用，而这让我们意识到在大脑的发育中，有一些特定的时期特别容易发展出联觉这样的现象。有种世俗的观念[注8]认为，胎儿时期特别重要，如果这时不给孩子适当的刺激的话，就会导致某些重要的神经发育有所缺失（所以不少父母在怀孕的时候给腹内的孩子放莫扎特的音乐）。而科学研究表明，这种做法并没有什么根据——实际上，从神经学的角度来讲，什么时候听莫扎特的音乐都不晚。但是，某些特定的感觉功能（譬如视觉与听觉）的发育，确实具有重要的"敏感时期"。婴儿必须在这个敏感时间段里接受适当的刺激——譬如光线、图像、运动等，相应的神经机能才能得到发展；相反，如果在这一阶段婴儿没有得到合适的外界刺激，它相应的感觉功能就永远无法正常发育了。在这个领域中，最有名的实验之一是在猫的身上做的——如果科学家把幼猫的一只眼睛的眼皮缝起来，过几个星期再拆线，这只眼睛所连的视觉神经系统终身都是发育不良的。在这个过程中，科学家通过缝合猫眼，阻碍了环境里的刺激（光线）到达大脑，从而剥夺了视觉发育的机会。

既然联觉者更容易对于字形，而非音素，产生"联想"，那么这就让人们想到：与联觉有关的基因会不会只在大脑发育的某个特定阶段才被表达呢？

如果联觉是一种完全由内在因素决定的现象，那语言相关的联觉就应该总是只与音素相关，因为我们在出生后不久就学会识别语音，而要到三四岁才开始学习字形。但是，音素—色彩联觉只占到所有联觉人群的10%："fireman""pheasant""off"和"enough"这4个词语可能都是蓝色的，因为它们都带有［f］这个发音。还有一些人只看到词语的音节并不能产生联觉，必须得听到才行——在一项研究中，科学家们使用正电子发射成像技术，研究了6个这样的联觉者[注9]。这种只有听到声音才能引发联觉的现象是相当奇特的，因为大多数成年人在阅读的时候会自动把字形和字音联系在一起［用术语来说，这就是"字形词典"（orthographic lexicon）被激活了］[注10]。

也有的人联觉体验与听、看与说三者都紧密相连。让我们看看弗拉基米尔·纳博科夫是怎么形容他"精妙的颜色听觉"的：

　　也许"听到"这个说法并不准确，实际上与音节相关
的色彩感觉是由*某个单词所引发*的口型来激发的。譬如英
语字母表（如果不特别说明，我一般想起来的都是英语字
母表）里的长音的［a：］带有朽木的颜色，而法语中的 a
则是散发着光泽的乌木色。这类"黑色音素"里还包括 g
（硬化的橡胶）与 r（被撕碎了的烟熏色的破布条）。而在
"白色音素"里则有燕麦粥般的 n，软面条般的 l，和象牙
柄镜那样的 o[注11]［斜体格式为本书作者所加］。

　我们该怎么理解音素—色彩联觉这种不太寻常的现象呢？
也许字形联觉最开始是从音素联觉发展起来的，只不过我们的
大脑在学习语言的过程中慢慢由音素识别转型为字形识别，与
此同时，联觉的基础也有了相应的改变。可想而知，年幼的联
觉者的大脑也会像所有其他孩子的大脑一样经过同样的语言发
育过程——当然了，要确定这一点，我们需要对联觉孩童进行
适当的认知测试，而这项任务虽不太容易，但也并非全然不可
能。如果我们假设大多数联觉人掌管联觉的基因都是在孩童时
代的中期得到表达的话，那也许在少数人里，联觉基因在完成
音素到字形的认知学习之前就被表达出来了。那时，他们还处
在音素识别的阶段，于是声音—色彩的连接在大脑中被固化，
他们就成为了音素联觉者。

味觉文字联觉

　字形联觉者通常看到颜色，音素联觉者则往往激发味觉。
有一项假说认为，在后一种情况下，当联觉基因得到表达时，
孩子正好在学习食物的名字。表 2.2 给出了认识发育里一些重
要的阶段，以及在这些阶段可能发展起来的联觉类型。

　简单来说，听觉与视觉都有可能引发联觉者的口腔味觉。

表 2.2

认知发育与联觉产生的年龄表

认知发育年龄

	6个月	1岁	1岁半	2岁	2岁半到3岁		4岁	5岁	5~7岁
识别音素		开始把握单词	词汇量包含5~20个单词	能说短语、名词和基本颜色	开始说有三个单词的句子，比较复杂食物的名称；认识数字1到10[a]；开始识别字母表[b]出现识别意识		开始发展群体协作性；开始建立不同视觉、觉知视觉之间的联系	有意识地进行有性别倾向的游戏；开始认识他人的性格；开始学习用表读时间[c]；从4岁起，阅读起步早的孩子开始阅读	阅读和写作
			1岁半到2岁		3~4岁				
6~12个月 开始明显对特定食物味道产生偏好			开始使用食物名词		按顺序数1到10，认识10以上的数字，学会字母表（3岁半以后能识别打乱顺序的字母[d]）				

产生联觉的年龄（估计值）

1岁半到2岁半：味觉—声音联觉

2岁半到3岁：声音/视觉—色彩

3~6岁：情感相关的联觉

3到3岁半：听觉[e]

3~5岁：性别/个性相关的联觉、数字形状联觉

3~4岁：字形—色彩

3~5岁：数字—构形

注：a 能识数，但是不能排列出数字顺序；b 两岁半时，有的孩子从小字母歌里学会字母表；c 很多数字形状联觉者会把1~12按照钟表的样子排列起来，但是不能排列出数字顺序；d 从4岁到4岁半左右能在打乱顺序的情况下识别字母；e 听到单词和无意义的单字也会读单词。它有可能在字形—色彩联觉产生之后不久，但是大脑还没有完成识字到音素的认知转化的期间内出现。然而有一个问题至今仍不清楚，那就是是否单词—色彩联觉容易出现在阅读上早慧的孩子身上。

而且，这些味觉往往具有特异性，而不是简简单单的酸甜苦辣。譬如对于马修·莫斯塔吉斯（Mathew Mousatkis）来说，"Steve"是水煮荷包蛋的味道。在马修的认知下，水煮荷包蛋只是暗示了特定的温度与质感，而詹姆斯·沃纳顿在形容自己的联觉味觉时，则往往会把这两种特征更为清晰地描述出来："jail"是咸肉味道的，而且又冷又硬。

并不是所有的单词都能引发味觉——常见字往往比生僻字更有效，而实际存在的词语也比生造出来的好使[注12]。

正如字形联觉者倾向于极其详细地描述他们的色彩感受一样（"带有深色杂斑的苍白紫罗兰色"），味觉联觉者也喜欢细细描述它们所"品尝"到的味道（profit 这词"有生橘子的味道，而且相当精简"）。对于某个特定的词语而言，它所能激发起的味觉往往并不以时间为转移。不过和字形联觉不一样的是，引发味觉联觉的单词的第一个字母并不占有特殊的地位，也就是说，首字母相同的单词并不见得会引发同样的味觉感受。而且，一个单词的"味道"并不是由它的字母所代表的味道综合在一起的。另外，代表食物名称的单词往往能激发相应食物的味道（譬如"rice"是大米的味道，而"onion"就是洋葱味的）。

带有相同音素的单词往往会激发起相同的味道，譬如"television"和"Kelly"都是果冻味的。其次，能激发相应味道的音素往往也出现在这种味道所对应的食物名词中（譬如"Barbara"是大黄味道的，而大黄的英文单词 rhubarb 里就有 barb 这个音节）。相应的，与特定食物名词具有类似发音或相关词义的词语也往往会激发相应的味觉，譬如"April"这个词因为与杏子（apricots）都有 apri 这个音节，所以是杏子味道的；而"baby"因为出现在某种软糖的名字（jelly baby）里，所以带有软糖味。

正因为词语所激发的味道往往取决于它们与哪个食物单词相关——dogma 听起来像热狗（hot dog）而 super 则像西红柿汤（tomato soup）——这就又提示我们，也许联觉的形成与发育成长的环境密切相关。虽然味觉联觉有一定的基因基础，但它的产生和词汇与语言的学习密切相关。在第 6 章（Chapter 6）里我们将更详细地介绍有关味觉与嗅觉的联觉，并分析为什么词义对这种联觉如此重要。

彩色的听觉

"彩色的听觉"这个短语指的是由听到某种声音而引起色彩、形状和运动感知的联觉现象。能引起联觉体验的声音多种多样，包括日常生活里的狗吠声、锅盘碗盏碰撞的声音、人说话的声音，以及音乐声，而音乐往往是最常见的引发色彩感知的声音。而由声音触发的视觉体验则与看焰火有相似之处——彩色而带有特定形状的物体出现、移动然后消失，并且被其他色彩与形状的物体取代，只要触发这种体验的声音不停止，联觉者所见到的景象就像万花筒一样变幻莫测。

在听觉—色彩这种联觉现象里，联觉者所见物体的形状与色彩是完全由声音的特性——而非声音的含义——来决定的。瑞贝卡·普莱斯（Rebecca Price）曾这样描述：

> 我非常喜欢我丈夫说话与大笑的声音，它们的颜色特别迷人——那是一种美妙的金棕色，就像脆生生的香烤黄油面包片一样。我知道这种叙述听起来很奇怪，但这就是我的真实感觉[注13]。

对于亨利·吉尔伯特（Henry Gilbert）来说，狗吠声的"模样"取决于狗的类型：德国牧羊犬这样的大狗所发出的深沉的低吠如同胡椒面一样黑中带灰，而小狗的叫声则让他眼前出现白色的圆圈。

玛丽·露·勒夫（Mary Lou Luff）听音乐的时候，会看到彩色的形状投射在她视野的前方与上方：

> 在疲劳的一天之后，那些形状显得特别近……亮闪闪的白色等腰三角形，又长又尖，就像碎玻璃块一样。亮蓝色的形状是由直线与折线构成的，而绿色的物体则带有波浪起伏的表面，譬如柔和的球形与圆盘状。它们极少是静止的（这暗示着玛丽很可能还具有另一种联觉：声音—运动联觉）。我感到我的眼前是一幅巨大的屏幕，而这些彩色的形状就在屏幕上进行演出[注14]。

有一些在特殊条件（包括感觉剥夺、药物引发以及各种成年后的失明现象）下被激发的联觉也带有声音—视觉的属性。我们将在第 9 章（Chapter 9）里对它们进行进一步的讨论。

字形拟人化

对于梅根·廷伯莱克（Megan Timberlake）而言，字母、数字、标点符号不但是有颜色的，"而且，正如它们具有色彩属性一样，它们也有着性别与性格，它们是'活生生的角色'！"1985 年，当她第一次接受检查的时候，她所具有的这种联觉体验似乎独此一例，不过在随后的文献检索中，研究者们在 19 世纪 90 年代的一篇文章里找到了类似的现象[注15]。而且，小说家弗拉基米尔·纳博科夫也有类似的对字形进行拟人化的联觉特征。

表 2.3 列出了梅根眼里每个字形的色彩、性别与性格。这些联系相当稳定——在她第一次接受研究的 5 个月之后与两年之后，每次重复测试里她都描述了相似的感受。有意思的是，她的姓名首字母 M 和 T 在所有的字母之中也被赋予了她最喜

欢的颜色——都是男性的。

对于梅根来说，多位数的数字与由多个字母组成的单词包含了它们各个组成成分的颜色。从这一点上来说，她和玛蒂·派克不同——梅根并不认为每个单词的颜色背景由首字母决定。数字 11 到 19 的性别是由个位数决定的，但是具体到每个数字的性格，则是十位与个位上的数字性格的混杂体。然而，从 20 开始，十位数决定整个数字的性别——譬如 20 是男性，而 40 则是女性，而且 41～49、401～499、4001～4999……全都是女性的。首字母的性别确实能决定单词的性别，但不能确定单词的色彩或者其他特性。我们将在下一章详细讲述有关个性化字形的联觉现象。

不寻常的联觉现象

表 2.1 里列出了一些较为罕见的联觉现象。这里我们将对其中的一些有趣而与众不同的感觉组合加以介绍。

听觉—运动联觉

在所有联觉现象中，由声音触发动作是极不寻常而且相当罕见的。1966 年一位医生将它命名为"听觉—运动联觉"[注16]。这个案例所描述的是一个男孩，他会根据他所听到的不同单词而摆出各种姿态，而且，他不但能对常见的英文单词做此反应，对没有意义的生造词他也会摆出丰富多样的身体姿势。那位医生当时就计划，过上几年，要对男孩进行重新测试，以确定这是一例真正的联觉现象。10 年后，当他对男孩读出当年的词语时，对方立即毫不犹豫地摆出了相同的姿态。

表 2.3　不同字母与符号对于梅根·廷伯莱克来说
有着不同的颜色、性别与性格特征

字母	
A	中度到明亮的黄色；女性，而且非常有女人味（总是穿着连衣裙）
B	带橘黄色调的米色，中等色调；女性；性格坚毅
C	天空的浅蓝色——或稍微深一点；男性；略显鲁莽，但总的来说值得信赖
D	深煤炭色，接近于全黑；男性；时髦华丽，爱开玩笑
E	淡紫罗兰色；男性；说话温和可亲
F	类似于木头的棕色，中等色调；男性；永远年轻，好相处，性格随和
G	稍微有点浅的紫色；男性；棱角分明、英俊、值得信赖
H	淡淡的橙色（比 B 更浅）；女性；像 A 一样充满女人味，但更令人敬畏
I	白色，但边缘显脏；男性；往往有些焦虑，但是很好相处，而且真诚
J	表面泛红的紫色；男性；看起来诙谐风趣，实际上性格坚强
K	米黄色（更偏米色）；女性；安静，负责
L	米色/卡其色：有一种特别的质地；男性；英俊，易相处
M	蓝紫色（在我的字母表里，这个颜色最招我喜欢）；男性；有神秘感，有力，英俊
N	中等程度到较深的绿色，但是是我的绿色字母和数字里最浅的一个（其他绿色字母和数字包括 T，Z，和 2）；男性；年轻，英俊，常常充当调解人

字母	
O	清澈的；清水的颜色；女性；安静，热情，值得信赖，性格方面发展均衡
P	橙色的，比 B 更偏棕色；女性；忙碌，有趣，像姐妹一样可亲
Q	红莓色；女性；优雅，不爱说话，但比扑克牌上 Q 女王更为质朴直率
R	红色；女性；典型的美国女人，外向，积极
S	柔和淡雅的黄色（比 A 的黄色要淡）；女性；独立但是是很好的合作者；成熟
T	森林般的深绿色；男性；阳刚而且安静，彬彬有礼，成熟，有责任心，身材修长，英俊，在恋爱关系里表现良好
U	柔和的粉色，玫瑰色泽，但不是非常艳丽的那种玫瑰色；女性；比较丰满，不苗条；甜美，工作努力，安静
V	偏黄的米色，但是比较柔和（比 A 更偏米色；比 S 更深；比 L 和 K 更偏黄色）；女性；非常有女人味，低调的性感；精明老练
W	中等程度的灰；"干净"的灰色；男性；思想开明，似乎比其他的字母要老一些；英俊，友好
X	切德干酪的黄色，但是略深一些；中性；随和、喜爱玩乐；性格发展均衡；有时很开心，有时又显得焦虑
Y	中等到深度的灰；男性；阴柔，有吸引力，有责任心
Z	墨绿色；男性；时髦，因此显得相当英俊；成熟但是仍然顽皮；值得信赖

42

续表 2

数字	
1	白色；男性；性格安静；看起来年轻，但实际上是个严肃的人
2	绿色，但是带有近乎蓝的色调；阳刚；英俊；比较外向，喜欢笑，和善
3	比 E 更浅的紫罗兰色；阳刚；性格像泰迪熊，看起来脾气坏，其实并不是那样
4	很黄的黄色，比 A 深；女性，阴柔的，顽皮但是并不轻浮；像姐妹一样可亲
5	蓝色，比天蓝色更深，和 C 相似；男性；有点爱焦虑，但并非缺乏自信；成熟
6	粉色，像 U 一样柔和但是略深；阳刚的；年轻，安静，聪明
7	深灰，并且有颗粒的质感，带一点淡褐的色泽；男性；顽皮，英俊得引人注目
8	橙色和米色的混合，像 H 一样，但是更加偏米色，而且淡一些；阳刚；愉快，谦逊适度，身材结实
9	深深的、带有紫色调和铁灰色的灰色；男性；有一点儿自作聪明，但依然可靠；带有严肃与有力的一面
0	数字 0 和字母 O 的颜色是一样的，也就是说，它们都是透明的，像清水的颜色一样；女性；更柔和，就像 O 的不那么强势的双胞胎姐妹
10	（以及 10 的次方）就像其他字母数字组合一样，10 保存了 1 和 0 各自的颜色，但是它带有一种偏红的背景，白色的 1 和透明的 0 从这背景色上凸显出来；10、100 和 1000 等 10 的次方都是女性的，随着数字增大，它们也变得越来越令人敬畏，像女性家长，独立
11～19	它们的性别和个位数的性别一样，而它们的性格则是两个数字的混合体

标点符号		
?	带紫的红莓色；男性；令人尊敬，严肃，有风度	
，	深灰色；男性；有点玩世不恭	
：和！	黑色的，炭灰色；男性	
"	米色；男性	
'	黑色	
＋	偏黄；女性；性格柔和	
♯	米色；男性，工作努力	

颜色相近的字母、数字、符号组	
A，S，V，4	I，1
@，￥，＋	
B，H，P，8	J，Q，?
C，5	K，X，♯，＋
D，W，Y，7	N，T，Z，2
E，3	O，0
F，L，"	（R，10）
G，M	U，6

虽然文献中对这种类型的联觉的记载仅此一例，但将声音与运动或姿态联系在一起这种现象却并不像它乍一听起来那么古怪。声音与视觉对于我们每个人来说都是紧密相连的两种感觉（正因为如此，我们看电影的时候才会觉得声音是从荧屏里的演员嘴里发出的，而不是来自于周遭的喇叭），而声音与运动也是如此。想想看，当我们跳舞的时候，我们身体的韵律——眼睛所见的与肌肉关节实际的运动——不就与音乐紧紧相扣吗？在第 8

章(Chapter 8) 里，我们将对这些密切相连的感觉展开讨论——虽然它们之间的这类联系与联觉并不相同，但深入了解这样的联系却能够帮助我们理解联觉与非联觉联系之间的相通之处，以及为什么我们能够运用并且理解暗喻这类的修辞手法。

几何形的疼痛

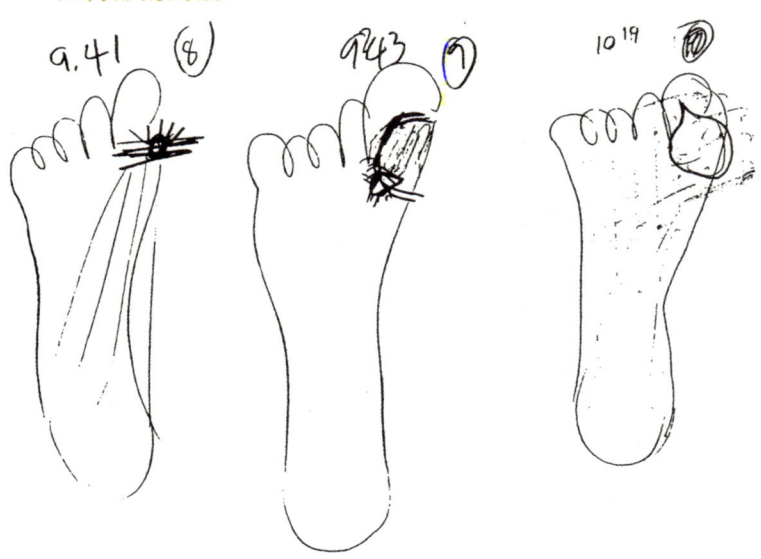

图 2.9　丽塔·布什（Rita Bush）在接受足部手术以后，在不同的时刻所感觉到的疼痛的形状。疼痛的形状随着时间推移而改变，正如疼痛本身并非恒定一样。注意，与疼痛相连的形状是相当简单的几何体（引自文献 Cytowic［2002］，已被授权）

　　根据肖恩·戴的统计（表 2.1），有 5.8％的联觉者会将疼痛与颜色联系在一起。但他的记录中并没有提及将疼痛与形状联系在一起的现象，但我们见过这样一例被试。丽塔·布什就[44]曾经这样形容她的经历：

自我记事起，我所感受的疼痛都是有形状的，而我以为每个人都很自然地具有这种感受。往往——但不是所有时候——我会听到形状里传来声音（特别是歌唱的声音）；我有时觉得我能将这些歌谣用画笔表现出来[注17]。

　　她能在肌肤上感受——而不是用眼睛看到——这些形状。这些形状从来都不是复杂精妙的，而往往是简单的团块、网格、斜纹，以及几何体（图2.9）。正像她所绘的图画显示，这些形状是动态的、不断变化的。

盲视

　　MD一出生，视力上就有严重的缺陷。十来岁的时候，她就只能分辨黑暗与光线，到了上大学的时候，她就完全失明了。但是，盲文的每个字母对于她来说却总是带有固定的颜色的。"有的字母似乎可以发光。"她说。因为小时候曾经拥有一点点视力，所以她学过字母表。但是，"如果我有意用盲文字母来表示它相应的罗马字母的话，我会看到罗马字母也具有相应的盲文字母的颜色。它们的形状和色调往往非常特别，是我通常想象不到的"。

　　这番话表明她大脑里的V4色彩区域能被盲文与罗马字母共同激活。同时，MD具有多种联觉。在她的"视野"里，钢琴的白键与电脑键盘上的字母键都具有颜色。她会将数字、月份和一周里的每一天都赋予一定的三维形状（数字—形状联觉）。街道（街道本身，而不是它们的名字）是有颜色的，美国的每个州也是有颜色的。地图显然是充满色彩的。而且，她还有音乐—色彩/形状联觉。

　　我们认为，盲文—色彩联觉与字母—色彩联觉相似，因为盲文的63个符号是由6个凸点的不同组合表示的。对于MD

45

来说，这 63 个符号每个都具有特定的颜色，而且这些颜色不随时间推移或情景变化而改变。据有的研究估计，童年时就失明的人里，大概有一半都会产生听觉—色彩联觉[注18]。最近，MD 在近千名视力受损者面前首次讲述了自己的联觉经历，随后，有 6 名听众也主动分享了类似的体验。

音之触

卡罗尔·克兰(Carol Crane)有声音—触觉联觉。也就是说，对于她而言，音乐往往能够引发轻抚、触压、温暖或者刺痛的感觉。譬如，不同的乐器能让她身体的不同部分产生感觉——吉他声像毛笔一样从脚踝轻扫到小腿肚，小提琴声是扑面而来的气息，而大提琴与风琴声则带来肚脐边的震颤。长号总是让她的后颈感到阵痛——所以她不大喜欢新奥尔良的爵士乐。显然，这些各不相同的体验与不同乐器特异的音色有关，而且，不是所有的乐器都能引发触觉感受。"我喜欢音乐会，但每次它都让我觉得筋疲力尽。"她说——就好像音乐会会耗尽她的情绪一样。

虽然卡罗尔的联觉体验颇为罕见，但它并不奇怪：音乐经常会引起听众的生理反应。想想那些高亢的，或者令人毛骨悚然的音乐，它们不就会让我们觉得头皮发麻、皮肤发紧，甚至全身起鸡皮疙瘩吗？这种跨越感官的感受，在非联觉者中也会出现。正是这样的现象让我们有理由认为联觉者的体验也许只是来自于正常的、普遍存在的神经网络，只不过表现更加强烈显著而已。

用眼倾听

玛西娅·斯密拉克(Marcia Smilack)是个与众不同的联觉者，她能"听到"她所看见的东西。对于她来说，最重要的是

"视觉构造"，也就是特定的、能产生声音的形状。她是一位摄影师，摄影作品主要是水面的倒影——"声音形状"的倒影。我们将在后面章节讨论联觉艺术，届时会对她进行更多的介绍。图 2.10 所展示的，是她的一幅作品，这幅画面所反映的是电话铃声。

图 2.10　《电话铃声》是玛西娅·斯密拉克利用倒影所创作的摄影作品。它的画面反映的是电话铃声这种听觉体验

利德尔·辛普森（Lidell Simpson）也有类似的体验。对他来说，闪烁明灭的灯光和运动的物体都能在他头脑中引发特定的声音。他说，每当看到发射塔上的灯光，或者坐在车里注视路边飞驰而过的树木的时候，总是觉得如弦在耳，从无例外。

加州理工学院的梅丽莎·萨恩斯（Melissa Saenz）对这种视觉—听觉联觉进行了研究。她惊讶地发现，这种联觉现象远比人们想象中要普遍：她在自己的同事与熟人中进行调查时就发现了 4 例。如果她的发现能在样本更大的研究中得到证实的话，那我们就得把这种联觉从"不寻常的联觉现象"这一类赶出去了！目前，梅丽莎着重于证实这种联觉现象的真实性，为此，她设计实行了一系列实验，意在展示视觉—声音联觉者在执行与判断时序有关的视觉任务时比一般人更胜一筹。实际上，在区别微妙的时间差方面，我们的听觉系统远比视觉系统要强，而视觉—听觉联觉可以让视觉系统利用听觉系统的长处，所以，这类联觉者在执行相关任务时能够展现出特别的优势。

数不清的种类

正如表 2.1 所示，联觉的种类多种多样。更为罕见的包括温度—听觉、音符—味觉、触觉—味觉以及嗅觉—听觉等联觉。

共 通 之 处

虽然联觉的种类是如此多样，但是它们之间有着一些共同的特点。实际上，早在神经系统成像技术出现之前，理查德就归纳出了联觉的 5 条"临床症状"，并应用它们将真正的联觉现象与其他现象区别开来［包括凭空编造的案例，以及那些因为服用致幻剂(LSD) 或者头脑受损而诱发的感觉体验］。

自发性、不随意性

联觉与想象力不同，想象力会被主观意识牵引主宰，而联觉则是自然而然发生的。我们可以运用心理学家约翰·斯特鲁普(John Ridley Stroop) 在 1935 年发现的"斯特鲁普效应"来证明这一点[注19]。简单来说，斯特鲁普让被试对一系列色彩词语的印刷颜色做出判断，他发现，当印刷颜色与词意不符(譬如

"蓝色")时，被试的反应会受到干扰，以至于反应速度下降。斯特鲁普效应表明，哪怕是下意识接受的信息也会影响到我们的判断[20]。

例如，让我们来看这样一个实验：首先，有这样一位联觉者，她总是把7与黄色、9与蓝色对应起来。我们给她看一组算式与色块，让她做出相应的计算并说出色块的颜色（图2.11）。在图中所示的情况下，第一个算式的答案"7"与其后所跟的黄色方块和她大脑里的联觉组合一致，这就会让被试的反应速度提高。相反，第二个算式的答案"9"与绿色方块与联觉组合不一致，导致被试的反应速度下降[21]。斯特鲁普效应还能在不同的感官之间起作用，譬如，听到"红色"这个词语会对辨识绿色色块起到影响[22]。

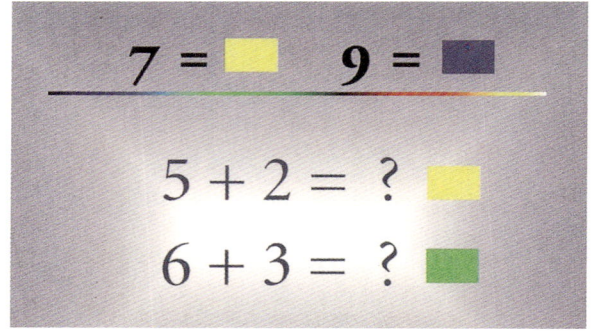

图 2.11 色彩"启动效应"（Priming）。当算式答案数字的颜色和后面的色块颜色与联觉组合一致时，联觉者完成任务的反应比不一致时快

斯特鲁普效应实验证明联觉现象是自发的，但它并不能告诉我们联觉究竟是在信息处理的哪一步产生的——是在早期的、潜意识的信息加工阶段，还是在后期的、非潜意识的选择

应答阶段？为了更好地回答这个问题，不少研究组设计实验、试图理解字型—色彩联觉现象如何影响被试的反应能力。

此类研究中早期的一例着眼于评估联觉者是否比其他人更善于从字母与数字中识别图形。圣地亚哥的心理学家维兰努亚·拉玛钱德朗（Vilayanur Ramachandran）与爱德华·哈伯德（Edward Hubbard）曾提出了以下问题：对于普通被试来说，在绿色背景里辨识一个红色的图形应该是很简单的事情（也就是说，根本不需要被试去努力分辨，这个图形会自动从背景里"站"出来）。那么，对于一个数字—色彩联觉者来说，他们是否能同样迅速地在一堆由数字 5 组成的背景里把由数字 2 组成的图形识别出来呢（图 2.12）？他们猜测，考虑到联觉者会在 2 与 5 这两个数字上看到不同的颜色，那么，一种实验结果可能

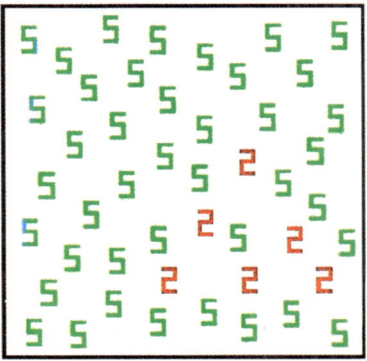

图 2.12　在一片由 5 组成的背景图案里藏着一个由 2 组成的三角形（左侧）。与某些令人激动的预期不同，联觉者实际上并不会在识别数字之前就自然而然地看到一个与背景颜色不同的三角形（右侧图所示）。但是，在识别数字之后，不同的色彩—数字组合也许能让联觉者更好地"盯住"不同的数字，以至于他们的反应会比非联觉者快一点［引自文献 Ramachandran and Hubbard（2001），已被授权］

是这样的：当非联觉者费劲地辨识 5 与 2 的时候，联觉者却轻而易举地说："哦，那里有个三角形！"假设他们的实验结果与此吻合，那这就说明联觉是在信息处理的早期发生的——早在被试意识到自己在看什么数字或者字符之前就已经为这一符号赋予了颜色。然而，与预期不同的是，在辨识这个三角形的任务上，联觉者实际上并不比其他人快[注23]。这是一个非常重要的发现，因为它向我们阐明了联觉者在哪一阶段将字符与颜色联系到一起：只有当他们意识到这些字符是"5"与"2"之后，这些数字才有了颜色——在联觉者意识到这些数字是什么之前，它们是无法诱发颜色感知的。

虽然联觉者并不具备瞬时辨图的魔力，但有些研究结果显示，他们在完成这类任务时，也许确实比非联觉者稍快一些。对此，研究者的解释是：也许联觉者一旦在一堆 5 里发现了一个 2，因为他们眼里的这两个数字有着不同的颜色，这也许会让他们在继续寻找下一个 2 的过程中，更容易"盯住"刚发现的 2（或者，在寻找 2 的过程中他们更不容易被那些颜色不同的 5 所影响）。与非联觉者相比，联觉者能更有效地开展搜寻工作。通过不断增加图中数字的个数，范德比尔特大学（Vanderbilt University）的汤姆斯·帕尔梅里（Thomas Palmeri）与同事[注24]为这一假说提供了证据。因而，联觉者并非在潜意识里，而是在认出字符之后才为它们涂上颜色。当然，联觉依然出现在神经感知过程的早期，只不过没有早到识别字符之前。

证明联觉是一种知觉的另一个方法，就是使用瞳孔直径这样的生理指标而不是反应时间这样的行为指标来测量。例如，在浏览不同颜色的字母时，瞳孔会比浏览同一颜色或者黑白的字母时要大。[注25]而瞳孔大小是受自主神经系统控制的，因而用红外方式测量其直径就具备了无须依赖言语报告的优势。瞳孔为了解第一人称的主观感受打开了一扇直接的窗口。瞳孔放大被认为是信息处理量增大即关注的表现，而"错误"的配对就引起了比合适的配对更多的关注。

空间扩展

一些联觉者坚持认为，他们的体验是投射到身体以外的，有时是一个"屏幕"，别的联觉者则说他们的感知出现在"心灵的眼睛"里。通过仔细提问可以发现，非自主的联觉体验既不同于视觉也不同于主观的想象。无论联觉是有直接的投射还是并不针对具体个人，能够确定的是这里面具有一种空间位置感。

也就是说，联觉者在感受他们的体验时会说"过去"或者"看着"某个位置。有时这种空间感确实是出于身体以外的——迈克尔·华生通常会"探出"一条手臂那么长的距离去触摸他所感受到的形状和质地。在联觉发生时，它会存在于伸手可及的范围内，绝不会远离［学术上将此称为"近体空间"（peripersonal space）］。正如我们前面所看到的，数字形状的空间扩展特别明显，我们也已经见到一些人看到音乐投射在脸部附近一个"屏幕"上的例子。

琼·米洛伽夫将她的体验比作一条走字的显示屏：

> 你知道在时代广场上他们是怎样用那个条状的电子显示屏显示新闻的吗？这正是我的脑子里浮现的样子。所有听到的词语都变成彩色的，掠过我眼前。完全就是这样。这些字当然走得很快，我是说，在一场对话中，我根本就没有时间停下来思考——可是那些字就在这里。如果我愿意的话，可以停在一个词上面仔细看一看。

如果有人对我说："你的狗好吗?"我首先看到了彩色的狗字,然后就想到了我的狗。这就是我感知的方式。总是首先看到颜色,然后我才能想到具体的东西。

一致性,基本性,以及特殊性

联觉者的体验并不随时间变化而改变。受到相同的刺激时,他们几乎总是体验到相同的感受。这在进行了多年的测试——重测验证中——而且通常都是突击测试——已经得到了证实。实际上,联觉研究人员都把长时间的一致性当成一种"真实性检验"了[注26]。而且,如果在一项匹配任务(matching task)中给出一个答案选项的阵列,联觉者只会从中挑选寥寥数个答案,对照组的答案则在看得到的范围内四处散布。[注27]

联觉体验又是基本的:类似于温暖—凉爽,起伏—光滑,光明—黑暗,闪烁—恒定这样的感受,而不具有画面感或者易于描述。例如,联觉者不会说:"这首乐曲让我看到绵羊在草地上跳跃。"常见的联觉形式属于所谓的"形状常量(form constants)",这可能是感知的基本构成元素,我们将在下文予以探讨。

联觉感知是体验之幕的一角。丹尼·西蒙这样解释道:

> 形状与声音并不能截然区分——它们也是听觉的一部分。乐器电颤琴(vibraphone)就能发出一种浑圆的音质。每个音符都像一粒黄金小球落下来。这就是这种声音的形状,而不可能是其他。

最后,联觉体验是明确的。具有音素联觉的人,其感觉是非常精确的。即使是最多的彩色蜡笔,或是色彩数量最多的色卡,也未必能让联觉者满意地描绘他们所感受到的颜色。在使用计算机里的色彩选择器时，他们往往要在 1600 万种颜色里面选上许多分钟，才能找到满意的色彩。正如高尔顿在一个世纪以前所指出的：

> 联觉者们始终对于描述颜色的精确色调最细致入微。在这件事上面他们永远都不会满足，例如，当说到"蓝色"时，他们得费好大的劲来描述他们具体想说的是哪一种蓝。[注28]

例如，联觉者在描述颜色时会比非联觉者用到多得多的词汇——朱莉娅·西姆勒及其同事的研究[注29]中曾记录到 495 比 58 个词汇这样的差距。以两种人士对于"绿色"的描述的差异为例，朱莉娅记录下了联觉者说出的 54（与表格略有出入）种不同深度的绿色，而非联觉者只能分辨 5 种（见表 2.4）。我们相信联觉者不仅仅比非联觉者在描述色彩上面词汇更丰富，而是本质性地具备更丰富的色彩体验，从而只不过是在试图更精确地表达所感受到的色彩。因而，联觉者的报告中所出现的数量差异更加表明了其真实性。

表 2.4   非联觉者与联觉者眼中的不同深度的绿色

非联觉者（5 级深度）		
绿（Green）	深绿（dark green）	青柠绿（lime green）
碧绿（Emerald）	黄绿（Avocado）	

联觉者（52 级深度）		
绿（Green）	绿玉色（jade green）	豆绿（pea green）
暗绿（murky green）	浅卡其绿（khaki-ish pale green）	青梨绿（pear green）
草绿（grass green）	叶绿（leaf green）	浓绿（strong green）

苹果绿(apple green)	嫩绿(spring leaf green)	偏深绿(green/dark)
墨绿(blackish dark green)	浅绿(light green)	深墨绿(very dark green)
雪伍德深绿(sherwood green，可能与罗宾汉有关)	青柠绿(lime green)	深墨蓝绿(very dark green/blue)
酒瓶绿(bottle green)	淡青柠绿(lime pale green)	黛色(dark green almost black)
亮绿(bright green)	鲜绿(live green)	水绿(watery green)
亮森林绿(bright forest green)	中蓝绿(medium green/bluish)	黄绿(green with yellow)
莴苣绿(cos lettuce green)	中绿(mid green)	土绿(yellow dirty green)
橙绿〔dark green (yellow/red)〕	中深绿(mid/dark green)	褐绿(green/brown)
深黑绿(dark blackish green)	苔绿(mossy green)	青色(greenish)
暗浅绿(dull light green)	绿黄 green and yellow	斑驳青铜色(greenish bronze pulsating)
冷杉绿(fir tree green)	森林绿(forest green)	深青铜色(greenish bronze strong)
灰绿(grey green)	橄榄绿(olive green)	深褐绿(dark greenish brownish)

续表 2

浅灰绿(grayish light green)	橄榄/芥末绿(olive/mustard green)	泥绿(muddy green)
硬角绿(hard angular green)	淡绿(pale green)	深绿(dark green)
	透明浅绿(pale transparent green)	

非常利于记忆

当问到联觉有什么好处时，常见的答案是："有助于记忆。"这或许是因为联觉体验并无语义学上的意义，因而很生动，容易识记。"她的名字是绿色的——我忘了是埃塞尔(Ethel)还是薇薇安(Vivian)。"在这个例子里面，确切的名字没有记住，但是绿色的联觉被记住了。

联觉与记忆增强之间的关系，在鲁利亚的《记忆大师的心灵》中有自然而详尽的描述。他的研究对象所拥有的"无限的和毫无差错的"记忆力，主要来自伴随着每个事件所产生的"五觉联感"。在描述自己记忆的过程时，鲁利亚的联觉者说：

> 我不是仅仅通过一个词语所唤起的图像来识别它，而是经由一整套感觉……这不只是视觉或者听觉那么简单，而是我全部感知的总和。我通常能够体验到一个词的滋味和重量，根本不需要费力去记忆——词语就好像能够自己从回忆中浮现出来似的。我所感觉到的东西好像涂了油一样从手里滑过……要不然就是感到左手有一团细小轻巧的小点弄得我痒痒的。感到这些我就记起来了，不用费什么

力气······注30

在我们的经验中，约有 10％ 的联觉者能够体验到遗觉像（eidetic images），也就是俗称的"照相式记忆"注31。联觉与遗觉像同现的现象最早由德国心理学家杨施（Jaensch）注32 于 1930 年发现。后来有其他研究者对这一关系进行了研究注33。遗觉像是对过去所见过的事物的清晰重现，可以是马上重现，也可以是相隔相当长一段时间的重现。与一些联觉体验类似，遗觉像也具有空间扩展性，遗觉者（eidetikers）就好像在看着一幅投射到外部的图像。他们通常看着某个素色的平面作为一个好用的背景。

遗觉可以用下述方式来判断注34。让受试者观看在中性背景前面的彩色方块，然后测试者展示残影的图像，让受试者学会分辨残影（会随着眼球的运动而运动的）和遗觉（不会改变位置的）。与遗觉图像不同，残影会迅速消退，需要长时间观看才能产生，而且是负片颜色（互补色）的。遗觉像的认定条件：（1）必须是可描述的；（2）必须是正片（真实）颜色的；（3）必须是投射在某个表面的，而不是仅仅浮现在脑中的；（4）必须被以现在时态描述；（5）要存在与受试者真实场景位置相关的正确眼部活动。

许多记录在案的遗觉者是儿童，大约有 8％ 的美国小学生具备某种程度的遗觉能力；而到了成人时期，显著遗觉的比例下降到了 0.1％。正如联觉一样，我们感觉比例的下降要归因于青少年的大脑在成长过程中发生了改变。

遗觉者能够很容易地从随机点立体图（random dot stereograms）中看出三维的物体来。这一研究深度视觉的知名工具，其工作原理如下：测试用方块包含了数量从 1 万至 100 万不等的点。向（受试者）左眼显示一幅点阵组成的图案，给右眼展示另一幅图案。这时（受试者）的大脑会将双眼看到的图像融合，受试者将能看到一个三维的物体浮现在侧视图案之上。如果两个图案以短至150毫秒的间隔闪现，非遗觉者就无法形成立体视觉了。然而，遗觉者甚至在两幅图案间隔数日的情况下都能够融合（产生立体图像）！[注35]

小说家弗拉基米尔·纳博科夫既是联觉者又是遗觉者。[注36] 众所周知，他的小说都是自传体的，因而他笔下的若干人物曾被赋予联觉的能力也毫不稀奇了。其中之一就是《阿达》（Ada）里的凡（Van），他曾描述过怎样运用颜色和数字来帮助记忆："联觉对我来说轻而易举，让我在做这些事时如虎添翼。"[注37] 在《说吧，记忆》（Speak，Memory）中，遗觉记忆是一再浮现的主题，在纳博科夫的词典中一再涌现的也是诸如"我看到了自己"，"我看到""我留意到"，"我分辨出"之类的说法。在一段又一段文字中，往事历历重现，与他初次遭遇时的时空角度完全一致。例如，国际象棋的棋局就在他的小说中多次出现，每一次的描述在空间上都高度精确，而在《微暗的火》（Pale Fire）中，他声称自己能够"命令拍摄照片"，然后再精确地"重现"相同的画面。[注38]

满载情感

联觉者常爱滔滔不绝地谈论类似于记忆名字或电话号码这类琐碎的事情，还称之为"漂亮的"或者是"令人开心的"，但是如果遭遇到不恰当的感觉——比如说看到了用色不对的字母——就会像听到指甲刮过黑板的声音一样难受。然而即使联觉的感受并不愉快，甚至是压倒性的，联觉者也仍然喜欢这些体验，不愿意失去。

盲人联觉者MD说：

我能非常准确地在心里做数学运算，而且乐此不疲……我描画起街道地图来得心应手而又兴致盎然，也很善于指路导航。我看到的地图都是色彩绚丽的，而且或许就是因为这个原因，使得地图在我眼里呈现起来既轻松又舒适。

WW 是一位神经病理学教授，他具有音素和数字形状与色彩的联觉：

要我说这是一种令人愉悦的特质。我常常自觉不自觉地运用它来帮助我记住正确的顺序……各种解剖结构的神经病理学分类、名称以及位置。（尤其是神经解剖学的结构——你们都应该去看看大脑中那些美丽的彩色阵列！）注39

有些人身上这种令人叫绝的特质，比常人多得多。肖恩·戴认为牛奶的口味是蓝色的，但如果在超市里看到一罐脂肪含量2％的低脂牛奶的盖子不是蓝色，而是紫色或绿色的话，却也并不会感到不快，只会觉得有趣。他一般不会太兴奋，除非（当他妻子出门时）亲自下厨做一道特别令自己满意的蓝色形状的创意菜肴。（但请注意，他对蓝色口味的爱好本身就是情绪化的）而另一个极端的例子是，克里斯·福克斯（Chris Fox）的多联觉（polymodal synesthesia）则具有高度的感情色彩。对他来说，字形会引起色彩、气味、性别以及性格方面的联想，声音和视觉则激发味觉、触觉、形状和颜色的感受：

我在一个令人难以置信的世界中漫游。实际上我总有这样的感觉，然而新鲜奇异的联觉并不能使我惊奇。联觉的情感总是那么强烈，我不得不注意对它们进行协调。我始终要面对超负荷运转的问题。

我对每一种颜色都有强烈的感情。我小心翼翼地按照当时的心情穿上颜色合适的衣服。如果一天当中我的情绪变化了，就会感觉不平衡，不能协调自己的情绪与身上衣服或周遭事物的颜色。[注40]

琼·米洛伽夫对于人名的色彩反应强烈。她的侄女快要生孩子了，写信来说如果是个男孩的话，他们打算给他起名叫保罗。她为此感到心烦意乱，因为：

> 保罗这个名字的颜色很丑，又灰暗又难看。我告诉她："除了保罗，什么名字都行。"可是她不明白为什么，我就说："保罗这个名字的颜色很丑陋。"她以为我疯了。最后我想想这实在不关我事，她有权力按照自己的意愿行事。这个名字或许并没有那么糟糕，可是在我心目中就是那么可怕。而且，名字的颜色影响了我对人们的看法。

她讨厌自己的名字"琼"，在家里管自己叫"亚历山德拉[56]（Alexandra）"，因为："这里面的 A 字有着美丽的蓝色"，可是"我不是很喜欢蓝色……然而亚历山德拉整个的色彩那么漂亮，我真的十分喜欢，所以一直用它"。

还有一位女士，不愿意再去她父母所属的教堂，因为：

> 我受不了那里的音乐的糟糕色彩和声音。当然，我没有说我不去的真实原因——我的联觉能力——我只是不打算再去忍受外形那么丑陋的音乐了。

显然，非联觉者不会对这些琐碎的事物反应那么强烈。但是对于联觉者来说，情绪反应直接关系到好恶之感。谢丽尔·史密斯（Sherelle Smith）是一位歌手，也创作了自己的一部分歌曲。她会根据自己演唱时的感觉需要来选择调性的色彩：

浪漫曲一定是紫色的（E调或降E调）……A调和降A调（两种深浅不同的蓝色）正适合我想唱点愉快柔美的歌曲的那种情绪。C调是绿色的，然而尽管这个调最适合歌唱，它却有点折磨我。每当我用C调写歌的时候，最后总会转到别的调上去。可是每当想起我儿时所住的英格兰那些宁静的绿色原野，我总是弄不懂（我怎么会不喜欢这个调）。看来对于绿色，我乐于"看到"更甚于愿意"听到"。不过我绝对既喜欢看到又喜欢听到大多数的紫色，所以我写了许多这种调子的歌曲。[注41]

形状常量

在上文讨论联觉的空间扩展时我们提到过形状常量。这些空间形态的基本模式最初是在20世纪20年代由德国心理学家海因里希·克卢弗发现的。他用麦司卡林（mescaline，从仙人球中提取的致幻剂）诱导出这种体验，以便更好地理解受试者的幻视体验。然而他很快发现受试者会被惊叹的心情以及认为所见的景象"难以言表"的看法轻松征服。幻象的新奇与丰富的色彩俘获了受试者的注意力，实验环境设置则对他们毫无意义，他们只能说出一些空洞无意义的演绎之词，而无法实事求是地描述所见。

然而，一旦克卢弗让他的受试者接受了训练，能够小心谨慎地运用基本的感觉，他就能够识别出4种基本的空间形态，他称之为隧道与圆锥体，放射状，格栅与蜂窝状，以及螺旋状。这些就构成了形状常量（见图2.13及图2.14）。而且可以用不同的色彩、亮度、对称性、重复性、旋转以及波动性来进一步区分受试者的体验。正如图片所示，形状常量通常是对称的。这就是为什么我们说联觉者在听音乐的时候，眼前浮现的并不是小绵羊在牧场上蹦跳的景象——他们感受到的是阴影线、锯齿线、圆形斑点、蛛网状，以及几何形状。这也就是为什么迈克尔·华生的味觉体验大都是几何形状的。

克卢弗表示，感知结构只有寥寥数种，这可能是中枢神经系统的固有结构决定的：

> 这一分析……产生了若干种形状和形状元素……无论实验个体在内在和外在方面有多大差异，所得到的记录从上述的形状和结构的角度看来却是高度一致的。我们将其命名为形状常量，以表示几乎所有的麦司卡林所导致的幻象，以及许多得到仔细检验的"非典型"幻象，几乎都是这若干种形状常量的变体。[注42]

克卢弗的研究被其他人重复和扩展[注43]。还有一位研究者[注44]在不知道克卢弗的工作成果的情况下也发现了幻觉中一再重复出现的元素，他也同样认为在幻视和致幻现象以及正常的客观体验中，视觉系统本身固有的"某些常量"起到了同样的作用。也就是说大脑中某些基本的解剖结构或者功能单元造成了人类倾向于用某种基本结构来构成视觉感知。类似于形状常量的通用图形也会出现在非联觉的情况下——例如在偏头痛的先兆期，感官剥夺的条件下[注45]，入睡前的短暂意识模糊［临睡幻觉（hypnagogic hallucinations）］，精神疾病，以及神志不清时[注46]。最后一种通常由发烧、药物反应以及低血糖等条件引起。

形状常量——这是来自大脑的产物——与内视现象（entoptic phenomena）不同，后者的意思是"眼内的"。也就是如果你揉按自己的眼球，机械压力会刺激视网膜，使你看到闪

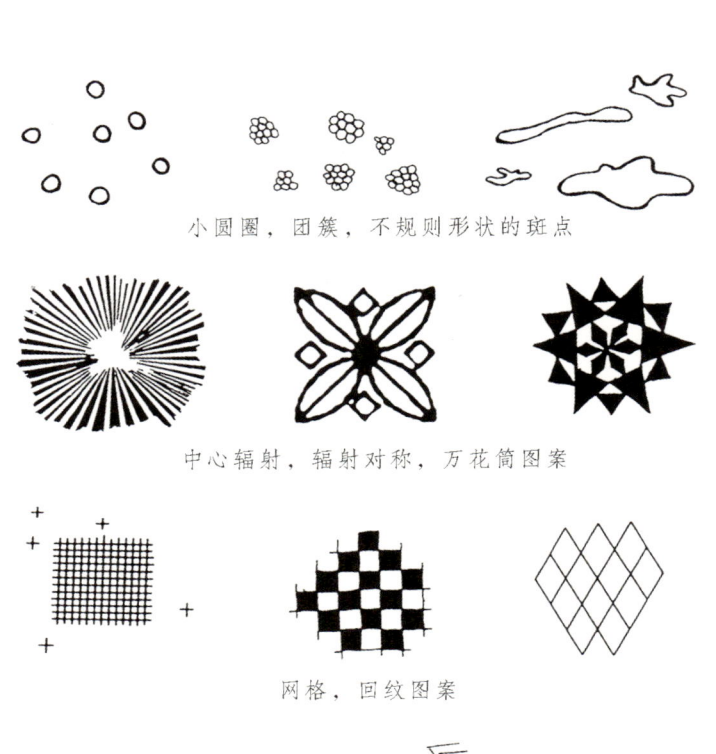

小圆圈，团簇，不规则形状的斑点

中心辐射，辐射对称，万花筒图案

网格，回纹图案

几何线条：直线，折线，弧线

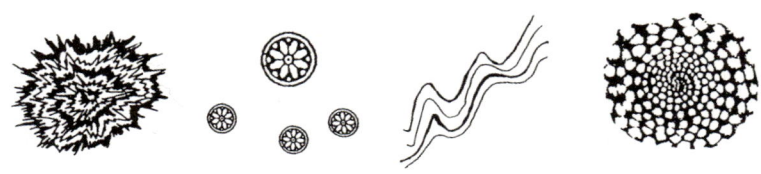

火花图案，挤出图案，重叠图案。运动图案：旋转，螺旋

图 2.13　克卢弗的形状常量实例

光或者条纹，有时还会是彩色的。有些人具备不同寻常的能力，能看见自己视网膜的血管所形成的蛛网图案。所谓的飞蚊症（muscae volitantes），即微小的幽灵一样的圆圈和圆弧实际上是流经视网膜黄斑附近血管的红细胞。青光眼会造成看到物体周围的光环或彩虹，而飞蚊症以及晶状体后面的果冻状玻璃体液中的其他混浊现象也会形成气泡和蛛网状的景象。与形状常量相对于周围背景的位置是固定的不同，内视图像是随着眼睛转动而运动的。

图 2.14　受试者画的中心辐射形、螺旋形以及隧道形的形状常量〔经授权转载自西托维奇（2002 年）〕

　　在 BBC（英国广播公司）纪录片《香橙雪葩之吻》（*Orange Sherbet Kisses*）中，有联觉者艺术家卡罗尔·斯蒂恩和《纽约时报》的联觉者艺术评论人比尔·齐默尔（Bill Zimmer）观看康定斯基的画作的镜头。康定斯基是一位联觉者画家，他具有四联觉：色彩、听觉、触觉以及嗅觉。在影片中，比尔·齐默尔不仅指出了康定斯基画作中的形状常量，也谈及他自己对于声音的联觉体验。图 2.15 的内容来自另一位联觉者，他描绘了在听到一些环境声响时所看到的形状——有雷声、爆炸声、叮当声，以及咔嗒声。

形状常量的构造并不仅仅是视觉上的，更广泛地说，在任何具有空间扩展性的感知之中都存在感知构造。图 2.16 说明了触觉和前庭平衡感（vestibular sensation）如何能够像视觉一样产生空间感。迈克尔·华生曾表达过一种触觉的空间扩展——当他描述薄荷的味道像"凉爽的玻璃柱子"时，他提及"穿越"一排排柱子，以及"转过我的手去抚摸背后的弧度"。甚至迈克尔的普通味觉也有空间位置感，他常说自己用口腔的不同位置品尝不同的味道。在关于彩色味觉的文献报告中也出现了味觉的空间扩展。[注47]

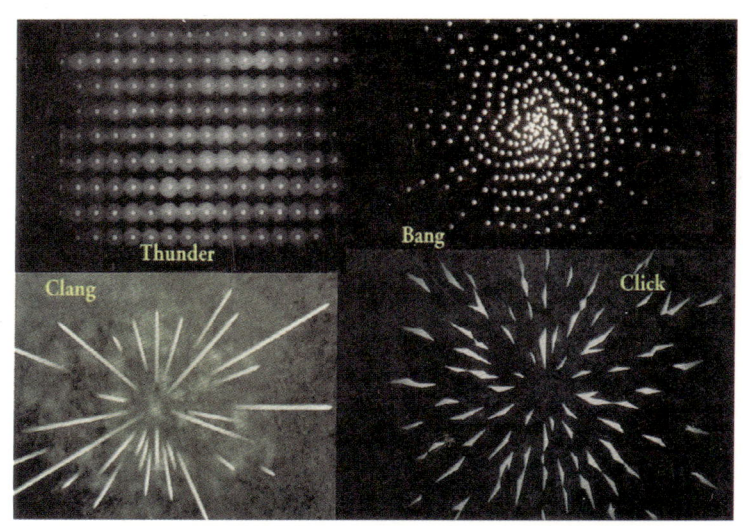

图 2.15　受试者所描绘的日常环境声响，说明了一种格栅图案（"雷声"），一种结合了螺旋和中心辐射的图案（"爆炸声"），以及两种中心辐射图案（"叮当声"和"咔嗒声"）的形状常量

　　如果我们要问"有多少读者喜欢烟雾和爆炸"的话，猜想很少有人会做出正面回答。但是如果我们改问"有多少人喜欢

焰火"的话，估计答案是一致的。

我们为什么这么喜欢焰火呢？数百万磅的娱乐性爆炸物在世界各地升入天空，数百万人拥出家门去观赏。这些彩色的亮光、闪光和爆炸究竟意味着什么呢？它们不代表任何自然存在的事物，也不能在理智层面引起任何的共鸣。它们是抽象的，却能够激发出一种强烈的情绪反应，吸引着千百万人前来观看，然后人们心满意足而归，一边还感叹着"这太精彩了！"却无法确切地说出"这"到底是个什么。没有任何其他一种抽象的视觉表达如此受欢迎。

可能只有用形状常量才能帮助解释焰火这种非自然事物令

图 2.16　形状常量适用于任何具有空间扩展性的感觉。本图表现的是偏头痛先兆时视觉—触觉—前庭平衡感的混合幻觉，受试者感到自己的腿发生了螺旋的变形，与视觉看到和前庭平衡感感觉到的螺旋现象（例如图中倾斜的窗户）相呼应

人欣快的魅力。"常量"这个词所隐含的意义会造成一种虚假的印象，就好像其所造成的感知是恒定的和静止的，然而事实上这些元素所形成的构造是非常不稳定的，会持续地自行重组，以同心圆、旋转、脉冲以及振动运动的形式不断地做着一种图案代替另一种的相互作用。万花筒式的图案变化能够达到大约每秒钟十次变化。[注48] 我们从混沌理论（非线性动力学）的研究中得知，自组织系统——例如大脑——是非常不平衡的，这一状态使得这些系统有能力发生急剧的根本性的和不可预测的改变。大脑的这一条件可能造成了联觉者所说的他们主观体验之中那些万花筒式的和闪烁形式的图案变化。

61

Chapter 3

岂不让我棕色的自我

变得蓝调?

如果你碰巧告诉一位具备数字—色彩联觉的朋友，你的电话号码是 713 – 555 – 8240，她可能会把号码记成 ■■■ – ■■■ – ■■■（有一位联觉者这样评价戴维的电话号码："这个号码挺好的，可是我就不会穿这个颜色的衣服。"）数字—色彩联觉大致是这样的：当一位联觉者看到一个黑色印刷的 6，她知道这个数字是黑色的，看到的也是黑色，但同时也有绿色的感受。这种绿色的感受是无意识的和不自觉的。对一些人而言，这种体验是内部的（也就是心灵之眼看到了绿色）；对另一些人而言，这块绿色则存在于某个具体位置（比如说叠加在数字上面）。一般来说，一位联觉者看到一个颜色"错误"的数字时会感到不安——比如说一个觉得只有 3 是红色的人，看到一个红色的 6 时就会这样。

彩色的字母与彩色的数字类似：这两种联觉通常同时发生，并且被归为同一种现象，叫作字符—色彩联觉。每一位联觉者给每个字符相对应的颜色各不相同，而且通常每种颜色都非常精确。

我们前面提到过戴维·斯塔尔·乔丹（D. S. Jordan）1917 年关于字形—色彩联觉的报告，名为《字母的色彩》。[注1]乔丹是斯坦福大学的一位心理学家，他富有预见性地写道："作者们曾经错误地认为那些特异人士具有看见字母上面的颜色的特质，其实这并不正确。这是一种心理上的联系，而不是一种幻视。"这一论断至今仍然是正确的，尽管确实有一小部分字符—色彩联觉者感受到色块存在于某个位置。即使在那些案例中，联觉中的色彩与外部世界真实存在的颜色也是很容易区别的。我们将在下文中继续讨论不同的色彩感受。

乔丹博士自己也是一位联觉者，他明白联觉是自发产生的，无须外来的教导或提示。当他问他 8 岁的儿子埃里克"A

是什么颜色的"时，埃里克毫不犹豫地回答是红色的。乔丹曾
在 1912 年记录下他儿子的所有色彩联系，然后 1917 年之前就
再也没有提起过这件事。从 8 岁到 13 岁，埃里克的字符色觉
有 42％发生了改变。在第 1 章（Chapter 1）中我们曾经用这个
例子来说明联觉会在儿童时期发生变化。然而，当乔丹博士再
次让埃里克说出他的字符色彩时（见图 3.1），他发现孩子（两次
的选择）有相当程度的吻合，足以使他相信儿子的字符色彩联
觉不可能是当场编造的。

　　乔丹推测，在一再重复的色彩选择实验中，联觉者所显示
出的一致性要远高于非联觉者，这正体现了联觉的特质。[注2] 然
而，尽管埃里克·乔丹的一致性得了高分，可是并没有一个好
的方法来量化处理他的答案。这个问题仍然存在：一次测试中
得到的"白色"答案与下一次得到的"银色"应该算是一致的还
是算不一致？如果算不一致的话，又应该算是多大的差异呢？　65

	埃里克·乔丹， 1912 年	埃里克·乔丹， 1917 年	戴维·斯塔尔·乔丹
A	红色	鲜红色	棕红色
B	浅蓝色	灰色	绿色
C	白色	白色	黄白色（浅卡其色）
D	浅蓝色	灰色	蓝色
E	浅绿色	黄色	红色
F	红褐色	褐色	浅红色
G	浅褐色	黄色	浅黄色
H	绿色	黄色	棕红色
I	黑色	黑色	铅黑色

	埃里克·乔丹， 1912 年	埃里克·乔丹， 1917 年	戴维·斯塔尔·乔丹
J	深蓝色	浅绿色	铅色
K	褐色	褐色	铅紫色
L	浅绿色	绿色	绿色
M	红色	褐色	铅蓝色
N	淡绿色	浅褐色	棕红色
O	浅蓝色	黑色	白色
P	黄色	黄色	铅色
Q	浅红色	红棕色	青白色
R	深绿色	深红色	淡绿色
S	亮金色	银色	淡黄色
T	白色	银色	绿色
U	黄色	黄褐色	浅黄色
V	银色	白色	紫蓝色
W	红棕色	褐色	铅蓝色
X	银色	银色	深红色
Y	银色	白色	蓝色
Z	浅红色	深褐色	深红色

图 3.1　戴维·斯塔尔·乔丹的儿子埃里克在 1912 年和 1917 年两次列出的字母与颜色的联系。在最后一栏里，乔丹博士列出了他自己的联觉。请注意，同一联觉者在不同时间所选择的颜色具有相当的一致性，而不同的联觉者，其感受是各不相同的

电脑色彩匹配技术的引入，为解决这些问题提供了一种精确的方法。有一种测试法能够在单次测试中检验色彩选择的内在一致性，而不需要跨越多年时间。在戴维的实验室开发的一项测试中，参加者坐在电脑前面，电脑屏幕上随机地显示一个字母或数字（见图 3.2，你可以自己在 www. synesthete. org 参加该测试）。他们可以在一个调色板上移动鼠标，从 1600 万种不同颜色中选择最接近他们对于看到的字符所产生的联觉的颜色。选择之后再给他们下一个字母或数字。每一位参加者需要进行总共 108 次测试（即字符 A～Z 和 0～9 全部以随机顺序出现三次）。所获得的数据将用于分析一致性：参加者是否在第一次和以后两次看到字母 T 时都选择了同样的颜色？色彩选择的误差可以精确地计算出来，作为一致性的得分（见图 3.3）。通过这种方式，可以很容易地区分联觉者和被告知随便为字母定一个颜色，然后在接下来的实验中凭记忆选择的对照者。[注3]这类测试也成为确定联觉是种真实存在的感知现象的又一方法。

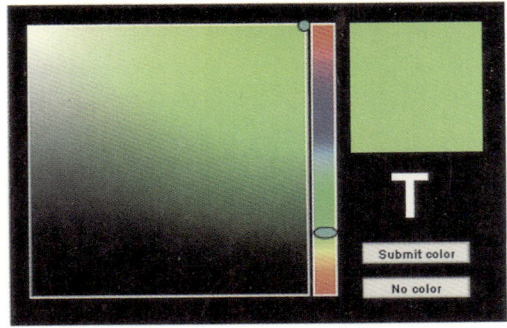

图 3.2　http：//synesthete. org 上提供的在线软件的截图。右边显示一个字母或数字（图中显示为 T），用户可以用色彩选择器在左边区域选择与自己的联觉最接近的颜色

　　字形—色彩联觉之中仍存在一些未解之谜。例如，为什么一些联觉者对于字母和数字都能感知到颜色，而另一些联觉者只对字母有感觉，还有的只对数字有感觉？为什么有的联觉者觉得某些字符是没有色彩的?(例如，图 3.3 中第二位联觉者对于 0，1，I，O，Q 和 Y 没有色觉，第三位则对于 C 没有色觉)实际上，联觉者表示有些颜色是浓烈鲜艳的，有些则看上去是"黯淡的"或"褪色的"，就好像一台彩色电视的某个旋钮被关到最低了一样。

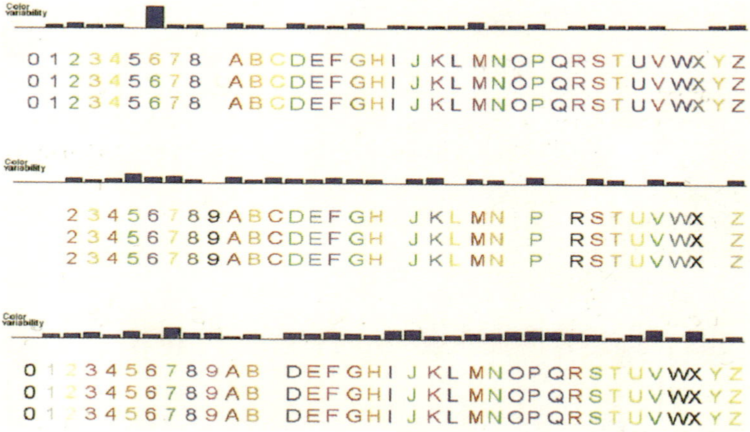

图 3.3　三位字形—色彩联觉者的数字和字母联觉实例。每一位参与者对每一个字母和数字都要按随机顺序选择 3 次。把同一字符的 3 次选择之间的差异计算为一致性的分数

　　这些差异，虽然没有得到充分解释，但是为我们暗示了一条很有价值的线索：人脑的功能就像山脉的景观一样，有些山峰探出觉识的云雾上方，有些则埋藏在云雾之中，这个问题我们将在第 9 章(Chapter 9)进一步探讨。这一比喻的图景暗示了联觉这种惊人的交叉连接有可能在大脑的所有区域都发生

着——只是程度比较低（因此埋藏在觉识之内）。我们会在第 9 章（Chapter 9）深入地挖掘这一思路。

在联觉研究中取得进展的一条路径，就是考察这种多山地形是否会在成年时期发生变化。当我们观察对于外语字母的联觉时，这个现象看起来确实存在。也就是当联觉者观看例如希 ⁶⁷ 伯来文、阿拉伯文、西里尔文（Cyrillic），或者中文这些非罗马文字，将会发生什么情况。通常情况下，观看这些刚学到的字形并不伴随着色彩的体验。正如奚西迪·C 所写的那样："它们看起来就是白色背景上的小小黑色图案，完全没有任何色彩效应。"不过大多数联觉者说一旦他们学会了那种语言（即使是成年人），那么这种新文字就会出现色彩。（不论罗马字母还是非罗马字母，）通常在一个字母的发音与其联觉色彩之间存在着某种联系。考虑到联觉有时在青春期会发生变化的观察结果，结合起来看，这表示大脑景观中的山峰一直到成年期都能持续改变，这意味着大脑始终都保持着改变的能力。

组合与上下文

图 3.3 是以各自的颜色显示的字符——但是当字母组成词语时，其色彩会随着上下文而突然转变。对于多数的个人而言，一个词的首字母控制了剩下的其他字母，其他字母则在互相影响与混合之中渐渐浮现出来。有人说在辅音的主导性影响之下，临近的元音会隐入背景中；在其他案例中，元音会被附近的色彩的阴影所沾染。如果位于单词的开头，有些字母会比其他字母影响力更大。例如，卡西迪·C 说，首字母 I "能赋予整个单词荧光，而一旦有它在，辅音就常常失去其影响力"。

他还说一个单词中的重复字母——就像联觉（synesthesia）这个词里重复三次的 S——会影响整个词的色调。比如说在这里，绿色的 S 支配着其他字母，并使其颜色偏绿（见图 3.4）。

通常，一个单词的颜色与拼写的关系要比发音更密切——所以，比如说 EROS（爱神厄洛斯）和 ARROWS（箭）尽管发音相近，但是颜色相去甚远。可是对于有些联觉者而言，拼写和发音都很重要。例如同形异义词，也就是拼写相同，发音不同的词，如"my smile is my best *attribute*（微笑是我最美的特征）"和"I *attribute* my success to my smile（我的成功归因于我的微笑）"。对于克莉莎·K（Krissa K）来说，一个同形异义词的颜色是随着重音的位置而改变的（参见表 3.1）。

图 3.4　重复的字母，如本例中的（三个）S，会影响一个单词中其他字母的颜色。上一个单词根据卡西迪·C 对于单个字母的色彩感受来涂色，而下一个则涂成他作为一个整体所感知到的颜色。请注意，他在这个例子中单词使用的是英式拼写，而我们在本书中所使用的是美式拼写

在我们对字形—色彩联觉者的调查中，似乎只有大约 25% 的被调查者对于发音具备敏感性[注4]，而且这貌似与他们联觉之中的听觉部分具有某种联系。换言之，部分字形—色彩联觉者的这一能力与他们大脑中负责听觉的部分有关系，尽管他们的联觉主要存在于书写字母上，这一差异我们将在第 9 章（Chapter 9）讨论。

星期三是靛蓝色的蓝·第六日译丛

在很多情况下，单词的含义也影响其色彩。例如，苹果一词是淡红色的，香蕉一词是黄色的，橙子一词是橙色的，这些情况普遍存在。有时联觉者发现在他们学会一个新词的定义之后，颜色也会随之改变。当卡西迪·C遇到一个新词"酞菁（phthalocyanine）"时，他的联觉色彩感受是由构成这个词的每个单独的字母决定的（图3.5，上）。然而，一旦了解到酞菁是一种鲜艳的青蓝色染料的名称之后，他现在对于这个词的色彩感受就成了图3.5下一半的样子。

色彩联系通常有助于拼写记忆，可是遇到颜色相近的人名的时候，有时会导致困惑（参见图3.6）。例如对于卡西迪·C来说，迈克（Mike）和戴维（Dave）的颜色是相似的，丹（Dan）与罗伯（Rob）也是，这会为鸡尾酒会上的社交带来不可预测的后果。

正如我们在前面所看到的，字母—色彩关联的规则各有不同：有的联觉者发现他们的色彩感觉受到首字母的影响，有的则受到元音或者是辅音的影响，有的受发音影响，还有的还受到含义或上下文影响。这种感受的差异我们还没有完全理解，不过在第9章（Chapter 9）我们将研究这些表达差异背后所蕴含的个人大脑的自然差异。

表 3.1　　　　　同形异义词及其联觉色觉的例子　　　　　69

| attribute | My smile is my best attribute.
微笑是我最美的特征。 | 亮黄色 |
| | I attribute my success to my perseverance.
我的成功归因于坚持不懈。 | 黯淡肮脏的土灰色 |

buffet	Steamed clams are at the left edge of the buffet table. 蒸蛤蜊在自助餐桌的最左边。	红棕色
	It takes a catastrophe every now and then to buffet the nation out of its laziness and complacency. 必须时不时出现一场灾难来打击一下这个国家，才能使她从懒惰和自满中警醒。	亮深褐色
compound	I earn compound interest on my savings. 我的存款能获取复利。	浅灰色
	I'm worried that the weather will compound my troubles. 我担心天气会加重我的麻烦。	浅灰色
desert	To desert the military is a crime. 当逃兵是犯罪。	土褐色
	The Gobi is a large desert in Asia. 大戈壁是亚洲的一个大沙漠。	类似于烤土司的金棕色
present	All need to be present for a unanimous vote. 全体投票需要全体出席。	白色
	He will present his ideas to the Board of Directors tomorrow. 他明天将向董事会提出他的想法。	白色

续表 2

record	She played a vinyl record on her turntable. 她在唱机上播放了一张黑胶唱片。	深蓝色
	Did he record the concert with his camcorder? 他用录像机给音乐会录像了吗？	稍浅的蓝色
resume	Resume breathing, or you will surely faint! 继续呼吸，否则你会晕倒的！	深蓝色
	My resume highlights my extensive work experience. 我的简历重点突出了丰富的工作经历。	浅蓝色
voyage	I'm getting ready to take a voyage. 我已经准备好出远门了。	蓝灰色
	Bon voyage! 一路平安！（法语）	蓝灰色
wind	How did we wind up in Kansas? 我们在堪萨斯该怎么收场？	浅灰色
	The wind blew us here. 风把我们吹来了。	深灰色

注意：对于少数联觉者而言，同一拼写的不同发音会影响联觉所感受到的颜色，这暗示了他们的联觉与听觉系统有关。右侧一栏显示的是克莉莎·K所感受到的颜色

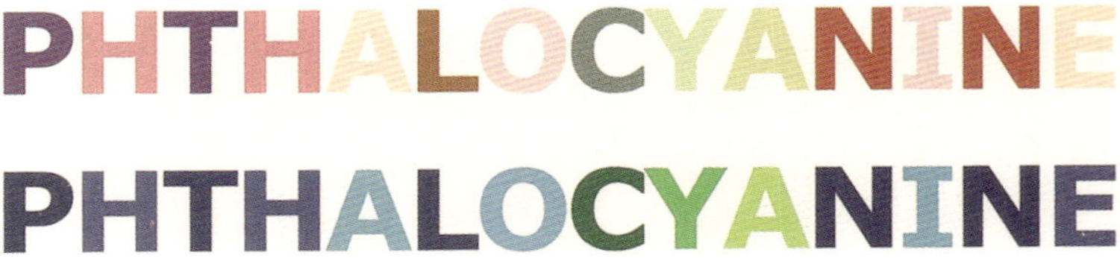
PHTHALOCYANINE
PHTHALOCYANINE

图 3.5　卡西迪·C在了解“酞菁”是指一种鲜艳的青蓝色染料之前（上）和之后（下）的联觉感受

MIKE DAN
DAVE ROB

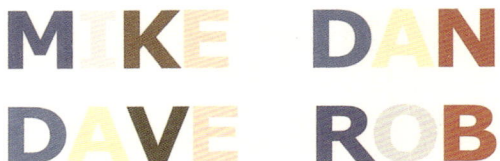

图 3.6　色彩相近的名字可能被混淆，以迈克和戴夫，丹和罗伯为例（卡西迪·C）

星期和月份

像星期二或者二月这样星期或月份的名字，往往更多的是由含义而不是拼写来决定其颜色。事实上，星期几本身的色彩体验要比简单地感受组成名字的字母的颜色常见得多。一位星期—色彩联觉者会告诉你星期三是品红色的——但是并不是因为字母W—e—d—n—e—s—d—a—y是品红色的。一位联觉者会感觉星期二是橙色的，而星期五是漂亮的深红色(参见图3.7)。

如果有人既有字母—色彩联觉又有月份星期—色彩联觉会怎么样？月份的色彩是取决于拼写还是取决于含义？答案是二者都对，取决于其更关注哪一项。例如，吉赛尔·T(Gizelle T）是波多黎各人，幼时同时学习英语和西班牙语。对她而言，颜色更多地与含义有关，而不是拼写（例如，当她一想到冬天的月份，英语的一月 January 和西班牙语的一月 Enero 就会具有相同的颜色。但是一旦想要拼写的时候，她就会惊奇地发现所感受到的颜色变了——比如，如果要拼英语星期五 F—r—i—d—a—y，就出现了红色，而西班牙语星期五 V—i—e—r—n—e—s 就是蓝色的）。

Sunday	January
Monday	February
Tuesday	March
Wednesday	April
Thursday	May
Friday	June
Saturday	July
	August
	September
	October
	November
	December

图 3.7　一位联觉者感受到的星期和月份的颜色。由于受试者所体验的十一月的颜色太接近白色了，因此我们用了黑色背景，以便阅读

颜色在哪里？ 定位型与非定位型联觉者

现在我们回过头来讨论一个刚才遇到的问题。字形—色彩联觉者在看到一个字母时会体验到一种颜色——但是他们看到的颜色在哪里？是具有空间对应性，像幻象一样悬停在真实空间里，还是仅仅是一种内心的色彩体验，而没有确定的空间位置？这一领域中混淆较多，因此我们提出了一些术语，以期澄清一些概念。

大体而言，似乎存在着不同的感受字母色彩的方式。在许多实例中，色彩的体验是一种内心感受，或者被称为"色彩感"，如果现在让你努力地想象一种靛蓝色，你或许就会这样感受到这个颜色。在别的例子中，颜色出现在某个确切的位置，或是内在的，或是外在的，这种体验称为幻视（photism）。（有些具有声音—色彩或味觉—色彩联觉的人表示他们感到定位的幻视会使真实的物理空间变得模糊不清，另一种说法是所看到的事物都包覆着一层透明的有色"覆盖物"，就好像透过一片彩色的玻璃纸去看一样。然而我们这里只讨论有色彩的字符，尚未论及字形—色彩联觉，后者感受到的色彩都是不透明的）

想要理解定位幻视与幻象（hallucination）之间的区别，可以想象你面前的桌子上放着一个红彤彤的苹果，在伸手可及的距离。现在，如果我们问你，苹果是"在你脑海中"还是"在身外的世界里"，你会怎样回答？你当然会说在你脑海中，因为这只苹果是你想象出来的，并非真实存在。但是，如果你是一位特别有天赋的视觉型人士，能够在脑海中绘声绘色地想象出这一场景——毕竟已经给你提供了一个真实存在的空间位置，而且你还能够触及这个真实的位置。那么这个苹果就不是幻象，而在真实世界中具有确切可感知的位置。

理解这种差异很重要，因为在前些年，有些调查者试图用询问联觉者他们所感知的色彩是"在脑海中的"还是"在身外的世界里的"来区分联觉的种类。问题是就像前文那个苹果实验一样，那些感觉到色彩出现在脑海内部的人会觉得这个问题的表达有点不清晰。当被要求指出位置的时候，有些联觉者会回答说"在身外的世界里"。于是某些研究者就定义了所谓的"投射型"和"联系型"联觉。^{注5}这样的区分法出发点是好的，但是在通俗媒体上引起了混乱。问题出在这些地方："投射型"这一表达令人联想起电影投影机，并暗示一种幻象，而"联系型"又让某些人产生联想记忆的印象，而这些与联觉无关。因而，在表达这些意思时，我们建议采用"定位型"和"非定位型"的说法。

尽管偶尔使用这些简略的术语，但当我们需要正式地表述两种联觉者类型之间的区别时，我们用：

［字形—色彩］＝非定位型联觉者，其感受到的色彩没有 ⁷³具体的位置（就像你对于"公正"或者"友谊"的概念没有具体的位置一样）。

［字形—色彩，位置］＝定位型联觉者，其感受到的联觉色彩属于具体的位置。

请注意这两种类型的联觉者都能够区别联觉感知色彩和真实的色彩（也就是说，他们不会误以为一个黑色的 3 是真的染成黑色的）。他们也能够区别联觉感知色彩和真实的物体。换言之，联觉体验——即使是定位型联觉者的体验——既不是电影投影也不是幻象。

想象中的位置不会与真实物体发生干扰，这看上去不是很令人惊奇吗？为了知道这为什么并不奇怪，把想象中的红苹果放在现实中的咖啡杯所在的位置。你会发现这没什么做不到的、也不会把放在同一位置的真实物体和想象中的物体混淆。而相反地，幻象却能够挡住或覆盖掉对真实事物的感知。

区别定位型与非定位型联觉者，对于理解联觉的神经系统基础至关重要［第 9 章（Chapter 9）］。一种对字形—色彩联觉的流行解释是基于观察发现大脑负责色彩感知的区域（V4 区）与字符识别方面的区域相邻。一种解释是，联觉来自一种邻近区域之间的互相激活，源自神经系统不同区域之间的过度联结（overconnectivity）[注6] 或者抑制缺乏。与此观点相一致，朱莉娅·纳恩（Julia Nunn）在英国的团队运用功能性核磁共振成像（fMRI）来显示位于通常与色彩感知有关的大脑区域，用口说词语所诱导出的联觉色彩感知所产生的脑部活动。[注7]

因此，定位型联觉就是在负责字符、色彩和空间的大脑区域之间发生了三元互连。非定位型联觉则只在前两者之间发生了连接。这些区域的细节将在第 9 章（Chapter 9）讨论。

必须关注才能感受到色彩吗？

一个悬而未决的问题是，为了唤起色彩联觉，是否必须注意盯住字符？这个问题回答起来比看上去要困难。说联觉是自发的无意识的，意味着这是被动地"发生"的，无须注意关注任何的刺激物。例如在阅读时，联觉者和其他人一样，并不关注单个的字符，而是注意词语和语句的含义。卡罗尔·斯蒂恩和梅根·廷伯莱克即使是看着黑字的印刷品，也能看到"页面上的七彩色"，而琼·米洛伽夫则将她的色彩体验比作一条快速在头脑中掠过的走字条。"当我阅读或听到对话的时候，"她说，"色彩就从我头脑里流过。"如果愿意，她能"停在某个词上面仔细观察"，检验色彩的细节。

看起来上述人士的第一人称视角体验似乎证实了联觉是"无时不在"的。可是，貌似存在不同"级别"的注意。这可以用来说明我们所列举的联觉者所说的色彩联觉的"模糊"和"流淌"。其他联觉者也表示有同样的体验。其中有一位，朱莉·诺里奇（Julie Norich），曾经出现在 BBC（英国广播公司）纪录片《德里克味儿的耳垢》（*Derek Tastes of Earwax*），片中当她听到火车站广播员滔滔不绝地念着发车的车次时，会看到一条彩带从她身体里流淌而过。当这样的人停下来专注于单个字符时，色彩就会变得清晰和稳定。换言之，一位联觉者所看到的紫色的 J 并不始终都是同样的浓度：当这个 J 字得到注意的时候，紫色是最深的。这有点像"看着"和"看见"之间的差异。所以说，当一个字符没有被注意的时候，无论是联觉者还是研究者都很难确定它到底是不是某个颜色。请注意，这一观察无论如何也并不影响联觉是一种无意识的感受这一论点。

如果这种需要关注才能得到色彩联觉的概念对你来说有些奇怪的话，你可以问问自己，面前的那个马克杯是什么颜色的。这很容易回答，但是在思考这个问题并引起注意之前，你可能并没有充分意识到杯子确切的颜色。试试看一看你现在身边的事物，自问一下，在你注意它们之前，是否知道每一样东西确切的颜色。同样地，你面前的红色可口可乐罐，只要你注意到它，它就一定是红色的，你可以或强或弱地关注这一点。你会比较关注罐子里面的可乐，还有它的温度，但是任何时候问到颜色的话，答案总是红色。

这个问题的重要性在于它关系到联觉研究的方向。在早年，这个问题还没有得到充分认识的时候，联觉者被认为能够轻而易举地识别出非联觉者看不出来的隐蔽模式（请参见上一章中许多数字 5 中间隐藏的 2 的图形）。后来的实验粉碎了这一期待，这对于联觉体验的了解是重要的一个进展。这个实验在每一位联觉者身上都没有成功，因为实验中的 2 在被认出来并得到关注之前都没有颜色。这里的重点在于，对于绝大多数联觉者来说，并不是字符在视网膜上成像的形状产生了颜色，而是对于字符含义概念的识别中产生了颜色。字符必须得到有意识的辨认，才会产生色彩体验。

含义，而不是形状

现在看来很明显，绝大多数联觉者是通过字符内在的含义产生色彩感的，而不是其本身的视觉外形。为了说明这一点，请注意大小写和字体都不会改变联觉所感知的颜色：小写 j，大写 J 和斜体 J 的联觉色彩是相同的。

实际上，人们可以证明同一字形不同意义所导致的不同联觉色彩。在一次由拉玛钱德朗和哈伯德主持的实验中，联觉者们表示在读图 3.8 中的 THE CAT 时，联觉感受到的 H 和 A 的颜色是不同的，尽管在图中这两个字母巧妙地改成了非常接近的形状。[注8]这再次说明颜色仅与意义相关，而与形状无关。

同样地，在使用一种被称为纳冯图（Navon figure）的刺激源的实验中，人们可以在整体与局部之间切换注意对象，例如在图 3.9 中的 2 的形状或者是构成这个形状的单个的 5。联觉者说，会根据自己所关注的对象感受到不同的颜色。

与上述观察均基于主观描述不同，最近有一项研究从更加可观察的角度显示了色彩体验依靠意义理解。[注9]这一研究使用的是如图 3.8 的故意混淆的图形，在这样的图形中，如果一个数字 2 放在一列字母之中，它就会被看作字母 Z，在一串数字之中就会被看作数字 2。

TAE CAT

图 3.8　在这个字母混淆的例子里，两个单词中间的字母外形相同，但是大多数受试者都自动地把前者理解为 H，把后者看成 A。一位联觉者则会根据词义感受到不同的颜色

关注整体　　　　　　　关注局部

图 3.9　联觉者表示关注上面纳冯图的整体形状（图中为许多个小 5 组成的一个 2）导致他们感受到 2 的颜色（也就是黄色），而关注局部元素使他们感受到 5 的颜色（红）

　　研究人员用不同颜色的易混淆字符来测试联觉者能够以多快速度说出正确的颜色。他们利用斯特鲁普效应的干扰效果，[76]使字符的色彩与一种字符，比如说 Z 的联觉色彩相同，而与另一种字符，比如说 2 的颜色不同。通过观察反应时间，他们得以证明相同形状的字符由于所被理解的意义不同而得到不同的联觉色彩感。这再次表明，多数联觉者的联觉色觉并不是由表面看到的形状决定的，而是由字符的含义决定的。

4＋4 就足够

随之而来的问题自然就是：如果对一个字形的理解决定了其联觉色觉，那么这个字符本身还需要被看到吗？这个问题被迈克·狄克森（Mike Dixon）和他在多伦多的同事用一个聪明的实验给解决了。[注10]请回忆一下图 2.11 中的那位联觉者，她把 7 看成黄色，把 9 看成蓝色。她的任务是按顺序看一个数字，一个加号，然后是另一个数字。然后她要说出计算的结果以及随后看到的一个方块的颜色。如果正确答案是"7"和"黄色"的话，就很容易做到，因为她对 7 的联觉色觉正好是黄色。但是如果正确答案是"9"和"绿色"的话就困难了，因为联觉感受到的 9 的蓝色干扰她说出看到的绿色，使得她的反应速度比对照答案要慢。换言之，就是当联觉色觉与问题的答案相同时，她的反应很快。[注11]

"高层"与"低层"联觉

在讨论为什么是含义而不是形状触发联觉色觉的时候，你或许已经注意到我们说的是"对于多数联觉者而言"。对于一小部分联觉者来说，所感受到的颜色对于所看到的图形的细节比较敏感。哈伯德、马诺哈尔（Manohar）和拉玛钱德朗等建议将其归类为"低层"联觉者（表示其与比较基础的感觉相联通），与更普遍的"高层"联觉者相对，本章主要描述后者。[注12]

例如，他们发现有一位联觉者，当看到的字母对比度较低时，所感受到的颜色就会褪色。比如说白底黑字能够感受到蓝色，黑底白字也能得到同样结果——但是浅灰底上的深灰字，则无法感受到任何颜色。哈伯德和拉玛钱德朗发现，当对比度逐渐降低时，字母之间相连的部位首先失去色彩，其原因尚不明朗。在 www.synesthete.org 上的例子中，我们发现由于对比度降低而无法感受色彩的情况非常罕见，不过图 3.10 显示了一个实例。

联觉色彩会随着对比度的变化而变化，这一发现说明了这一小部分人的联觉不仅来自纸面上字符的含义，物理外形也有影响。这再次强调了联觉者是多么多种多样。对比度敏感并不是字形—色彩联觉的普遍特性，但是对少数人来说这是确实存在的。就像前面提到的定位型和非定位型一样，高层与低层联觉者的神经连接想必也存在差异，这一话题我们将在第 9 章（Chapter 9）深入探讨。

A 字为什么这样红

尽管每一位联觉者的色彩感受都是独特的，但是详尽的分析仍然发现了一些趋势。例如，西蒙·拜伦-科恩和他的同事注意到他们所采样的说英语的联觉者中，有 73％的人会感觉字母 O 是白色的。[注13] 在分析数百份字母色觉自测报告时，肖恩·戴发现 A 通常是红色的，B 常常是蓝色的，C 则是黄色的。[注14] 78 那么在某些特定的字符与特定的颜色之间，是不是存在一种共同的偏好呢？

朱莉娅·西姆纳和她在爱丁堡的同事在深入钻研了这个问题之后发现，特定字符与特定色彩的对应关系的发生频率，比原来设想的仅仅出于偶然的概率要高。[注15] 他们发现字母—颜色

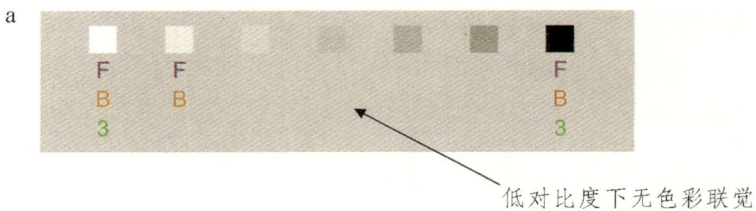

低对比度下无色彩联觉

图 3.10　（a）在数百位联觉者中有一位表示她对字符的色彩联觉在低对比度条件下会消失。在本例中，她观看了以字符上方的方块表示的不同对比度的 F，B 和 3。在低对比度时，她表示没有联觉色彩。（b）绝大多数联觉者表示，无论对比度高低，联觉色彩总是相同的

对应性确实具有趋势性。要想理解这个趋势，让我们先把时光退回到几十年前。

　　1969 年，语言学家布伦特·柏林（Brent Berlin）和保罗·凯（Paul Kay）发现了人类语言会以一个固定的顺序来表述色彩。[注16] 例如，如果一种语言只能分辨两种颜色，他们就会用"黑"和"白"来区别明亮的和黑暗的物体。一种只能分辨三种颜色的语言就会用"黑""白""红"。接下来最有可能用到的是"绿"或"黄"，然后是"蓝"或"褐"。随后可能出现的是四种可能性相近的颜色"橙""紫""灰"或者"粉红"。看起来联觉者对于这一类型学现象是敏感的，因为他们会把最常用的字母与这些最早出现的色彩配对。例如 I，O 和 A 这些最常用的字母，就会与最早出现的黑、白和红色相应配对。

　　当西姆纳的团队按照使用频率对不同的英语字母进行排列

时（e，t，a，o，i，n，s，r，h，l，d，c，u，m，f，p，g，w，y，b，v，k，x，j，q，z），他们发现最常用的字母与最早出现表述的颜色相对应，最不常用的字母与最晚出现表述的颜色相对应。例如，联觉们通常会把常用字母（如 A）对应为常用颜色（如红色），非常用字母（如 Q）对应为非常用颜色（如赭色）。为什么字母表中开头的 A，B，C……并不按顺序对应为最常见的颜色呢？这是因为儿童并不是按字母表顺序学会拼写的。相反，我们首先学会的是最常用的字母。也就是说，我们的联觉色觉是按照字母自然学习的顺序排列的。

与之相反的是，我们是按顺序学会数字的。1982 年，以色列心理学家班尼·香农（Benny Shanon）证明了柏林和凯的色彩类型学理论大致能够预测联觉的数字—色彩配对，年幼时认识的小数字与早期认识的颜色相对应，而较晚认识的大数字与较晚认识的颜色相对应。[注17]

除了色彩分类以外，联觉色彩感知也受到一种首字母启动效应的影响，使得 B 更有可能是蓝色（英语 blue），Y 则是黄色（yellow），G 是绿色（green），诸如此类。同样，有少数联觉色彩配对受到童年熟悉物件的影响，例如冰箱贴[注18]和填色书。[注19]这些印刷品对于色彩联系的影响程度目前尚不明朗，但是其在一部分联觉者的字母色彩联觉中所起到的作用，为理解联觉能力在大脑中的发展提供了一条重要线索。毕竟我们大多数人小时候都玩过冰箱贴和填色书，但是只有一小部分人把这些颜色植入了自己的联觉中。对于绝大多数普通人来说，字母与颜色只有偶然的联系，并不会被牢牢记住。

如果非联觉者也被要求把字母和颜色配对的话，他们也会做出类似的选择。虽然对于字母使用频率和色彩使用频率的关系一无所知，但是他们的选择却正好能够反映出预期的色彩—

字母对应。[20]这表明尽管字符—色彩联觉只有少数人具备，但是其可能至少是部分地源自所有人脑中都有的某些机理。比如，非联觉者同样存在首字母启动效应，会把 B 与蓝色（blue）、P 与紫色（purple）、Y 与黄色配对，诸如此类的概率总是略高于平均概率，而且他们做出这类选择的可能性还略高于联觉者。

首字母启动效应对在说德语的非联觉者中同样存在。当一个词在英语（"white"）和德语（"weiss"）中都以同一个字母打头的时候，两种语言的使用者就会不约而同地把 W 和白色对应起来。当某个颜色在德语和英语中书写方式迥异时（例如紫色，英语是"purple"，德语是"lila"），英国人就会把紫色与 P 配对，而德国人则选择 L。这证明了非联觉者的词汇对其色觉的影响。

当然，这些并不意味着每一位联觉者都总会按照这个规律行事。这只表示联觉者更倾向于这些趋势。没有一项研究能够准确预测某一个人的某个具体配对，它们只是显示了他或她的色彩联系背后所隐含的模式。任何关于联觉的神经理论学说，都必须在神经系统层面解释高使用率字母是如何与高使用率颜色联系起来的。

颜色帮助记忆

有一小群人，叫作"记忆师"（mnemonists），他们拥有超乎常人的、几乎永不减损的记忆力。其中最著名的一位就是 A. R. 鲁利亚的研究对象所罗门·史洛歇夫斯基（Solomon Shereshevsky）——一位五感联觉者。他将自身惊人的能力归因于伴随每一种感觉的额外感觉。如果给字母或数字贴上类似于颜色或者位置这样额外的标签来帮助以后的记忆，这样的方法并不难想象。

为数字加上颜色有助于记忆，这个想法貌似有点道理——可是我们如何来检验其真伪呢？在丹·斯密莱克（Dan Smilek）及其在加拿大的同事们一项聪明的实验中，一位名叫 C 的联觉者被要求记忆一个数字组成的矩阵。[注21] 数字以 3 种不同形式出现：全部黑色，与 C 的数字—色彩联觉配对相同的颜色，以及与她的联觉不同的颜色（见图 3.11）。C 被要求看每个矩阵一分钟，然后写下所有记住的数字。

结果如何？在记忆黑白的和与联觉一致的彩色数字时，C 比一组非联觉的同龄人的成绩优秀。但当面对与联觉色彩不一致的数字矩阵时，她的成绩跌落谷底。测试结束后，她质问研究人员："你们把我的颜色怎么了？"我们同样也发现，对低对比度字符没有联觉色觉的联觉者，在记忆低对比度数字矩阵时表现也很糟糕。换言之，给数字配上合适的颜色，确实有助于记忆。

图 3.11　呈现给联觉者记忆之用的数字矩阵［根据斯密莱克等人的著作（2002 年）］。数字矩阵分别显示为与联觉感受一致、黑白不一致、以及低对比度

当被问及联觉有什么好处时，通常的回答是："能够帮助记忆。"或许正是因为联觉感受缺乏语义学意义，才会鲜活好记，常常比触发刺激的记忆效果好。记忆数字矩阵只是一个特例，而许多人却发现字形—色彩联觉在记忆人名上更有用。在上一章中提到过，人们通常按照一个人名字所对应的颜色来记忆。例如，当琳达·迪雷蒙德（Linda DiRaimondo）遇见一位有一段时间没见到的人，她会在心里说："这是个黄色的名字。而 T 和 Y 是黄色的。"她认识的人里面，没有名字用 Y 开头的，所以在使用了排除法之后，她开始在自己的记忆里搜索 T 开头的人名，直到想起来遇见的这位的名字。

你也有人格了

我们在前文中所引入的表示法的一个好处是，有很多特性可以与字符联系起来，所以可以列举更多的：字形—色彩，位置，性格，尺寸，性别，形状，等等。事实上，除了颜色之外，字母和数字等学习而得的顺序常常能触发其他的体验。

联觉的一个相对常见的形式是字母和数字的人格化和性别化。[注22]也就是字符具有了人格、性别以及其他的特质。例如，肖恩·戴引述过一位联觉者，她把数字 2 说成"一位害羞、软弱的男孩"，而 9 是"一位虚荣的、有优越感的女孩"。她还提到不喜欢某些特定的数字组合，例如 94"把 4（一位平凡却体面的、勤奋的年长妇女）和 9 放在一起，而它们互相讨厌，完全相处不来"[注23]。在诺姆·赛吉夫（Noam Sagiv）和他的同事们的研究中，[注24]一位联觉者是这样描述一些数字的：

> 2：是一个像岩石一样乏味无趣的人。并不像 6 那样

活跃，只是一个肥胖丑陋乏味的人。还喜欢讨好老师。

3：有点像运动员，不是很聪明……只是不是很智慧型。

6：坐在教室后排的大个子恶霸型。令人讨厌，傲慢，有点愚蠢。很像政客，而且浅薄。

7：狡猾又聪明，非常有趣——古怪，有创造性但并不烦人。不同寻常，充满活力，令人非常想要去认识。

我们直到最近才意识到哲学家和数学家毕达哥拉斯（公元前500年）其实具有数字—性格联觉。据我们所知，这在历史上并没有被人发现过，尽管从他对数字的描述中一眼就能看出来。历史学家 R. S. 布伦博（R. S. Brumbaugh）提到，对于毕达哥拉斯而言：

> 每个数字都有自己的性格——有的阳刚有的阴柔，有的完美有的残缺，有的美丽有的丑陋。现代数学有意地消除了这种感觉，不过我们还能在文学和诗歌之中找到些许遗迹。10 是最好的数字……[注25]

那些描述毕达哥拉斯的特性的历史学家显然还不知道联觉现象，所以他们一直把数字拟人化的行为看作一种有趣的怪癖。更常见的情况，是那些数字命理学家在引述毕达哥拉斯所说的数字的性格，因为他们相信毕达哥拉斯对于数字的真正性质具备深邃的洞见。一次在互联网上的搜索发现，有[83]数百个网站在毕达哥拉斯的数字—性格理论基础上构建了解释宇宙本质的新潮模型。一位常见的数字——性格联觉人士，数千年后的人们竟然对其一些具体的描述仍然深信不疑，多么神奇！

尽管我们现在知道了，字符的拟人化已经存在了几千年，但是这一不寻常的现象直到 1895 年才在英语世界首次得到分析，那一年，一位名叫玛丽·惠顿·卡尔金斯（Mary Whiton Calkins）的女性先驱者撰写了一篇论文。[26,27] 在 19 世纪晚期，年轻的卡尔金斯奋力争取参加哈佛大学的讲座和课堂的权利，因为在当时，女性获得博士学位是前所未闻的事情。由于性别所限，她没有得到博士学位，但这并不能阻碍她继续前行，她于 1891 年在维斯理学院（Wellesley College）建立了美国第一所心理学实验室。她最终成长为本学科的领军人物，在美国心理学会（American Psychological Association）和美国哲学学会（American Philosophical Association）都成为了首位女性会长。

1895 年，她开始对字符拟人化现象感兴趣，她称之为"戏剧化"。关于这一现象，她写道，字母、数字以及音符"常常自成一班，演绎起自己的小小剧目"[28]。她检测了 145 位联觉者，发现其中大约有 1/3 的人给字符赋予了性格，或者对其具有"喜好"（可以是喜欢也可以是厌恶）。

可是，这真的是联觉的一种形式吗？尽管字母和数字的拟人化并不包括在联觉的狭义定义内——即一种感觉触发另一种感觉——不过我们姑且将其看作一种联觉，毕竟这是一种自动无意识地将一种已学到的符号序列与另一个维度，在这里就是与性格或性别的概念维度联系了起来。[29]

要想让这个归类看起来不那么牵强，必须证明人格化并不只是一种感知联系。最近，诺姆·赛吉夫和他在英格兰的同事解决了这个问题。[30] 首先，他们确定在他们包括 248 位联觉者的数据库中，有 32％表示自己有某种（字符）人格化的感受（这与卡尔金斯一个多世纪以前的 35％的数据相吻合）。当他们测试这种性别和性格描述的一致性时，他们发现这方面描述的一致性大大低于相同受试者的字形—色彩联觉的一致性。这个结果削弱了字形—性格被认定为真正的联觉形式的可能性；不过这也可能意味着一致性测验并不是检验人格化现象的正确方法，尤其是有若干位联觉者声称他们自身的情绪好坏和精神压力大小会改变其性格感受。

　　为了检验拟人化是否是自发产生的，研究人员给受试者展示了一种新的纳冯图：用字母拼出的男性和女性图标（见图3.12）。他们做了许多次实验，在显示器上飞快闪现这样的图标，并要求受试者以尽可能快的速度判断图标的性别。这个实验的思路是看如果字母的性别与图标性别不一致的话，受试者的反应速度会不会变慢。实验的结果是，不一致的情况下确实存在轻微的减慢，但是其效果并不显著。赛吉夫指出他的样本量很小，而且最重要的是，不同的受试者对于自己的字母—性别识别任务自信程度也不同。其中有一位受试者显示出了最强的联系和最高的一致性，即符合论文作者们所寻找的斯特鲁普效应，可是其他受试者却没有。

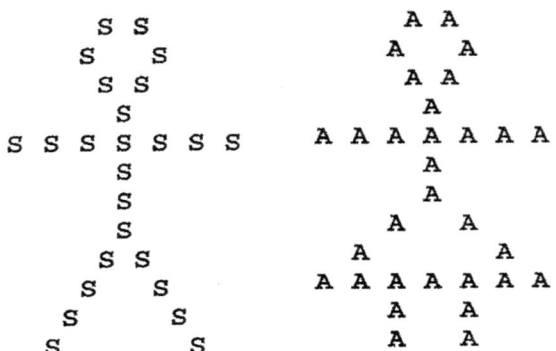

图 3.12　当一个男性或女性图标短暂地展示给一位联觉受试者的时候，字母的性别联系是否会减慢受试者对于图标性别的识别速度？

111

因而，字形—性格究竟是否应该算作一种真正的联觉，仍然有待商榷，部分原因是它很难像字形—色彩联觉这样得到严格的检验。赛吉夫和他的同事们提出了几种可以在未来对其进行客观测试的方法。

首先，可以利用皮肤电反射（galvanic skin response，这是测谎仪使用的测量方式）来检验当看到一个不喜欢的数字或字母时，是否会产生强烈的情绪反应。由于皮肤电反射是迅速的和自发的，如果得到阳性结果，就能排除纯粹的认知联系。其次，可以使用功能性磁共振成像（fMRI）来检验具备字形—性格联觉的人，是否使大脑中负责情绪和识别他人的区域〔叫作压后皮质 retrosplenial cortex，我们将在第 9 章（Chapter 9）继续讨论〕活跃性增高。这些测试可以在生理上验证有些人对于字母和数字的反应确实与众不同。

一般情况下，有 1/3 的字形—色彩联觉者表示能够感知性格、性别，或者两者都有。这一事实说明了这一联系绝非偶然。它为未来的神经系统研究者留下了一个耐人寻味的、有待解答的谜题。

结　论

色彩是最常见的联觉表达，具有这种联觉的人士对于数字、字母以及星期和月份这样的可学习的序列，能够体验到色调。在下一章中我们将研究色彩听觉，即声音触发色彩感知。这意味着在潜意识的图景中，色彩是最容易与大脑连接的概念维度。在第 5 章（Chapter 5）中，我们将回到更常见的感觉，空间定位，并探询可学习序列是如何附着于联觉空间的。这样，我们最后剩下的问题就是为什么色彩这么容易与那么多种其他的概念结合，以及为什么这样的联系——或许人人都具备这样的联系——会在这么多人头脑中高高浮现于觉识之上。

Chapter 4

根据肖恩·戴的自填问卷调查（见表 2.1），大约有 40％ 的联觉者能够"用耳朵看"。声音—视觉联觉的常用名称是色彩听觉，意思是声音所触发的色彩、形状以及运动的感觉。按照正式的表示法，这种联觉叫作［声音—色彩、形状、运动、位置……］。刺激源包括日常环境声，如狗叫、碗碟敲击声、说话声，以及特别是音乐。从运动的角度看，我们可以把色彩听觉比作焰火，因为据说这些彩色的形状会出现、闪烁、来回转圈，然后隐去，而如果声音刺激变化延续的话，就会又出现万花筒式的彩色幻象画面。

对于具有色彩听觉的人而言，联系建立于音高或音质这样的声学属性和视觉属性（指主观体验，如红色程度、亮度以及锐度等）之间。而这究竟是如何发生的，将随着我们越来越深入地探索不同的感觉之间的相似之处，以及大脑负责视觉和听觉的部分之间的联系，而变得越来越清晰。

现在还不清楚，为什么任何一个特定的个人，只会对某些声音有反应，对其他却没有。有些色彩听觉联觉者对各种声音都有感觉，有的却只对音乐性的声响（例如鸟叫）有感觉，有的更只有音阶内的音符才能引起他们的联觉。即使在这些范围内，也不是每一个声音都能引起联觉。有的是人说话的音质引起的，例如瑞贝卡·普莱斯就曾形容她丈夫的嗓音像"一种美妙的金棕色，像奶油烤面包片一样"。而与之相反的是，大约有 10％ 的人只对语言的基本单位——也就是音素的声音发生色彩感觉。从技术上来说，他们会被归类为音素—色彩联觉者，而不是色彩听觉者。

色彩听觉如此多样化，最合理的解释一定与基因展开、大脑发育，以及学习发生的时间段有关，这个话题我们将在第 9 章（Chapter 9）展开。

彩色的听觉

丽贝卡·皮科克（Rebecca Peacock）和迈克·摩罗（Mike Morrow）感受到的声音所引起的色彩，都是以他们眼前所见事物之上"蒙"着的一层色彩的形式出现的。"我不能确定用'看'来描述是最准确的，"丽贝卡说，"我是在看，但却不是用眼睛看到的，如果这样说得通的话。"迈克·摩罗则详细解释说：

> 我听到声音就会看到形状和颜色。我喜欢电子音乐，就是因为它能召唤出如此美妙的形状和色彩……就好像通过眼前一片透明的塑料胶片在看一样。如果我闭上眼睛，或者在夜晚的黑暗中，那么这些形状就成了视野中唯一的东西，因此更加突出。
>
> 不过要看到这种形状还有一个办法。有时候当听到词语的时候我也会看到形状。这第二种情况却会让我感觉傻傻的。你会看到你自己的姓氏引起什么样的形状……（见图 4.1）。我不是什么艺术家。这可是我头一次把这些形状画出来，不过我画的是准确的。[注1]

劳蕾尔·史密斯（Laurel Smith）声称乐符会像连续不断的电影胶片一样在她眼前显示。这样的乐谱会随着她的眼睛一起"转动"，类似于偏头痛发作时眼前出现的光环：

> 我估计我所体验到的声音都出现在眼睛上下 90 度的范围内是肯定不会错的，大多数日常的声音——特别是音乐——不会超出眼睛聚焦范围上下 45 度之外。人类的嗓

89

音通常只出现在眼睛上下 30 度之内。

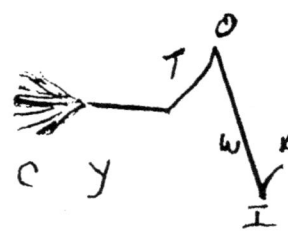

图 4.1　迈克·摩罗所看到的西托维奇博士的名字念出来的形状（拼写有错误）

对简·鲍尔曼（Jane Bowerman）而言，环境声响会激发无数的联觉。例如，炉火点燃的嘶嘶声，会产生一堆彩色线条，看上去就像一叠煎饼的侧影（见图 4.2）。蟋蟀的鸣叫制造出微光粼粼的褐红色圆圈，从中心荡漾开来，然后消失。她的门铃声看起来像灰色和棕色的三角形，向右隐去。

［声音—色彩、位置］联觉据说曾在低至 3 岁的幼童身上发现，[注2]不过在 5 至 6 岁的儿童身上出现得更加稳定。[注3]有一位 3 岁半的男孩，是一个可爱的实例。[注4]他的色彩词汇量仅限于饱和原色（例如，他会把玫瑰红和各种粉色都叫作"红色"）。一天傍晚，当他要上床睡觉的时候听到两只蟋蟀响亮的叫声，其中一只的叫声比较尖锐。"那种小小的白色的声音是什么？"他问道。被告知是一只蟋蟀的时候，他并不满足："不是的，我问的不是褐色的那个声音，是那个小的白的。"然后他模仿了两个声音。

在这个男孩看来，电风扇的声音是橙色的，青蛙的呱呱声是浅蓝色，门的咯吱声是黑色和白色的。一只小小的日本铃铛，大声敲响时是红色的，微弱发声的时候是白色的。平时的

图 4.2　简·鲍尔曼（Jane Bowerman）所听到的炉火点燃的嘶嘶声，此时会产生一堆彩色线条

交谈中，他会说这样的话："这个声音是红的，对吧？"显然他认为别人也能看到他所看到的。为了自娱自乐，他自己一边弹着钢琴的琴键，一边自己说出声音的颜色。有一天看到了一道彩虹，他惊叫起来："这是一首歌，一首歌！"

　　有一个引人注目的特征，即这个孩子的色调和亮度是按顺序排列的。中央 C 音是红色，低一点的音是红色和红紫色的。更低的低音音阶是灰色的，再低是黑色的，高于中央 C 的音阶依次是蓝色、绿色，然后是白色的。高音比低音颜色浅。尽管联觉声音—视觉映射是异质的，但是同样有类似的顺序。考虑到大脑主要负责听力的区域在解剖学上就是按顺序组织的，这并不令人惊奇。这样的结构，叫作频率拓扑（tonotopic），意味着如果你在大脑皮质的这个区域中前行，你将会按顺序遇见负责感受低音到高音的神经元，如图 4.3 描绘的那样。我们将在下面提到更多联觉与正常感觉之间的相似之处。

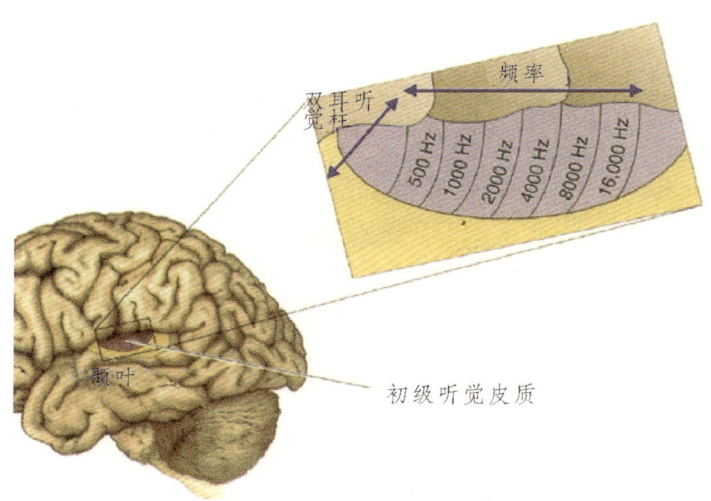

图 4.3　位于颞叶的听觉皮质，是按照音调从低到高有顺序地布局的

据说很多有色彩听觉的联觉者都是多模式的，这意味着他们有多种形式的联觉。例如，第 2 章（Chapter 2）所提到的盲人联觉者 MD，会把盲文字母、钢琴和 QWERTY（全键盘）英语键盘都看成熠熠生辉的彩色，也能把音乐看作彩色的形状：

> 小提琴和同类的弦乐器显现出一种美丽的中等色泽的绿色。钢琴音乐是白色的，而有大量弦乐伴奏的钢琴协奏曲则是绿色背景前的白色图案。莫扎特的单簧管协奏曲是一种美丽的深蓝色，而长笛音乐是红色的。[注5]

沃尔特·迪斯尼（Walt Disney，1901—1966）的影片《幻想曲》（*Fantasia*）当然就是建立在声音—视觉对应关系的思路之上的，而许多联觉者也说其对于看到声音的描绘是合理的。

另一位联觉者，彼得·T在听到某些和弦进行时能看到紫色的三角形，而每当铙钹敲响时，他都会看到星星——深黄色的星星。苏珊娜·Y（Suzanne Y）听巴赫的时候会看到一种紫色的人字形图案。在还不知道联觉一词时，她习惯于称之为"声音的空间化"。由于联觉的异质性，联觉者常常会认为其他联觉者的联系是荒谬的，而坚持自己的看法，例如，"只有F大调的音乐是黄色的，而且是丰收的金黄色"。

上述例子说明了联觉者对之有反应的比较典型的几种声学和音乐方面的特性：音高（pitch）、音级（pitch class）、音调（musical key）、音色、和声、旋律，以及音量。怪不得色彩听觉的体验如此丰富。在此澄清一下这些术语，"音高"既表示音符的高低又表示具体的音符（如C、降B、升F等，这又叫作音级）。某个"调"的乐曲意味着这首乐曲是用这个大调或小调音阶内的乐音写成的，而"音色"就是你得以分辨一种声音的特质，例如分辨以同样音量演奏同样一支曲子的小提琴和笛子。（在德语里，音色一词为"*Klang farbe*"，意即"声音的色彩"）"和声"是两个以上的音符同时演奏，这时构成和声的各个音符之间的音程就决定了联觉体验如何。"旋律"表示按顺序排列的音符。所有这些因素一起，或者某一部分都能够决定色彩听觉具体呈现的样子。

一份早年的文献报道了两位在听到声音时能同时感受到色彩和三维物体的令人感兴趣的受试者。[注6]这两人的联觉主要发生在聆听不同乐曲独奏的时候而言，而且这种体验在感情上具有"高度的美学吸引力"。两人都感觉所听到的音高决定了所看到的色调和亮度，而音色则影响形状（见表 4.1）。"每种乐器都能引起一种特定的形状，不论音高、强度还是时长如何变化，形状都基本不变。"但是既然有多种多样的联觉形式，因此如果遇到音高和音质都会影响颜色的案例也不应该感到惊奇。

表 4.1 　　　　　**听到音乐时所感受到的形状**

乐曲	受试者 A	受试者 B
长笛	顶针或橡子壳	空心管
萨克斯风	实心的杯子	大块物质爆炸成粗糙、参差不齐、破碎的颗粒
口琴	稀疏分布的圆盘	平面矩形
爵士口哨	飘荡的厚重彩带	外形粗笨的，能像面团一样延伸的物质
锯琴	拉长的小球，表面参差不齐	若干码长的圆形带状物质
大提琴	水平底座上喷泉一样的突起	厚重飘带
小提琴	有变粗结节的管子	比大提琴薄得多、小得多的飘带
钢琴	四棱块	球体

［根据齐格勒（Ziegler）1930 年论文］

　　劳蕾尔·史密斯是一位深度联觉的音乐家，她对音乐、语音和其他声音都能体验到颜色。在音乐上，她所感受到的颜色取决于音高、音质、声音结构、音调、对位、不协和音，以及音乐风格。最简单地说，她把音高体验为各种颜色的光（见表 4.2）。劳蕾尔·史密斯的音高颜色是基于全音音阶的。高音和低音分别与自然的光波频率相对应。

　　她表示要是有一个和弦外音，如果是高音，上面就会有一个白色光晕，如果是低音，就会有个深色光晕。和弦内音就不会带有光晕。如果是和弦以外的带有"升"或"降"变音记号的话，就会有一个银光闪闪的光晕表示其不在调内。[注7]

在劳蕾尔看来，每一个特定音符的音高会影响其色深，高的音颜色浅，低的音颜色深。例如，C 的金色随着其在键盘上走低而变深。D 的银灰色则随着音调变低也越来越暗，直至接近黑色。她对音高的体验还有大小的不同：低音比高音大，尤其是低音区的音符特别大，能够达到高音区音符的 2 至 10 倍。低音的音符也比较不成形。

表 4.2　　　　　　全音音阶中各个音高的色彩体验

A＝粉色

B＝蓝色

C＝带金色的白，像阳光的

D＝银白色，像月光的

E＝炽热的橙色

F＝书写纸上的树皮褐色；如果是听到的或者幻听的则是紫色

G＝绿色，像树叶的

劳蕾尔对乐器的音质非常敏感。不同的声音常常会产生相同的颜色。例如下列这几个就都是紫色的：中提琴的 D 弦和 A 弦，大提琴的 C 弦和 D 弦，钢琴从最低音数起的第三个八度，以及加都卡琴（gadulka，一种保加利亚弦乐器）。她警告说这样的色彩联系过于简单化了，因为由于每一种乐器特有的"声音结构"，其音色实际上有着非常微妙的区别。"很难想象你听着长笛演奏，却没有看到音高所带来的非常明亮的色彩，这就好像你照着一面光滑的明镜，却什么也没看到一样。"

据说弗朗茨·李斯特（Franz Liszt）和尼古拉·里姆斯基-

科萨科夫（Nikolai Rimsky-Korsakov）在音乐调式的颜色上有分歧。1842 年，当李斯特担任魏玛（Weimar）的指挥一职时，他说的话让整个乐团都惊呆了："噢，先生们，劳驾，请演奏得更加偏蓝色一点！这个调式需要蓝色！"或者是："这是深紫色的，相信我！不要这么玫瑰色！"在他们只看到音符的地方，大师看到了色彩，乐团最后还是习惯了这种现象。[注8]

有些著名的音乐家具备彩色听觉，这或许并不令人意外。除了李斯特和里姆斯基-科萨科夫以外，联觉的作曲家还有利盖蒂·捷尔吉（György Ligeti，他的音乐曾被用于为著名影片《2001 太空漫游》配乐），艾米·比奇（Amy Beach），让·西贝柳斯（Jean Sibelius），以及奥利维埃·梅西安。联觉的现代音乐家包括小提琴演奏家伊扎克·帕尔曼（Itzhak Perlman），双簧管演奏家詹妮弗·保罗（Jennifer Paull），爵士音乐家迈克尔·托奇（Michael Torke），托马斯·伍德（Thomas Wood），以及托尼·迪卡普里奥（Tony De Caprio），还有流行音乐家埃迪·范·海伦（Eddie Van Halen）和史蒂夫·旺德（Stevie Wonder）。

其中，法国作曲家奥利维埃·梅西安[注9]特别有意思，不仅因为他的联觉是双向的——音乐—色彩和色彩—音乐都有——还因为他发明了一种用色彩表达音乐的作曲方法。他将其命名为有限移调调式，这种方式如此独特，以至于梅西安的音乐能即刻被认出来。例如，调式 2 就是某种深度的紫罗兰色、蓝色，以及紫色，而调式 3 则是橙色中夹杂红色和绿色的成分，金色的斑点，以及类似猫眼石的带有耀眼反光的乳白色。因此当梅西安论及"色彩和声"的时候，所说的调式并非通常的含义，甚至不是可识别的和声。"它们听上去就像色彩。"他斩钉截铁地说。要讲出一个调或者一个常规和声与一种颜色之间的准确对应关系是不可能的，因为他的色彩感更复杂——他经常用彩色玻璃效应来形容——而这些复杂的颜色联系着同样复杂的音乐。

每当梅西安听到音乐或读到乐谱，他就能看到颜色；而相反地，他也频繁提及把色彩图景翻译成音乐。[注10] 例如，他 1977 年发表的交响乐《从峡谷到星空》(*Aux Canyons des Etoiles*) 就以灵感源自布莱斯峡谷 (Bryce Canyon) 而闻名："那里是美国最美丽的地方。我为那里写的乐曲是红色和橙色的，就是那些岩石的颜色。"比如下面所描述的就是他用音乐表达色彩的尝试。蓝色浓烈的暗冠蓝鸦 (Steller's jay) 飞翔在峡谷上空：

> 它的腹部、翅膀和长长的尾巴都是蓝色的；它蓝色的飞行轨迹与红色的岩石相映，呈现出一种哥特式彩色玻璃窗般的光芒。这部作品正是尝试再现所有这些色彩。

描写暗冠蓝鸦，使用的是"紧缩共鸣 (contracted resonance)"（红色与橙色）和声……"变调转位"和声（黄色、紫红色、红色、白色，以及黑色）用来描写岩石的颜色……然后，把三个第 4 类调式（橙色带有红色条纹）多调式叠加到 6 个第 2 类调式（褐色、浅红色、橙色、紫色）上面，形成了一个描绘蓝宝石色和橙红色岩石的最强音的结尾。[注11]

对于现象的科学描述应该具有前瞻性。因此，普林斯顿的音乐学家乔纳森·伯纳德 (Jonathan Bernard) 运用传统的音乐学分析证明了梅西安的作品中色彩与音乐结构的对应关系。[注12] 他发现音符的上下位置已经预测了颜色的出现。也就是说，由调式转位所形成的和声具有其特有的音程，而同一调式中的两个不同音程分别对应不同的颜色。[95]

而在梅西安看来，单独的音符并不存在。他总是听到泛音和谐音，尤其是风声、瀑布的水声，以及鸟鸣声等自然的声音，这些声音也充斥着他的作品。在我们只听到一种声音的地方，梅西安能听出许多种。比如一个音高结构，记为 2，2，2，7，8，6，4，我们只能听到一个和声，梅西安却听到了多个声音。反之，正由于他的联觉是双向的，我们只能分辨出一种颜色的地方，梅西安能看出许多微妙的区别，这在联觉者中非常典型，对于他们来说，"颜色本来就是这样"。

虽然梅西安早在 20 岁以前就已经使用这些调式作曲了，但是他首次提及联觉，还是在其著作《我的音乐语言》（*The Technique of My Musical Language*）中。在其著作中，他简略提及"柔和的蓝色-橙色和弦进行"。[注13] 他的色彩对应是自发的和一致的，表示所涉及的声音属性并不依赖于某一特定演出的特性。

梅西安与大多数彩色听觉者有所不同，他发现了某些特定的声音组合，能够唤起一组五彩斑斓的颜色，因而使他能够"用声音画出视觉世界"。梅西安能看到 3 种彩色的声音：第一种是单色的，可以用如"绿色"或"红色"简单地标记；第二种声音是双色混合类型，以连字符号连接两种颜色来表示，如蓝色-橙色；第三种是更复杂的混合形式，可以是双色（"灰色与金色"）、三色（"橙色、金色与乳白色"），或者是一种主色被另一种或另几种颜色的"斑点、色带、颗粒，或镶边"点缀着。梅西安的声音—色彩联觉的主要证据来自他的传记作者，[注14] 以及梅西安所撰写的关于自己作品的大量笔记，还有他所出版的乐谱上所引着的颜色记号。

绝对音感

联觉者常常会问，绝对音感与联觉之间有没有关系？你或许会直觉地认为，给某个特定音高赋予一个特定颜色，有助于事后记忆起绝对音高。然而就我们所知，（绝对音感与联觉）两者之中，拥有其中之一并不意味着具备另一个特性。两种特性是独立的，不过两者确实非常相似，都有很强的遗传性。 96

虽然大多数人能够理解像蓝眼睛或红头发这样的生理特性是遗传的，但是他们不会把心理上或是感知上的特性看成可遗传的。例如，我们现在知道了，单个基因的变异在遗传性的耳聋或失明中都起到了重要作用。但是在嗅觉方面的研究还很少，不过有零散的报告指出，在选择性嗅觉丧失，即不能闻出某些特定气味时，遗传因素起到了一定作用。注15 反之，在香水制造者和科涅克上等白兰地行业的家族中那些"好鼻子"的天赋才华已经成了经久不衰的传奇。当然了，家族传承才华最出名的还是在音乐方面。约翰·萨巴斯蒂安·巴赫（Johann Sebastian Bach）家族是其中最著名的例子，而类似的例子还有许多。

和联觉一样，绝对音感在家族中遗传，并且在非常年幼时就能显露出来。注16 具有这一特质的女性多于男性。注17 绝对音感在下列四个方面与联觉相似：（1）都是全有或全无——这种天赋要么有，要么没有。（2）这种能力是自然出现的，不像其他音乐技巧那样需要通过练习获得。（3）大多数拥有绝对音感的人在得知并不是人人都这样的时候都会感到惊奇。（4）年幼时就出现——26％的人在 5 岁时就有了，89％的人在 10 岁以前出现。其谱系符合常染色体隐性遗传的特征，而且其中有 80％是女性。这一点暗示了与性别有关的因素影响其表达。

约瑟夫·朗（Joseph Long）是一位同时具有联觉和绝对音感的钢琴演奏家。这两者在他身上各自独立运行，而他将后者视为非常幼年时的"标签式学习方法"之一：

我 4 岁开始学钢琴，当时用的是我祖父母的一架破旧不堪的旧琴，（我后来才发现）这台琴调成了比 A－440（音乐会音高标准）低了大约一个小三度。我从第一次弹琴就开始有了色彩联系——C 是蓝色的，D 是绿色的，等等。我对于小时候的记忆十分清晰，并且相信这才是标准的音高。

　　到了 5 岁时，我的父母给我买了一架自己的钢琴，这架琴调得高了一点。我并不知道那个定调还是比 A－440 低——只是觉得对我来说已经高了。然后我报名去上当地一位教师的钢琴课，而她的琴调在——你猜怎么着——正好是 A－440。这样我就同时弹 3 架钢琴，各自音高都不同。

　　那个阶段最重要的是，在这 3 架钢琴上，无论实际的音高是多高，C 仍然是蓝色的，D 都是绿色的，等等。当时我并没有意识到这 3 架钢琴的实际音高相差许多这件事非常重要。我以为这无关紧要。中央 C 就是我弹的那个实际的琴键，而不是一个音——好像每个人都这么教我。

　　随后发生了一场巨变，从此绝对音感就成了我音乐生涯之中最重要的部分之一。巨变源自一位友好的钢琴技师的来访，那是在我练琴好几个月之后，已经过了 5 岁生日。他一来就说这架琴的调音应该升到 A－440。他的工作一完成，这架钢琴的声音就和我老师的琴一样了。这时我终于明白了这个音高才是"绝对的"，至少存在一个音乐会标准音高，就像我老师的琴调成的音高那样，我弹过的另两台钢琴则不是。显然，在此之前，我的体内就有某种东西辨别并记住了特别的音高，尽管当时我是把物理琴键及其弹出的声音和颜色对应起来的。

　　这至少是约瑟夫小时候的情形。随着时间的推移，学习的经历渐渐影响着他的感受，以至于作为一名成年人，他身上的两种现象——联觉和绝对音感——不再能清晰分辨了。实际上，约瑟夫说："就仿佛我的绝对音感劫持了联觉一样。"他的意思是，比方说在听录音时，如果听到的音高与他对于调号所感受到的颜色不相符的话，就只能在心里进行调节。举个例子：

　　　　我所感受到的颜色会按照所能找到的最接近所听到音高的绝对音高来标记。如果一个录音采用的是巴洛克音高（A-415，即低了一个半音），那么一首降 B 大调的曲子是橙色的（也就是与 A 大调相对应的颜色）。绝对不是我听到降 B 大调时所应该感受到的那种带有多种多样奇异深度的、缀有黑色白色斑点的深粉色。

　　约瑟夫的例子表明，自从小时候发生的"转折"之后，一个实际声音的声学特性就完全压倒了他心目中的既有概念——比如从前降 B 的音所具有的意义。在联觉中，例如我们前面看到的色彩—字形联觉中，最常见的是概念而不是更基础的感觉决定了颜色（正如前文所示，大小写以及字体的不同并不影响联觉）。约瑟夫·朗的经验进一步说明了联觉者的大脑即使到了成年时仍然具有很大的可塑性。[98]

　　同样具有绝对音感和联觉的劳雷尔·史密斯，也提及她根据听到的音高而对所感受到的颜色进行"和弦换位"。例如："当我还是个孩子时，即使是一台调低了半度的钢琴，我也能用改变所看到的琴键的颜色的方法来（正常地）弹（或许这就是我日后演奏巴洛克时期乐器的原因）。"与此相类似地，在最初从钢琴谱的高音谱表和低音谱表中感知了色彩之后，她随后就能"看着谱子上的正确颜色"练习中音谱表表示的中提琴曲了。

我们前面提到过，劳雷尔除了对音高有色彩感知以外，还能够对音色产生色彩感知。对于管弦乐，甚至是爪哇的佳美兰（gamelan）或者日本的尺八（shakuhachi）这些非西方的音乐，她都能无意识地看到音高对应的颜色，除非故意把注意力转移到音色的颜色上去。

由此我们知道，在听觉上，感受与概念之间的互相作用比在视觉上来得更大。

超越色彩

20世纪现代艺术家瓦西里·康定斯基留下的大量著作，充分证明了他的联觉能力。例如，在谈到聆听瓦格纳（Wagner）的歌剧《罗恩格林》（*Lohengrin*）时，他说："我在心里看到了所有的色彩；它们就站在我面前。有什么人在我面前速写着狂野的、几近疯狂的线条。""狂野的、几近疯狂的线条"用来描述康定斯基自己那些抽象画作最贴切不过。他的联觉联合了四种感官：色觉、听觉、触觉以及嗅觉。他说色彩可以触摸，具有质地。例如，橙色是多刺的，而深蓝色摸上去像天鹅绒一样光滑。色彩还具有独特的气味。他说："大家都知道一种常见的说法：'色彩的香味。'"这种说法恐怕谁也不会觉得是常见的，不过确实表达了康定斯基脑海中的一些景象。

除了有颜色和纹理之外，声音也能够被联觉联系到性别和性格上（正如字符的情形）。在劳蕾尔·史密斯看来，升G音是：

> 女性化的，精力充沛，情感丰富，富有想象力，而且性格外向。有些超凡脱俗，即使是在与人交流时仍然如此。"与众不同"。令人惊奇地集炫酷、冷静、活泼以及多

动于一身。看上去鹤立鸡群，她与众不同的感知周围世界[99]的方式，闪耀着只有自己能看到的秘密喜悦，越来越迷人。

她同样也能感觉到乐器音质的性别和性格（见表 4.3）。与康定斯基一样，劳蕾尔也能体验到特定声音结构的形状：

> 小号比法国号有更多的垂直线条。电子正弦波的声音是完全平坦的、光滑的、一体的……明亮耀眼，无法长时间凝视。像打击乐这样非周期性的响声，声音结构最明显。很多都有着垂直的攻角，以及平缓的衰减。

劳蕾尔还有一种罕见的声音—运动联觉，也就是听到的声音会引发运动或是某一特定姿势的感觉。例如，听到某个低音和声，会使她感觉自己的身体好像在向某个方向运动，运动方向记录在表 4.4 中。由此我们得知，尽管声音最常见的联觉形式是色彩，但是其实声音所能引发的体验形式与其他种类的联觉一样丰富多变。

彩色的音素

在上一章，我们探讨色彩—字形联觉时，强调对于大多数联觉者而言，字母的形状或者含义决定着感受到的颜色。但是还有 10％的联觉者对于字母的听觉成分——音素敏感。对于劳蕾尔这样的联觉者，字母 e 的颜色是由其在单词中的发音决定的。在她看来，长元音总是更浅更亮一些，发光的色调，看上去是透明的。她不仅对英语中所有的音素都能够体验到色彩，而且能对其他语言中的音素感受到色彩（见表 4.5）。因为懂得好几国语言，劳蕾尔识别出了音素—色彩联觉的共同性："会引起颚音化的元音，比如英语中的长 u，以及斯拉夫语中的 e 和 i，巴西语中单词末尾的 e，都在最左侧有黄色镶边，和 y 的黄色一样，它们的发音很接近。"

有时，受试者在被问到他们所看到的字母是否有色彩时，色彩与音素的配对可能会引起混淆：毕竟受试者会在脑子里朗读所看到的词语，因此受试者完全从音素所体验到的色彩联觉，与字形—色彩联觉很容易混同。因此，在与联觉者面谈时，能够明确区分这一点很重要。通常来说，同型异音异义词对于依靠声音的联觉来说是不一样的，例如"wind"一词（在"最后我怎么会到了这个地步"中和"风把我吹到这里的"中的 wind）（"How did I wind up here" vs. "The wind belew me here"）。

表 4.3　劳蕾尔·史密斯所感受到的乐器声音的性别与个性

中提琴　女性　非常友善体贴。一位深刻的思想者及体验者，充满哲理和沉思。明智而阅历丰富。温柔慈爱，感情真挚。常常拥抱着听众。有时也会很忧郁。当拉到 C 弦时，则非常焦虑激动。

大提琴　女性　最伟大的母亲。深沉地爱着、关心着人，慷慨而慈祥。极端地保护她所爱的人。永远在拥抱听众，特别是在 D 弦和 A 弦上。情感深沉，富有同情心而又善解人意。

低音提琴　男性　像岩石一般坚毅顽强，但富有同情心，温暖，善于关怀他人。有时也会非常心软。理想的父亲，具备圣人、拯救者以及其他宗教伟人的特征。常常拥抱听众，否则就是正面面向听众。

长笛　女性　甜美、单纯、天真，带有一种纯真的、孩子气的淳朴。嬉戏时精力充沛，但也常常陷入深思，见地惊人。最像鸟的一种乐器。在乐器中是 A 的本位音。

续表

双簧管　男性　感情深沉，体贴周到。内向，自省，易于忧郁。

单簧管　男性　单簧管是乐团情绪的晴雨表。在某些情况下，它是最平静和安详的，而在其他情况下是最紧张的。在高音音域（clarino register），他非常轻松。能够深深地平静安详，尽管难得也会进入一种真正神秘的状态。在高音音域是脚踏实地的、现实的，以及听天由命的。在低音音域（chalumeau register），在慢速下也能够保持镇静，但是经常有些紧张，尤其是在速度较快时，或是进入小调时。

巴松管　男性　非常聪明，却总是深陷尴尬之中。众所周知的学校书呆子。无可救药地多愁善感，罗曼蒂克。因为永远在思慕爱人，所以总是在走神。这造成了许多有趣的尴尬和幽默场景。这是一位好脾气的人物，有着古怪又令人开心的幽默感。并不特别善于交际，但也不是特别内向。有点害羞，同时也带有发自肺腑的、令人感动的谦逊。

表 4.4　劳蕾尔·史密斯在听到功能和声（低音旋律）时的运动感受和位置感受

第 I 级——主音——脚着地直立在地面或地板上。

第 II 级——上主音——贴着地面低飞。

第 III 级——中音——走在楼梯上。

第 IV 级——下属音——在天空中翱翔。

第 V 级——属音——屈起膝盖，准备跳下地面。

第 VI 级——下中音——在平流层漂流（重力很小）。

第 VII 级——导音——轻巧地跃上一道楼梯的顶端。

表 4.5 　 "不规则"发音以及其他语言中的发音的色彩

塞擦音化的 C［ts］＝阳光般的白色，带有一点 t 的黄色（德语中的 z，西斯拉夫语及匈牙利语中的 c；日语中的 tsu）

双唇音 F＝与 j 一样的浅绿色，但是没有那么明亮（日语中的 f）

集中化的元音＝烛光黄色，通常包括重音节拍语言（time-stressed languages）中的弱化元音（reduced vowels），例如英语"book"和"look"中的 oo 和德语或匈牙利语中 ö 的发音

颚音化的 S＝更深更浓厚的天蓝色，英语"Sh"中的"S"也是如此

颚音化的 Z＝浅黄色调（"azure"中的 z）

颚音［x］＝与 k 一样，但是声音结构不同，人声的色彩与 g 相同，但是更深一些，声音结构也更复杂

Ch/颚音化的 t＝阳光色，介于 t 和 c 之间，但是其声音结构含有自己的成分

双向作用

　　在一些联觉者身上，色彩能够引起声音感觉，就像声音引起色觉一样。瓦西里·康定斯基宣称说每一种颜色都有其内在的声音，在 1912 年出版的著作《论艺术的精神》[注18] 中，他详尽阐述了这种关系。后来他又尝试为勋伯格（Schoenberg）的十二音音乐配上颜色。换言之，康定斯基不断地将其联觉思想化，渐渐将其发展为一种抽象概念。他努力寻求一种把各种感觉互相翻译的普适性方法，并期望能够运用到所有人身上（但是后来他发现难以达成，因为联觉的联系因人而异）。

　　仅有的几个双向联觉的实例，基本上都涉及视觉和听觉。

尽管有些人觉得这毫无问题，玛西亚·斯密拉克就是其中之一，可是其他人都感觉双向联觉有时有些难以招架。

朱莉·罗克斯堡(Julie Roxburgh)是一位具有彩色听觉的英国音乐教师，西蒙·拜伦-科恩和他的同事已经对她进行了大量研究，以确定她的双向联觉具有高度的一致性[注19]。朱莉听到声音就能看到色彩，看到色彩就会听见声音。当她看到一幅视觉图景时，每一种颜色都能产生一个不同的音符，而每当听到任何人声或者环境声响时，也会看到各种相对应的彩色图像。突发的嘈杂声会产生剧烈的干扰，使她难受。她的应对之法只能是在乡间深居简出，避免接触艳丽的色彩和嘈杂的环境（既指听觉上的嘈杂，也指视觉上的）。在纪录片《香橙雪葩之吻》中，BBC拍摄了她在夜间走过皮卡迪利广场(Piccadilly Circus)时，穿行于人流车流，以及霓虹灯光之间的情形：

> 我尽可能地避开这个地方。在这里我的每一种感觉都遭到折磨。我会很难控制自己，因为没有办法确定自己看到的东西是不是源自听到的声音，或者听到的声音是不是来自看到的景象。我觉得很难避开车流，避开人潮。那些灯光也在制造噪声。还有一个闪烁的灯，使我的手指产生一种触觉。人行横道灯上那个小绿人在朝我尖叫，使我眼前一片黄光。那个灯后面还有一片霓虹灯也在向我叫嚷……就好像有钉子从我脖子后面钉进来……我感到恐惧、厌倦、精疲力竭。我难以自控。我觉得自己完全无法长时间待在这里。

虽然联觉者经常自称"享有天赋"，然而困扰着朱莉·罗克斯堡的感觉混乱则说明联觉能力在一小部分人中间反而并不是什么好事。这也提出了是否有两种力量在互相竞争的问题：或许在成年后仍然保持联觉能力，能够带来有益的创造性，而如果保留下来的联觉过于强大的话，会带来感觉上的混乱。

那些感到不堪重负的联觉者的问题，似乎并不是双向联觉本身，而是一种特殊的视觉联系听觉的通道。例如，利德尔·辛普森的联觉在这个方向上就过于强烈。也就是说，无论他看到什么，都会听到声音，尤其是当所看到的事物在运动或闪光时。利德尔出生时患有严重的听力障碍。"我可以关掉助听器，但是从来没有经历过彻底的安静。"因为他的视觉始终在制造声响。不过多亏了双侧助听器，他的听觉得到了足够的改善，从而能够学会数种外语。他说：

> 我听到不是"声音"的东西也同样清晰……光学听觉对我而言就是光的结果。我的眼睛就是我的又一双"鼓膜"。每个颜色都能"发射"一个声调。浓度、亮度、位置，等等，都会影响这个声调的"音质"。
>
> 例如，几英里（1英里＝1.609千米）开外有一座广播发射塔。塔上有一串红色和白色的灯（每一种颜色都有自己的"音符"，你也可以按照自己的理解将它们叫作"音调"或者"音高"）。我能听到灯光闪烁的声音，当我走近的时候声音会增大。现在在路边加上反光镜。在我看来每个反光镜都在发射自己的"回声"，马路中间的分割线也在发出自己的声音。每辆汽车的大灯也有各自的音调。这些声音会随着相对位置的变化而变化，类似于多普勒效应。
>
> 即使白天也是一样。我能听到蓝天的声音，绿树的声音，眼中所见的任何事物都在发出声音。

利德尔也是多模式联觉者，触觉也会引起声音。酒精会放大他的联觉。他说在安静的环境里喝几杯啤酒还能接受，"可是要是到一个嘈杂的酒吧，那我就是自找麻烦"。

多少联觉算正常？

如果我们能够证明联觉者和非联觉者的感官量度方式是相同的，那么就可以推测他们的感受处理过程是相同的，因而有可能联觉者在感受联觉时所使用的神经通路和普通人正常的跨感官知觉也是相同的，而不需要在大脑中负责视觉和听觉的区域之间建立某种特别的"捷径"。劳伦斯·马科斯〔Lawrence Marks，对照后文，其人名实为拉里·马科斯（Larry Marks）——译者注〕[注20]正是这样做的，他证明了在非联觉和联觉的感知匹配中，在音高、亮度、形状大小以及音量大小、位置和形状之间，都存在直接的联系（见图4.4）。

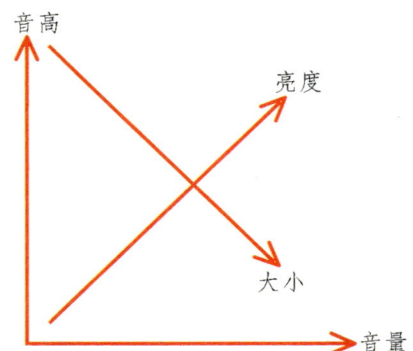

图 4.4　联觉者和非联觉者都能够以有序和合理的方式排列音高、大小、亮度和音量

马科斯博士提醒我们，不同感官的感觉量度之间的关系是有秩序和条理的。例如，联觉者和非联觉者都认为响亮的声音[104]比轻柔的声音更明亮，高音比低音更响、更明亮、更细小，低

音则比高音大一些，暗一些。旋律音程也有亮—暗的效果：上行旋律音程据说是明亮的，下行的则是阴暗的，而大的旋律音程又比小的要更加（明亮或阴暗）。[注21]

杰米·沃德（Jamie Ward）和他的同事首次直接比较了联觉者和非联觉者[注22]，其方法是播放一系列音符，然后要求两种人都从一个计算机调色盘中挑选颜色，供挑选的颜色既可以是预先设定的也可以是当场定制的。联觉者所选择的定制颜色明显多于对照组，而两者都显示出了相同的显著特征，就是有系统地为低音选择深色，为高音选择浅色。沃德博士进一步发现，在重复测试中联觉者的一致性远高于对照组（图4.5），而且就在非联觉者仔细考虑哪个颜色更"合适"某个音调的时候，联觉者总是在不自觉地调整自选的颜色。这种自发性通过一项巧妙设置的跨感官斯特鲁普干扰来检验，也就是在播放音符的同时，显示一个与音符的色彩相冲突的色块（例如，用一个蓝色正方形来干扰一个"红色的"音符）。

通过实验，沃德博士还发现两个同时演奏的音符（双音）

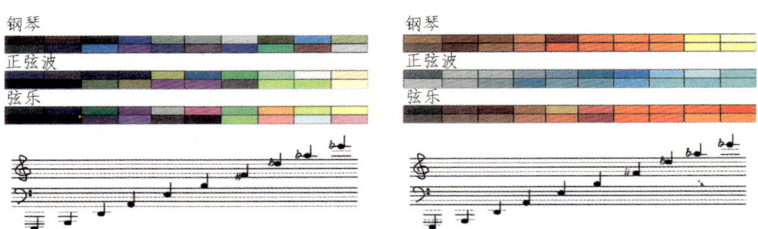

图4.5　分别由一位对照受试者（左）和一位联觉者（右）为十个钢琴音、正弦波音（纯音）以及弦乐音所挑选的颜色（堆叠色条）。在比较两种色条时，请注意联觉者非常明显的一致性，以及声音越高颜色越浅的现象。在这位联觉者的选择中，钢琴和弦乐确实比正弦波所产生的纯音更加丰富多彩。［经授权使用沃德等人的著作（2005年）］

能够引起两种以上的颜色，这些颜色与构成双音的两个音的颜 105
色都不同。这与梅西安所告诉我们的完全一致，与一位出生时
就患有视觉障碍（20/100，相当于 0.7）的十多岁男孩的体验也
相同，他在听到和弦时所看到的颜色与听到构成和弦的每一个
单音时看到的颜色都不同。[注23] 这表明在某些联觉者之中，音程
比音高更有决定性。音高能够引起多种联觉，是因为这是一种
多维度的属性。

我们都是沉睡的联觉者吗？

听觉到视觉的联觉特别能引起人们的注意，因为它可能出
现在所有人的婴儿期。有许多不同线索能够证实这一点。[注24] 如
果这是真的，那么成年联觉者就是保留了幼时就具有的某种装
置或机能，而其他大多数人在发育时都失去了。

传统认为感觉是模块化的，也就是说感觉通道是相互分隔
的，如果有互相作用也是极少的。不幸的是，这种模块化概念
掩盖了普通人大脑中存在着丰富的跨感官互动这一事实。[注25] 在
日常生活中，我们的各种感觉并不是孤立的，因为针对同一事
物，每一种感觉都在接受其他相关感觉的输入。每一种感知模
式都在受到其他感觉的影响，而感知者自身并没有察觉。[注26] 例
如，在成人中，视觉、听觉和运动感觉互相联系得如此紧密， 106
以至于即使是蹩脚的腹语表演者也能让我们以为是他所操纵的
人偶在说话。同样的腹语者效应也在电影院上演，虽然电影的
配音都来自影厅周围的扬声器，但是我们仍然感觉是银幕上的
演员发出了讲话声。这样的错觉如此逼真，完全不需要刻意去
体会。即使是非常年幼的孩子也能得到同样的感受。

视觉对听觉的影响，另一个例子就是所谓的麦格克效应（McGurk effect）[注27]，即当一个人听到/ba/的声音时如果看到发出/ga/声音的嘴唇运动图像，他就会认为听到的是/da/。麦格克效应说明语音与嘴唇运动之间的结合，早于视觉和听觉信号与音素或字词范畴对应起来的年龄阶段。[注28]

尽管当视觉和听觉竞争时，通常是视觉占上风，但有时也会有例外。以虚假闪光效应（illusory flash effect）为例，当一次闪光伴有两声嘟嘟声时，受试者就会认为自己看到了两次闪光。[注29]另一种类似的错觉现象叫作听觉驱动（auditory driving），也就是一个闪烁的光源，其闪烁的速度会随着相伴的声音的节奏加快或减慢。[注30]这些简单的错觉强烈地显示了在神经学上，视觉和听觉在非常早期就紧密联系在一起了。[注31]

最近，新技术已经应用于跨感官知觉研究。对大脑内单个细胞的电极记录显示，当爆炸声与闪光发生在同一时间同一位置时，细胞的活性所增强的水平，要高于把两次单独信号所触发的反应相加的程度。[注32]神经影像学研究也证实了在大脑发育的极早期阶段，看到他人说话时嘴唇的运动就已经开始影响一个人所听到的语言了（也就是上文所说的麦格克效应）。[注33]在另一个实例中，触觉能在大脑非常基层的水平上影响我们所看到的事物。[注34]另外，即使我们在意识中没有发现说话者的某一个面部表情，它仍然能够影响我们所感受到的话语的情感变化，而脑电图（EEG）记录表明这一感知结合也产生于极早期。[注35]

出乎人们意料的是，对于图4.4所显示的音量、亮度与音高等的跨感官模型的看法，4岁的孩子与成年人是一致的。甚至是一个月大的婴儿，也能把某种程度的亮度与音量联系起来。而且，这样的一致性更多地源于本质，而非依赖于语境。这种联系在幼年时就已建立[注36]，表明感觉的相关性与语言无

关。由于成人的感觉确实会运用语境，因而我们可以推断跨感 107
官联系存在于婴儿期，但在发育过程中变成了主要依赖
语境。注37

上述研究的一个显而易见的结论就是诸感觉之间的互动经
常发生。关于多种感觉之间的互相影响如何产生，两种流行的
理论观点分别是"集成化"和"差异化"。注38集成化观点认为在人
出生的时候，各种感觉通道一开始是互相分离的，而后在发育
过程中，随着人一再地体验世界，这些感觉便渐渐地结合起
来。差异化观点则截然相反，认为婴儿原始的感觉是统一的，
在成长发育过程中逐渐分化出来各种感觉。注39

有证据表明，包括人类在内的多种哺乳动物的新生儿，其
不同感知区域之间存在着有效的结构联系。其中听觉和视觉之
间的尤其强健。例如，声响能够在人类新生儿中引起可记录的
视觉反应。这种反应在 6 个月后开始衰减，但是在 20 到 30 个
月时仍然能够探测得到。注40而人类的近亲猕猴，则在大脑视觉
区域 V1 与初级听觉皮质和颞叶的多重感觉区域之间存在终生
有效的连接。注41因为这些连接的形成不需要视觉输入，注42所以
这可能是受基因程序控制的。

人类婴儿对于感受密度、速率、持续时间、节奏、时间同
步，以及空间位置这些非模式化属性非常熟练。例如，拍手的图
像和声音具有相同的时间同步、动作节奏，以及相同的节拍。婴
儿对于非模式化关系的熟练感知是选择性注意的一个基本组成部
分。幼儿能够感知非模式化信息这一点支持了在人类发育过程中
一种统一的感觉分化成不同的感觉这一观点。注43在各种不同感觉
之间并不是完全隔离这一点上涌现出越来越多的证据，日益凸
显出人类早期发育过程中，感觉差异化的重要性。

然而，集成化与差异化观点并不是互相竞争的两种不同理

论，更应该将其看作互补的。在感觉与认知技能的早期发展过程中，非模式关系感知的差异化与各种模式化信息输入的集成化之间，是互相作用的关系。

因此，有很多证据表明知觉从根本上来看是多感官的，但是我们仍然很难意识到这在多大程度上是正确的。显然在婴儿中是这样的，可随着大脑成长，这些感官渐渐差异化，对于为什么有些人能够保持联觉能力，我们可以提出两种可能的假设：或者是他们保持了最初的多感官互动，而其他大多数人都失去了，或者是他们的多感官作用显现了出来，而大多数人的这一作用随着年龄的增长，越来越隐藏起来。我们进一步提出一个观点，联觉者使用了通常作为多感觉输入集成基础的网络通道。而对于现有通道的扩展或扩大利用，使得联觉者并不需要产生与非联觉者完全不同的新的神经结构。

结　论

有许多种错觉现象，例如腹语戏法和麦格克效应，证明在大脑中听觉和视觉是紧密联系在一起的。这些例子说明在低幼年的时期，听觉和视觉是互相影响的。在大多数人身上，这样的交互作用只存在于无意识水平。但是在一部分人中间，听觉与视觉的联系是显性的。对于这些联觉者来说，音乐、语言、噪音，以及音素都能够触发不同寻常的颜色和光线的感觉。在第 9 章 (Chapter 9) 我们将更加深入地探究这种联觉形式的神经学基础。

十一月是-坚持在我的左上方

Chapter 5

对于大多数人而言，二月和星期三这样的概念不会在空间中占据任何特殊位置。然而，就有那么一些联觉者对于数字、时间单位，以及其他的与顺序或序列相关的概念，会体验到一种相对自己身体的精确的位置感觉。[注1] 他们能指给你看 32 这个数字具体在哪里，十二月是飘浮在什么地方，或者 1966 年躺在哪个角落。与所有的联觉者一样，他们也对不是所有人都对数字序列有着与他们一样的感觉表示惊奇。这种有形化的三维立体序列通常被叫作"数字形体"，不过这种现象更精确的名称是"数字序列空间联觉"。我们比较正式地将其写为序列位置感。

实际上，我们中间许多人在暗地里都会对数字序列画一条数轴。当被问到时，我们可能都会同意心里有一条从左到右的数轴，上面排列着由小到大的整数。数字序列空间联觉者对于三维空间中的数字序列的体验，分成自动排列、一致排列，以及具象排列等场景形式。所感受到的形体在思维空间中有一个精确的位置，可以指点出来。如果你不是一位数字序列空间联觉者的话，可以尝试着想象一下你的轿车停在你面前的空间。尽管并不能看到实体的车辆，但是你可以毫无困难地指点出想象中的车子的前轮、司机侧的车窗、后保险杠等在哪个位置。轿车在你的脑海里有着三维坐标。自动产生的数字形体也是这样。实际上，甚至连盲人受试者也能体验到数字形体联觉。[注2]

数字形体往往是全景的和动态的，这意味着观察者可以改变自己的视角，在场景中放大缩小，以及"转动"。即使是观察者向左向右转动，"仰视"或者"俯视"所看到的场景，场景中各个元素之间的位置关系仍然能够保持不变。很多时候，如果改变观察视角，形体的"照明"也会随之改变，就好像有一个聚光灯照亮了当前的视线焦点区域一样。有些联觉者体验到的形体是无色的，有的感知到的则是彩色的。

数字序列空间联觉的最常见形式就是星期的日子（见图5.1），接下来是月份名称（见图5.2）、数数，以及按十年计的年份数。在这些常见形式之外，我们还见到过鞋子和衣服尺码、棒球比赛统计数据、历史时期、工资、电视频道、温度等的空间表现形式。有些人只对一种数字序列产生形体；有的人却能对一打以上的数字种类产生联觉（见表5.1）。

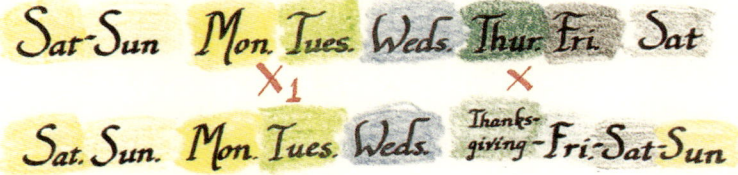

图 5.1　玛蒂·派克把一周七天看成一个由左至右的简单字符串。感恩节之类的假日以及有约会的日子会有突起的"标记"，这样这一天就能"显得更大更显眼……就不需要我用笔记下来了"［经授权引用自西托维奇（2002 年）］

数字形体算不算是联觉的一种呢？尽管粗略看上去它们似乎不太符合联觉的两种感觉互相联接的定义，但是考虑到数字形体还是结合了不同的感知属性，因此还是纳入了联觉的范畴。在这里，一个数字序列的概念触发了一个立体空间里的位置体验。这样的形体还可以赋予形状、纹理、色彩，以及光照等属性。玛西娅·斯密拉克把星期描述成：

一个个方块，像多米诺骨牌一样倾斜 25 度左右竖着排成一条。在内部视野里我看见它们在我的右边。每个月份都有自己的形状和颜色，组成一个椭圆……从最底下的一月开始，它们是按照逆时针排列的，所以二月（浅绿色）在一月的右边，而十二月（宝蓝色）在一月左边。椭

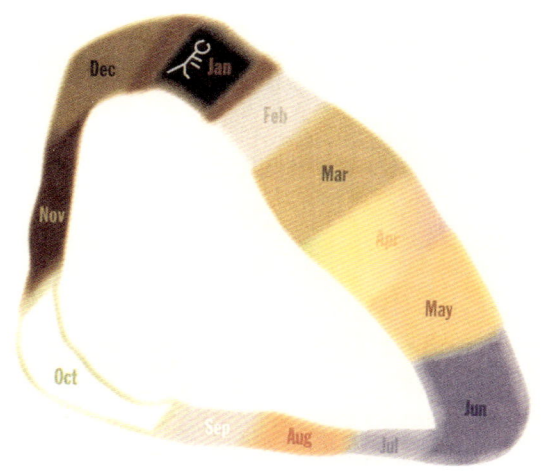

图 5.2　帕特·达菲的月份形体。每个月占据的大小通常是不一样的。大多数的月份形体是圆环形、椭圆形或者马蹄形［经授权引用自达菲（2001 年）］

圆的顶上是八月、七月和六月。每个月份都有自己独特的形状和大小（见图 5.3）。

表 5.1　科琳·席尔瓦（Colleen Silva）能够对之产生形体感觉的数字序列

数字	星期的日子
月份	人体测量数据
鞋码	重量
身高	温度
电视频道	地图
体温	乘法口诀表
时间	字母表

续表

评分等级———一种绩点学分平均值的评分标准和模式
我的生活 我的年龄 } 各种不同模式 我的学校

图 5.3 玛西娅·斯密拉克的月份形体感觉

实际上，联觉是一种跨感觉的配对这种简单的定义一直不够全面。比如说字形色彩联觉就并不涉及两种不同的感觉，因为对字符和色彩的感觉都属于视觉。联觉更完整的定义大致应该这样：联觉是一种遗传性条件，在其中，一种触发刺激能够引起自主的、自然产生的、影响情绪的，和具有清醒意识的、对于某一实在属性或概念属性的、与刺激源不同的感觉。在这一定义下，对于星期和空间的感觉配对（常常还会加上色彩）就可以归类为联觉的一种。

112

时间和数字序列的不同形式

图 2.4 至图 2.6 展现了玛蒂·派克对日期、字母表，以及数字所产生的形体。当她想到某一个月份时，眼前的景象就会"淡入数字 1～30（或 31）"，也就是日期的数字。如果你仔细看图 2.4，就会发现图中组成蛇形图案的十一月的日子被染成了十一月作为一个月份所显示的褐色。这样的一种形体嵌套在另一种之中，正是她的联觉的特征。当玛蒂想到某个日子，或者计划在某一天外出时（见图 5.4），她眼前就会显示一个螺旋形状的 24 小时时钟。她说：

> 我好像是从 6 的左下方看到的这些数字。一天的时间从 1 点开始，螺旋上升直到 12 点，是从午夜 12 点到上面的中午 12 点，再往上又到了午夜 12 点。从 12 点到早上 6、7 点是黑灰色的，从 6 点开始，颜色越来越浅，直到中午的明亮颜色（黄—白色），然后在下午 5 点到 7 点之间变得暗下来。8 点到 10 点是一种柔和的蓝色，10 点开始就成了深蓝色。

她所看到的分钟数的形体则嵌套在小时数所形成的螺旋之内（见图 5.4）：

> 仔细看某一个小时内部的时候，我看到的就像一个普通的钟，但是"2"在"12"原来的位置上，诸如此类，而分钟呢，就是"20"在"4"字原来的位子上……时间在我看来也是空间，而数字显示的钟会把我逼疯！

表 5.1 列出了 18 种（她能够对之产生形体感觉的）数字序

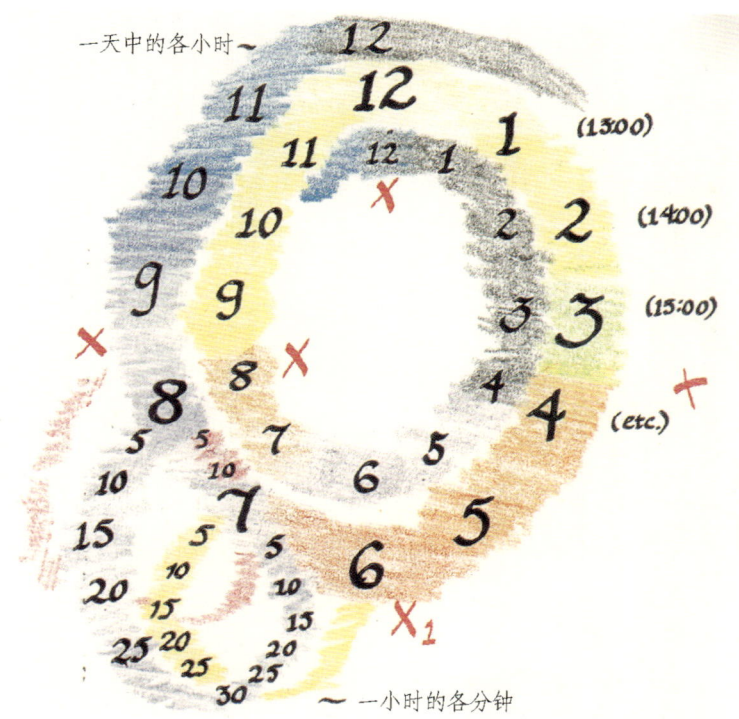

图 5.4　对于一天中的小时和分钟，玛蒂·派克所看到的三维立体，互相重叠的螺旋形状

列。"每当我想到 10 码以上的鞋子，就会感觉看到了那个尖锐的拐弯（见图 5.5，最上方），如果有人说自己发烧了，我就会想到（华氏）100°以上的区域——就是那个拐角。"而随着她年岁渐长，她自己年龄所产生的形状则像藤蔓一样从 0 岁蜿蜒开来。

　　与玛蒂和科琳一样，塔米·洛奇（Tammy Lorch）也能对于除了常见的世纪、月份、星期以及数字等之外的数字序列产生形体感受。比如说，她对薪水数字的感受从右边的 1000 美

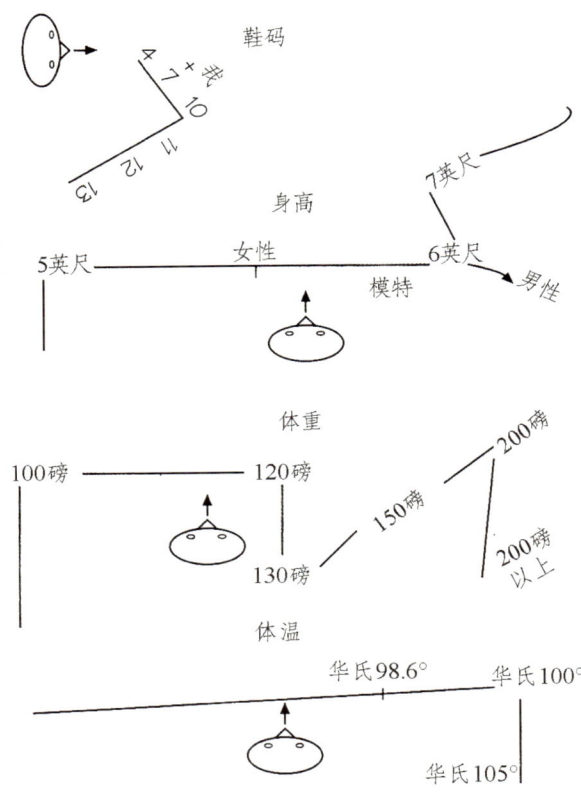

图 5.5　科琳·席尔瓦所感受到的鞋码、身高、体重和体温的图形

元起步，随着数字的增大，以不同的角度向左偏移。电视 1 频道在右侧，更高的频道则沿着对角线向左排列。电台频率则是最低的频率在右侧，更高的频率却沿着对角线向更右边排列。她也能对鞋码和衣服尺码产生形体感觉，甚至精确到半码的数字。

　　另一位数字序列空间联觉者黛博拉·R(Deborah R)，能够走到或触及所感受到的形体，但是并不很清晰。"我不能确定是不是真的看到了什么，但是我能到达数字 1 或者类似的东西所在的地方。"简单的线条无法表达她所感受到的景象和深度。"（我的）图画不够准确，因为在我的脑海里，这些形体都是立体的：或者是位于一个单独的平面上，要不然就是沿着一个角度向着我飞过来，还与另一个水平的平面交叉。"

有形体的时间线有时还会有清晰的背景。玛蒂·派克所看到的所有形体都有着黑色的背景，南希·T（Nancy T）的数字轴线有一个繁星密布的背景，好似《星球大战》中的一幕，玛西娅·斯密拉克所看到的年代数字则有着一幅地图作为背景：

> 每个 10 年都是一个三维的长方体，颜色是浅蓝灰色，就是（美国）内战时期军装的颜色。它很薄……挂在我面前水平的位置，稍稍偏左……它挂在芝加哥的正前方。我知道这听起来很古怪，但这是真的。年代的长方体是挂在一个透明的平面上的，所以我能看到后面的地形。

背景出现什么图案，取决于玛西娅在想什么样的时间表：她想到十年的周期时，就会看到地形图，但是想到世纪和月份时则不同。

许多参与我们工作的联觉者，都曾慷慨地付出大量时间和心血，画出了他们所感受到的各种形体，以帮助我们更好地了解他们的体验。然而迄今为止，还没有一种系统性的方法，可以在真正的三维立体坐标系中研究这些数字形体的相似点、不同点、模式以及变化。为了解决这个问题，戴维的实验室开发了一套虚拟现实软件，可以让联觉者能够"真正地"将他们所感受到的时间单位放置在三维空间中确切的位置上。图 5.6 显示了两姐妹的数字形体在虚拟现实空间中的分布。请注意，尽管这两姐妹是在相同的家庭环境内长大的，可是她们两人所感受到的形体几乎毫无相同之处。这就否定了这样的可能性——数字形体是孩子从父母那里学习而来的，或者源自小时候家里某些奇形怪状的日历。

图 5.6　在虚拟现实中，两姐妹对数字形体的位置感觉。上一位对于月份、星期和数字形成感觉，而下一位对于年份、数字和月份形成感觉

使用虚拟现实手段来确定精确的三维坐标，打开了一扇通向两种可能性的大门：在不同受试者的空间形体布局之中找到共通的模式，以及理解形体如何随着时间变化。受试者被要求在虚拟现实的三维空间中标记出自己对数字序列所感受的位置，一年之后再次回到实验室。在没有预警的情况下，测试一

重复测试的结果将进行比较。这项工作正在进行，目前的结果
表明对于星期、月份以及数轴的空间感受，随着时间推移，几
乎不发生变化。但与之截然相反的是，年龄和年份的形体却改
变甚多，因为随着时间推移，受试者自身的年龄也渐长。从某
种意义上来说，一年之后的受试者在时间序列中"所站立的位
置"已经移动了，而周一与周日之间的相对关系不会随着时间
流逝而变换。

　　三维坐标还有一个好处就是能够辨别假装者。非联觉受试 [117]
者在被要求在想象中放置数字序列的形体一周后再次测试，两
次测试结果通常没有关联性，即使有关联也是极少的。

共同的主题？

　　各种数字形体具备相同的特征吗？最明显的是，它们都涉
及后天习得的序列，这暗示着可能在儿童中期（mid-childhood）
存在一个特定的时间窗口，相关的基因在这个窗口期表达了出
来。我们将在第 9 章（Chapter 9）深入探讨这一点。

　　而现在我们可以先来看看不同数字形体之中的共同主题。
正如色彩—字形联觉一样，数字形体感觉者可能也有一点印刻
作用（imprinting），也就是说他们会受到日常生活中每天接触
到的图案的影响。例如，可以想象一下钟面图案上数字 1 至 12
的位置布局。图 5.7 显示了两个数轴线条：一个来自身处现代
巴黎的一位受试者，[注3] 另一个来自弗朗西斯·高尔顿爵士于
1883 年记录的一位受试者。两者都包含钟面图案的元素，玛
蒂·派克对整数所产生的数字形体亦是如此（见图 2.5）。请注
意，玛蒂的"钟面"是上下倒置的，排列方向也反了，当她学 [118]

习辨认时间时还不得不忘记这些。这说明她可能在幼年学习数字的时期，对钟面产生了印刻作用，但当时还没有学习到钟面数字的含义。这说明发展出数字形体的时间窗口可能比较早，可能早于 48 个月。

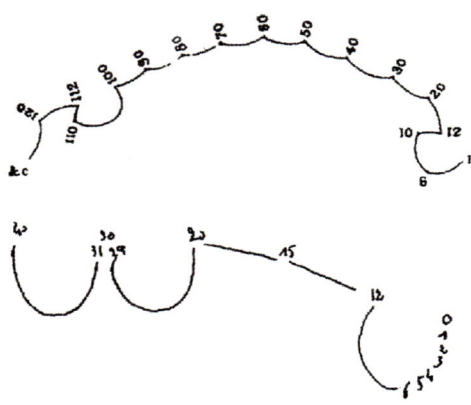

图 5.7　数字形体的共通性。（上）弗朗西斯·高尔顿爵士在1883 年所记载的数轴线条。请注意从 1 至 12 的钟面排列图案，以及标志性的整十数字之间的扇形图案，这是数字形体常见的主题。　（下）巴黎一位受试者所感受到的整数［皮亚扎（Piazza）等人，2006 年］

还有一个经常能够观察到的主题就是一些标志性数字的一再重现，例如图 5.6 中的 10 的倍数，以及图 5.8 中所画出的玛蒂·派克所看到的整十年的年份。整十数看起来为居间的数字提供了支持的框架。考虑到非联觉者在脑中处理和利用这些整数的情况，这一点并不奇怪：这些数字有可能就是非联觉者心算时的关键。[注4] 这个问题我们将在后文继续讨论。

请注意在图 5.8 中，20 世纪的每个十年都位于本世纪的蓝色基线之上。"如果把每个世纪都看作一个整体，"玛蒂说，"那么 20 世纪是蓝色的，19 世纪是黄色的，17 世纪是红色的，诸如此类。"但是当她放大近看的时候，"年代的颜色成了主导。"[119]她看到的形体显然与图 2.5 所显示的她看到的整数的形体一致，尽管在配色上有差异（例如，50 与 1950 年代，以及 80 和 1980 年代的颜色都不同）。

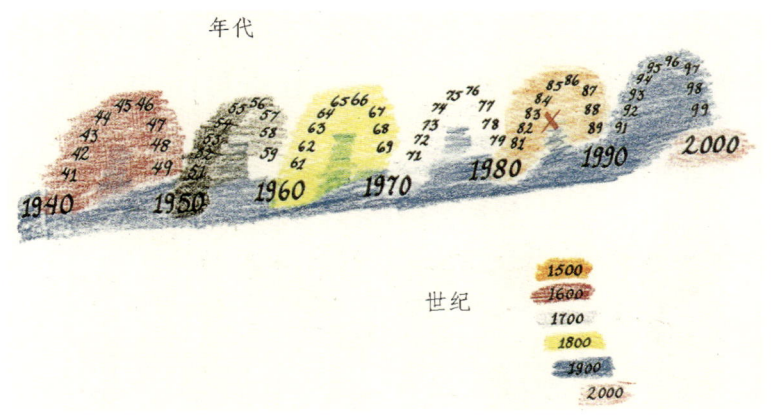

图 5.8　玛蒂·派克的年份体验按照十年——"标志性"数字来分组。
请注意，其与图 2.5 中她对整数所体验到的形体和颜色都很接近

　　另一个常见主题涉及过去、现在和未来。在对许多能够看到数字形体的人士的访谈中，我们发现一个令人惊异的现象是，尽管谁也看不到未来，但是未来（在数字形体感觉中）占有一个空间的位置。许多人感觉到的未来要么位于自己后面，要么就在前方很远处，远得难以辨认。其实遥远的过去的形象也是这样：要么就在一个难以辨认的位置，要么就是在受试者背后很远的地方，或者是太小了。以下引自玛西娅·斯密拉克的陈述：

　　　　每个时代都是一块厚板，不过我只能看见 19 世纪的

表面；我"知道"它们是按年代以降序排列的，一直向前排列到我看不见的地方；到了 14 世纪左右，这些板块就开始变得很小，难以辨别，再往后就从视野里消失了……。

而当前的时间往往是从个体自己肉体所处的位置看过去的。它比过去和未来都更容易辨别。例如，在玛蒂·派克出生之前很久的年代都是黑暗的："在我大约 10 岁或 11 岁时，我问妈妈，她是不是出生在'黑暗年代'的。她笑了，当然不明白我在想什么，但是在我当时的意识中，任何在我出生的 1954 年之前的时间都是黑暗的。"在玛蒂长大成人之后，她出生之前的世纪和年代在她的意识中就既有了颜色又有了形状（但 20 世纪 50 年代以前的年份仍然是灰暗的颜色）。

负数和公元前的年份同样是"在阴影中，即使有颜色也很不明显"。看到的负数都"位置低于零"，而公元前的日期是"在零左边的镜像"（见图 5.9）。

正因为如此，年份的轴线与月份和星期的轴线完全不同，后者总是位于圆圈、椭圆，或者是马蹄形曲线的路径之上，而且易于接近和观察，例如图 5.6（上）。

除了钟面图案，整十的年份之间的扇形图案，以及当下时间在空间上的接近和过去未来的远离这几种之外，在数字形体向哪个方向延伸的问题上，还没有发现普遍适用的模式。时间段简单地由左至右移动，或者简单地从最上面的一月或周日开始往下排列这样的情况其实非常罕见。唯一能够普遍观察到的模式，就是相邻的元素总是按照正确的顺序相邻排列。也就是说在理论上，一位联觉者所体验到的周三可以与周六和二月为邻，但实际上总是顺序相邻的元素才会在空间中比邻而居。这一简单的现象可能为正欲深入探索数字形体起源的神经科学提

负数、公元前的年份等

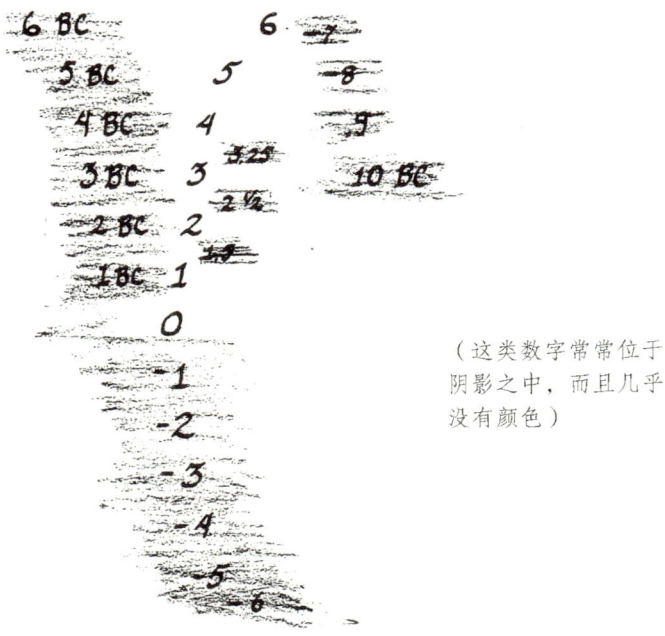

（这类数字常常位于
阴影之中，而且几乎
没有颜色）

图 5.9 玛蒂·派克所看到的没有色彩的负数和公元前的日
期，均位于零以下

供了一条线索。

最后，我们在前面的章节中多次强调，一旦联觉的联系在
幼年时期建立，就会固定下来。然而数字形体可能是这条规则
的一个例外：它们会随着年龄的增长改变或者"生长"。前文提
到的科琳·席尔瓦，她曾说与自己年龄相关的数字形体就好像
从末端"像藤蔓一样"生长出来。图 5.10 描绘了她对于自身年
纪以及整个历史的感觉，以及这些形体是如何随着时间而变化
的。请注意，随着她从十多岁的青少年成长为年轻成年人时，图

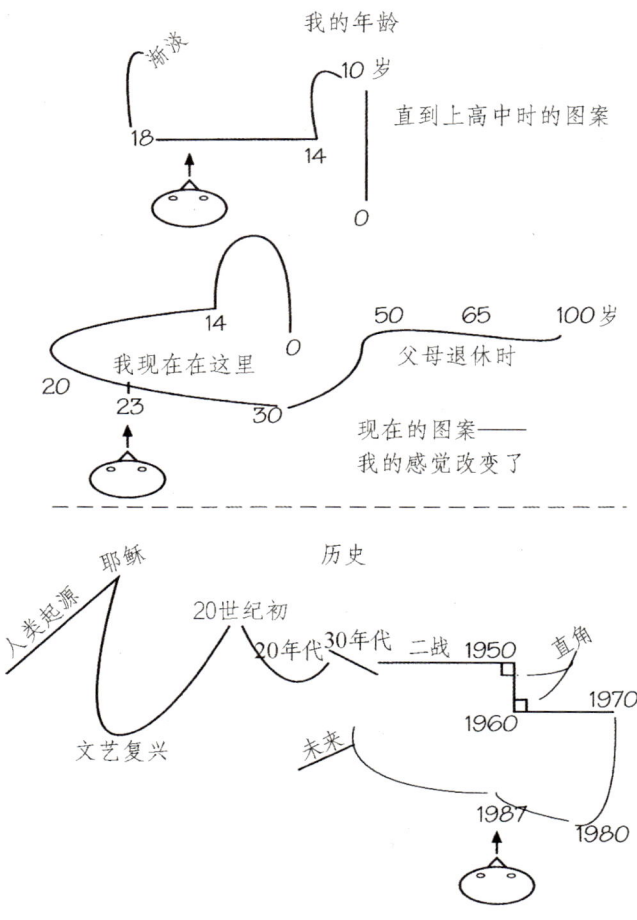

图 5.10 科琳·席尔瓦对自己年龄和历史所感受到的图案。她所看到的形体随着时间的推移而改变

案不仅延长了，还改变了形状。这显然有新学到的知识的作用，然而还有一个显而易见的问题："数字形体为什么会让新的经验继续改变它呢？"答案还需要后来的研究揭晓。

一个惊人普遍的现象

当戴维开始做广告寻找联觉受试者时，他估计联觉存在的比例大约在 2000 人里有 1 个，这是西蒙·拜伦-科恩及其同事在 1996 年的调查中计算出来的。但是令戴维惊奇的是，他发现联觉的存在要普遍得多。我们现在从朱莉娅·西姆纳的随机人口调查中得知，人群中存在任何一种联觉形式的可能性高达23 比 1。还有一件让戴维惊讶的是，住在得克萨斯医学中心（Texas Medical Center）附近回复他广告的联觉者中，有 25％的人具有序列空间感联觉。这个表面看起来很稀有的联觉形式实际上并不罕见——实际上，貌似这是已知最常见的形式。

2004 年，诺姆·赛吉夫及其同事[注5]开始着手研究全体人口中具备数字形体联觉的精确比例。为了得到相对较大较随机的取样人群，他们在伦敦科学博物馆（London Science Museum）中设置展台，从当天路过现场的人中招募志愿者。从 1000 位完全没有准备的志愿者之中，他们发现数字形体的存在非常普遍，可能每 10 个人里面就有 1 个。这一结果与之前（从非随机样本中做出的）约占总人口 4.5％至 12％的估计基本一致。[注6]赛吉夫的发现进一步预示着数字形体联觉与其他形式的联觉高度相关：例如，如果你有味觉联觉，那么你能够体验到数字形体的可能性就达到 20％；如果你是一位字形—色彩联觉者，这个概率将剧增至 60％。这些观察揭示了联觉的神经生物学原理，这个问题我们将在第 9 章（Chapter 9）进行探索。

估算普及率时要谨慎一些，因为要确认一个人到底是真的还是假的具备序列空间感联觉，还是有点难度的。要想体验这个难度，试试向十多位朋友询问一下，问他们能不能感觉到数字的形体。有一些会明白你在说什么，但是多数人会像看外星人一样愣愣地看着你。困难在于存在似是而非的例子，某人会明确表示他们把星期"想象"成从左至右排列的，那是因为日历上面就是这么印的。这算是联觉，还是他们认为如果这个问题有必要回答的话，答案就是这个呢？这个问题——以及联觉本身——所提醒我们的就是人们的思想千差万别。有的人擅长形象化思维，有的人却不是。正如我们在前文指出的，联觉与正常感觉有可能是统一的。

研究人员正在着手设计实验方法，以检测数字形体联觉的行为学结果。[注7]例如，既然形象化思维较差的人数学能力也较差，那么是不是序列空间感联觉者的数学也很好呢?[注8]我们还不知道答案，但这是有希望检测出来的。另一个可能性是每个感受到不同数轴形状的个体，他们在反应速度上的差距也有可能测量出来。也就是说，在要求联觉者比较在弯曲线条上相近的数字与远离的数字时，去测量他们反应时间的差别。

怀疑这种联觉的真实性的原因，是无论是否是联觉者，任何人都会自动地把数字和空间联系起来。这个现象有一个最直接的证明，是由斯坦尼斯·德阿纳（Stanislas Dehaene）及其同事发现的，叫作空间数字关联响应准则效应（Spatial Numerical Association of Response Codes），简称 SNARC 效应。[注9]想象一下看着一个电脑屏幕上闪过的单个数字，指出其是偶数还是奇数。在一些测试中，你要举起右手来表示"偶数"，而在另一些测试中，则要举左手来表示。结果发现你对较小的数（0～4）是左手反应快，而对较大的数（5～9）则是右手快。这一实验后来重复了许多次，说明所有人脑子里都有那么一条具有空间位置的"数轴"，无论联觉者还是非联觉者。而且，当受试者被要求两手交叉时，他们的反应也交错了过来——右手对身体另一边的小数字反应快了——这意味着不是手的原因，而是空间位置的原因。在眼球运动方面也有类似的发现：受试者对于小的数字，向左看比较快，对于大的数字则是向右看更快。而且这种方向效应对于文化经验非常敏感：自右向左书写的伊朗受试者所显示的 SNARC 效应就是反过来的，而既自右向左书写，又自上向下书写的日本受试者就在两个方向上都显示了这一[124]效应。

在另一个能够显示数字的隐性空间分布的实验中，受试者被问到某个数字是小于还是大于 65。当受试者使用左手时，他们对小的数字反应更快，用右手时则对大的数字反应更快。有趣的是，提问的数字比 65 大得越多，回答速度就越快——也就是说当提出 97 时，受试者说它大于 65 的反应速度要远远快于 67。这个区别被认为反映了受试者心目中那条数轴上面"距离"的远近。

由于观察到对于能让非联觉者产生 SNARC 效应的数字序列（也即数轴），联觉者也能产生空间形体感，爱德·哈伯德和同事开始寻找数字序列空间联觉与 SNARC 效应之间的直接联系。[注10] 例如，联觉者与非联觉者之间的一个共同点就是，脑海中的数轴在逐渐到达很大的数字时，长度会缩短。也就是说，你的大脑在分辨 13、14 和 15 时，分辨率远远高于在辨别 10713、10714 和 10715 的时候。这种缩短现象在图 2.2、图 2.6、图 5.6 以及图 5.10 中的数字形体上很明显。非联觉者与联觉者在显示数字上的相似性促成了对于大脑中数字呈现的方式的重新检测。（至少有三种方式：语言的、视觉的以及数量抽象的，每一种都与不同的大脑结构相对应）[注11] 这也使我们了解了数字的神经系统表征是如何与空间的神经系统表征密不可分的。[注12] 鉴于非联觉者中存在的 SNARC 效应（即脑中存在一条隐性的数轴）以及数字序列空间联觉者的数字形体（他们能够体验到清晰的数轴），很明显所有人都能够在思想中将数字在空间中排列，但只有一小部分能够在三维空间中有意识地清晰观察。

数字序列与时间的哲学

具有形体的数字之间的空间关系，提醒我们联想到一种对于时间的正在日益得到认同的观点。在库尔特·冯内古特（Kurt Vonnegut）的《第五号屠场》（*Slaughterhouse Five*）中，刚刚离开第二次世界大战欧洲战场的主人公毕勒·皮尔格林（Billy Pilgrim）被名叫特拉法马铎人（Tralfamadorians）的外星人绑架，并在他们的动物园里展出。他们对地球人的时间观念感到困惑，因为其中有一个"现在"的概念，而其余所有事物都属于一个未来或是过去，而特拉法马铎人的所有时间都是同时存在的。他们的时间就好像你看着落基山脉：你可以将整体尽收眼底。你可以随便关注其中任何一部分，而全景始终在那里，你随时都可以看到。

特拉法马铎人的时间观念，被哲学家称为"无时态"，因为在这样的观念里，过去、现在，以及未来都是相同地存在着的。[注13] 这同样出现在 H. G. 威尔斯的《时间旅行》（*The Time Traveler*）中。在无时态观念中，过去、现在与将来并不是需要关注的重要属性：这只是事物之间的一种关系，这种关系可以是"之前""之后"或者"同时"。过去与将来就好比左和右——也就仅仅是一种相对关系。[注14] 在这种观念中，现在的概念并没有什么特殊。它只与自己左右两侧的事物有关系。特拉法马铎人时间视野里的落基山脉，只能是一座山峰。也就是说，对于持有无时态时间观念的哲学家和联觉者来说，你的出生的时刻位于你拿起这本书阅读的时刻的左边，后者则位于你生命终点的左边。数字序列空间感联觉者的体验，正是为这一时间观念提供具体的空间形体。

结　论

数字形体被研究了一个世纪之久，但是直到最近，它的普遍性才得到认可。有人估计大约有 10％的人口能够对数字序列感受到某种形式的空间形态。现在已经越来越明确，数字和空间的处理是在大脑同一区域进行的，对这一区域的破坏通常造成空间和序列两方面同时紊乱。在非联觉者中新发现的一些效应（如 SNARC 效应）表明数字序列在所有人的大脑中，都是以一种空间形式表现的。在 10％的人口中，这种空间表现显现出了清晰的外形［我们将在第 9 章（Chapter 9）探索这一现象的原因］。对于这部分人来说，序列和空间显然是相关的。正如玛西娅·斯密拉克所指出的："作为联觉者，我需要不断提醒自己的事情之一就是要记住，对于其他人来说，时间和空间是截然不同的。"

Chapter 6

味觉？品味？

味觉和嗅觉密切相关——紧密到了人们平日里以为单纯的味觉其实更主要地与嗅觉有关，了解到这个知识的人都会吃一惊。如果你感冒了，就会尝不出食物的味道，就是因为嗅觉减退了。人们通常体验到的味觉，实际上是一种综合感觉，由基础味觉（甜、咸、苦、酸、肥鲜）[注1]与嗅觉、温度，以及口感质地等结合而成。与我们体内寥寥数种味觉感受器相比，嗅觉感受器有大约 1000 种，因此香味的感受比美味复杂得多就不足为奇了。

要证明嗅觉比味觉重要，只需要在品尝各种食品样本的时候捏住自己的鼻子，或者用晾衣夹夹住。这样你就会发现许多食物变得平淡乏味。例如，你将无法区别苹果和洋葱，或者咖啡和茶。后两者的味道可能会变得只剩下一点令人不快的苦味，因为正是这种强劲的香味赋予了这两种饮料招牌性的复杂风味。因此在涉及"味"的说法时，如果没有特殊说明，我们所指的都是包括味觉和嗅觉的体验。

味觉和嗅觉因为基于化学而与其他感官不同——也就是说它们依赖于用舌头上的味蕾，以及鼻子和喉咙里的黏膜来解析化学分子，不同于对电磁力（视觉）或机械力（触觉和听觉）进行转换的感觉方式。因而，味觉与嗅觉在大脑中的管理方式也与视觉、听觉和触觉完全不同。首先，传输嗅觉信息的神经不经过大脑丘脑部分的中继，而是直接在额叶底部表面的皮质建立突触。大脑这个古老的部分叫作"嗅脑（rhinencephalon）"，也就是"负责嗅觉的脑部"。

初级味觉皮质位于大脑边缘被称作岛盖（operculum）的一个区域，次级味觉区域则在稍靠后的顶叶，以及比颞部更深的一个叫作岛阈的部位（limen insula，见图 6.1）。这个位置的损伤会导致辨认食物和味道浓烈程度的能力损失。[注2]图 6.2 显示了组成气味感知网络的皮质构件。[注3] 初级味觉皮质中过半数的神经元对质感和温度都很敏感。

很少有人能够意识到，跨感官知觉在嗅觉中发生得多么频繁。从技术层面来说，我们可以说人人都有联觉。[注4] 例如，人们一直说香草之类的香气是甜的，尽管甜味属于味觉。[注5] 事实上，"甜美"是最常见的对气味的描述。有一位研究者请求 140名受试者描述一种草莓的气味，有 79％的人说闻起来很甜美，而只有 43％的人说闻上去像草莓，71％的人说是果香味。[注6] 许多类似的样品（如乙酸正戊酯 amyl acetate，常用作香蕉味香料）都能得到近似的结果：每当闻到一种气味的时候，大多数人都会感知到甜味这样的味觉性质，而不是草莓气味或者香蕉[129]气味这样明确的性质。

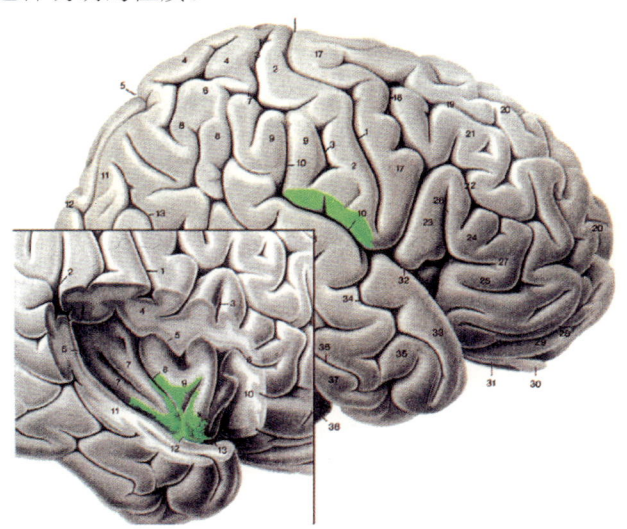

图 6.1 绿色标示的初级味觉皮质区域，位于额顶叶岛盖位置，以及剖面图中的岛叶区域。另外在脑干与杏仁核有许多神经核也参与了嗅觉和味觉的感知

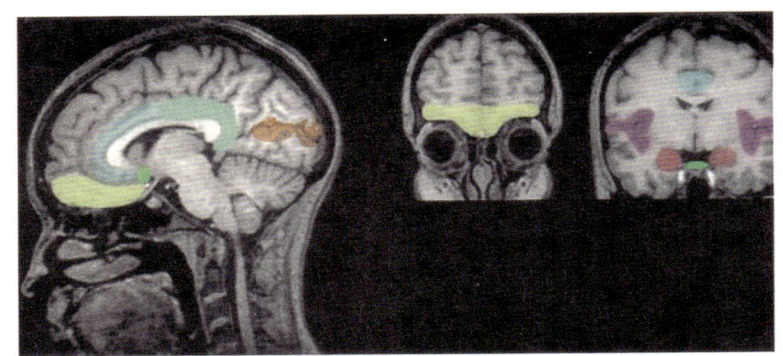

图 6.2　初级嗅觉皮质位于额叶的底部（黄色）。广义的气味感知网络包括胼胝体下脑回（subcallosal gyrus，蓝色）、杏仁核（红色）、视觉区 V1（橙色）、下丘脑（hypothalamus，绿色）、颞极（temporal pole，图中未显示）。岛叶在图中用紫色圈出，其最前端的一部分与嗅觉—味觉—自主神经功能有关

虽然嗅觉对味觉的影响巨大，但是具有讽刺意味的是，专门用作形容气味的词汇少之又少。相反，我们几乎全都借用其他感觉的形容词来表示气味，如"甜美""刺激""清亮""清新""新鲜""柔软"，以及"辛辣"。形容气味的词语通常涉及这种气味常见的来源，例如"芬芳""果香""霉味"，以及"辣味"。

与真正的联觉相似，在测试—重测的检验之下发现，人对于甜度等味道程度的品评，在一个很长的时期内都是稳定的。所谓的甜味增强现象也能证明这一点。这个现象指在糖的溶液中添加甜味香氛，能够增强甜的味觉（这一效应已经为制造商所利用）。相反的效果也已被发现，甜味香氛能够减轻酸性溶液的酸味。

此外，一种气味的味觉特性，受到过去所经历的与这种气味同时尝到的甜、酸、苦或者咸味的影响。气味—味觉学习基本上是隐性的，这意味着其通常无意识地发生，而无须

故意。[注7]

在味觉和嗅觉之间直接的实验结果表明，我们原以为属于 [130] 某一感官的感觉，即使在成年人身上也是存在可塑性的。例如，现在已经有了直接证据[注8]，证明嗅觉能力可以后天习得。比如某种混合的气味，如蘑菇-樱桃气味，一种蘑菇的后味，呈现樱桃的香气。这种气味记忆的一个令人惊异的特点就是它会抗拒日后经验的干涉。正因如此，一些研究者主张这种普遍存在的嗅觉的味觉特性应该被视为联觉的一种形式。

味道也能触发

味觉和嗅觉既是一种联觉体验，本身却也可以触发联觉。一提味道触发的联觉，我们就会想到 1980 年掀起联觉研究的当代复兴的人物——迈克尔·华生。他的味觉触发触觉恐怕是其中最为著名的了。

迈克尔感受到的是味道的形状、质地、温度以及重量，囊括了触觉的各个方面。当他遇到新鲜味道，也就是第一次尝试时，这种多重感觉就特别愉悦鲜明。他当然喜欢去餐馆吃饭喽：

> 吃对我来说是一种刺激，新的一道菜尝第一口，就是我搜寻全新方向的一阵冲动；我觉得自己深陷其中。这种全新体验常常充满性感，这当然是从感受的角度说的，但是有时这种感受确实带有情欲的味道……[注9]

他所感受到的食物的性感一点儿也不令人奇怪，因为我们都知道味道感知与大脑边缘系统（limbic brain）的关系多么紧密，而边缘系统影响性欲（诸君也可以想想耐人寻味的吻的演化）。这从神经心理学方面给迈克尔带来的好处是他还具有遗觉记忆能力，而负面影响是他学习数学遭遇了困难，还左右不分。

迈克尔对于形状具有极强的记忆力，可以毫不费力地记住所遇到的形状，但是记不住它们所对应的味道（因为他的联觉是单向的）。迈克尔喜欢下厨，却从不遵循菜谱。他只是按照自己想要做出来的美食大概是一个什么样子的粗略方向去做，在不断地试错中调整食材与调料——比如，把味道调整得"更圆滑"，使其更"倾斜"，"削尖棱角"使垂直线条更加突出，或者是在整体外形上再增加"几个点"。他的探索方法就是典型的"当你见到它的时候才知道自己要的就是这个"；当一道菜肴的形状达到了他最初的想法时，就有一阵"我找到了"的幸福感笼罩全身。

迈克尔 1992 年逝世，如果活到现在，他一定会喜欢麻省理工媒体实验室（MIT's Media Lab[注10]）于 2005 年创办的"联觉菜谱"网站，尽管其中并没有关于形状的内容。这个网站存有 60000 份菜谱，其图形界面允许厨师们通过描述自己对菜肴所期望的感觉来打开思路（如"香辣""有嚼劲""湿润""松软""油腻"）。搜索功能能够处理 5000 种原材料的关键词（如"鸡肉""蓝莓""肉桂"），1000 种味觉形容词（如"辛辣""糊状"），400 种营养学词汇（如"β-胡萝卜素""锌"），以及所有的否定词（如"非牛肉""不辣"）。还可以输入家庭成员的口味喜好，以便满足所有人。

迈克尔很小的时候就发现别人并不会尝出味道的形状，于是他把自己的联觉感受隐瞒了起来，以免遭人嘲笑和怀疑。然而这种感受仍然下意识地出现，难以忽略。毫不意外地，他也是多种联觉者：某一种味道有时会使他"看见"彩色图案。例如，橙汁能使他看到"橄榄绿色的碎片穿过正方形的门洞"。这种感觉如此鲜明，以至于能够遮挡住他的中央视野，使他无法直视。更常见的则是声音产生了形状：

> 在我三四年级时，我们班级每周四都收听一个名叫"音乐图画"的电台节目。我们要画出音乐描述的画面，我被这个节目深深迷住了。我能画出东西，这让我显得很厉害。我成了全班最棒的人，能从声音中看到东西。我记得清清楚楚，这是我那些年里最高兴的一段日子。[注11]

迈克尔能在"全身"感受到联觉的触觉体验，但最主要的是在面部、手上以及肩部。这种感觉强烈而又令人愉悦，而且是"一过性"的。他常常感到自己用双手抓握某个物体，或者是操纵着它，用手指感受着它的质地和温度。有时他的大拇指和中指比其他手指感受更强烈。图 6.3 中的小字说明了为什么这些部位受影响更大——它们相比躯干或者腿部，占有更多的[132]皮质区域。运动的感觉几乎无时无刻不在——迈克尔说："一种感觉从我的手臂扫向手掌。当其他手指在感受质地时，大拇指划过物体的边缘，感受边缘所在。"而味觉本身也会移动，从口中开始"上升"到迈克尔的头上。他的联觉感受几乎总是愉悦的，不过当尝到柠檬或醋的"锋利"或是"尖锐"的形状时，他的脸上偶尔会有"被扇了一下"或是"烧灼"的感觉。每当迈克尔感受到一种特别强烈或是特别满意的联觉感受，他就会忍不住停下话头或动作，别人就知道，他又专注到自己私密的感官世界中去了。

迈克尔一直想知道为什么只有几个手指能感觉到味觉带来的触觉，而不是整只手。同样的怪事也发生在他肩膀和手臂上。当看到一张描绘四肢是如何受到神经支配的皮区图（der-[133]matome chart）时，他豁然开朗了："这就是我只有一些部位有

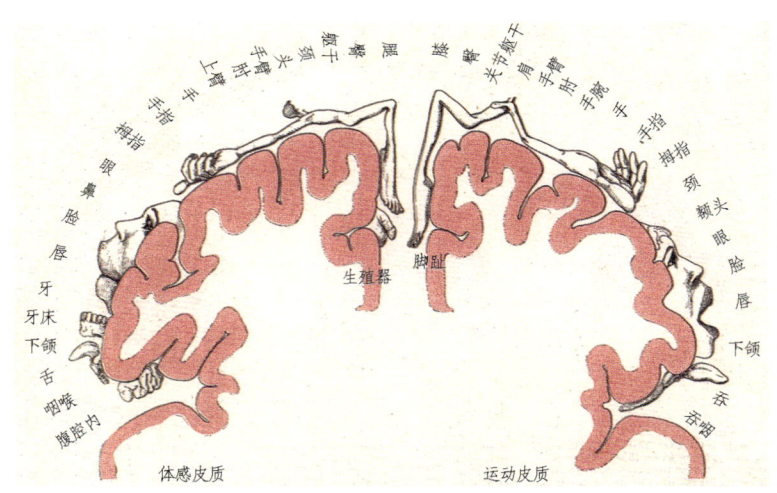

图 6.3　身体的大部分都能映射到感觉（左）皮质和运动（右）皮质。图中显示的人体发生了变形，是因为某一特定皮质的大小并不是由其所支配的身体部位的大小来决定的，而是由控制的精确度要求来决定的。这也就是为什么负责面部和手的感觉和运动皮质都要比负责身体其他部位的大得多［改编自彭菲尔德和拉斯穆森著作（1950 年）］

这种感觉的原因！"（图 6.4）

　　他描述得非常详细。香蕉汁是"圆形的精致雕刻，类似于巴洛克式的造型"，樟脑则"好像公文包上一个方形的把手"，蜂蜜则是"有凸起的长条，好似一根抛光的手杖"。闻到桃子果酱的香味，他感到一个球体，而品尝之后，球上出现了"像保龄球一样的洞"，他可以把手指插进去来握住球。薄荷味令人感觉"既诱人又奇特"，驱使他把头向左转过去，"围绕着感觉中的形状兜圈"。"有什么东西在拐角那里，引导我过去。"他说。草莓果汁不仅是一个浑圆的"上半球体"，而且十分浓郁，以及"性感——在 1 到 10 分里可以打 10 分"。他从面部到颈部，一直到胸部中间的高度都能感受到这些形状，"我的味觉最远能到

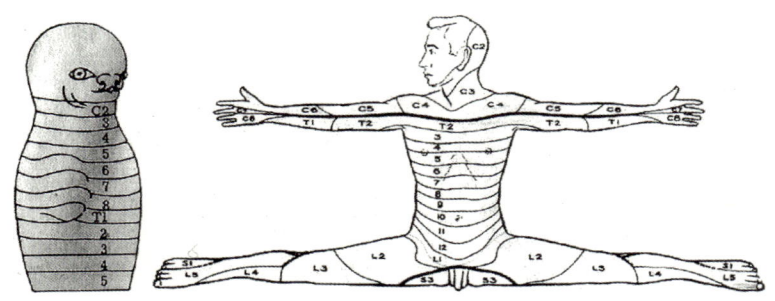

图 6.4　皮区图。（左）胚胎体的纵向分区受到头部和四肢发育的扰乱，造成皮肤分区（皮区）的错动（右），以致在成人身体上，受到不相邻的神经支配的部位却排列在一起。迈克尔·华生所感受到的味觉引起的多种触觉，分布在从 C2 到 T4 的皮区

这么低"。

　　为了尝试描述哪种味道会产生哪种形状，理查德首先收集了迈克尔最常用的形容词：直的、尖的、球形、波状的、平面的、粗糙的、泥土状的、多面体、管状的、球面、尖角的、平滑的、抛光的、冷的、快的，以及多刺。随后他构建了一套排列成环的形状，由完全的圆形（球面）一直到完全的直角（立方体），如图 6.5 所示。初期实验采用 10 种不同调料——盐、蔗糖、大茴香、柠檬酸、金巴利酒（Campari）、薄荷、安格斯图拉苦酒（Angostura bitters）、香草、奎宁，以及卡罗糖浆[134]（Karo syrup）——发现径向对称的形状还不够，因为迈克尔经常感觉到直线形、柱形，以及尖锐的形状。因而他们设计出一个改进的 8 字形排列（图 6.5，右侧）来包括更多互相差距较大的形状，而不是原来的渐变排列。

　　迈克尔随后经受了心理生理实验，也就是系统性地记录了刺激与反应的映射关系，然后看能否发现任何规律。规律可以帮助指导发现联觉在神经系统中是如何表现的。迈克尔品尝了

173

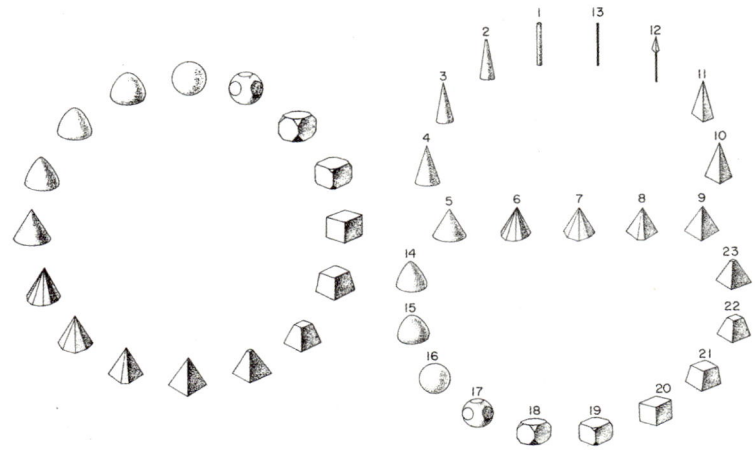

图 6.5 在味道—形状匹配实验中，供迈克尔·华生从中选择的形状的阵列。（左）试点实验发现从完全球形逐渐过渡到立方体的阵列并不是充足的选择域；（右）修正后的环形阵列

13 种相同浓度的溶液，从 1 号溶液，完全的甜味（蔗糖），到 13 号溶液，完全的酸味（柠檬酸）。7 号溶液则是两者各占 50% 的混合物。利用甜味与酸味的不同组成，构成了三种测试范围：第一种为甜味至微酸范围（1 至 7 号），第二种是微甜至很酸的范围（7 至 13 号），第三种是由很甜延伸至很酸的抽取 7 个单数编号溶液的宽范围（见表 6.1）。常识是，普通人会在感觉中表现出强烈的情境效应（contextual effects）。也就是说，在一系列由甜至酸的样品中，如果 50：50 的混合溶液是最酸的，那么人们就会将其辨认为酸味，如果相反设置，则会将其辨认为甜味。那么迈克尔究竟会完全无视情境设定，还是会根据情境条件所得出的相对甜度或酸度来选定相应的形状呢？实验的结果否定了"迈克尔对于味道与形状的对应将会与非联觉者无太多差异"的假设。

表 6.1　　　　味觉刺激的"低""高""宽域"设置

甜						酸						
实验 I												
1	2	3	4	5	6	7						
实验 II												
						7	8	9	10	11	12	13
实验 III												
1		3		5		7		9		11		13

［经授权引用自西托维奇与伍德著作（1982 年，41 页）］

注：请参阅正文中关于实验编号设置的说明

　　为了不让迈克尔记住自己的答案，他在多次实验中总共品尝了 13 种溶液的 147 个单独样本。尽管对照组的答案分布在所有可能的值上，在一个区域里（偏酸的那一半），迈克尔的回答却很集中。在这个范围里他基本上只感受到三种形状，都是带些尖角、直角的，概念上互相都有些相像的形状。相反地，在偏甜的那一半，迈克尔的答案和在整个范围内品尝时的答案一样分散。由此可见，在一个味道区域内，他对情境影响是敏感的（也就是一种味道的相对酸甜程度），在另一个区域内却能够不受情境影响。他这样的成绩，巧合的可能性为零。[注12]

　　这样混合的结果表明在联觉连接所建立的神经系统层面上，刺激—反应的联系既不是绝对的硬性一对一对应，也不是情境形式的一对多对应，而是在绝对水平和情境影响中取得中立地位的刺激—反应对应关系。

　　有一项在一位色彩听觉（VE）联觉者身上进行的类似实

验，也设置了"低""高""宽域"范围的测试内容，获得了相似的结果。[注13]

一个形状嗅觉实例

英国心理学家约翰·哈里森（John Harrison）描述了一位AJ 的实例，她与迈克尔·华生相似，但是她的联觉形状是由嗅觉而不是味觉触发的。[注14] 作为刺激物，她接受了标准化的气味辨别测试（Smell Identification Test），这是理查德·多蒂（Richard Doty）在遇到迈克尔·华生数年之后，在宾夕法尼亚大学发明出来的。[注15] 这项实验利用了 40 个刮一刮就发出香味的小片，这使得测试—重复测试的进行非常便利。AJ 的实验还在所谓的强制选项条件下进行，这样她每个气味只能在 4 个形状选项中选取。表 6.2 显示了她的实验结果。

答案选项如此之少，又不能像迈克尔·华生的实验中那样随心所欲地画出心中的图形，而只能用文字标签来表达，这些实验要求都留下了遗憾。尽管如此，即使是在她受到限制的描述中，仍然能够辨认出所有 4 种形状常量——网格、螺旋（"钻头"）、椎体（"锥形"），以及中心辐射图案（"圆盘""圆形""膨胀的面团"）。

AJ 接受了神经影像学检查。她的热身任务是在按顺序排列的三种气味（丁香、冬青、薄荷）中呼吸 30 秒，而对照任务是呼吸无味的空气。尽管在热身时期就已经感觉到了形状，但是 AJ 的大脑图像与非联觉的对照组没有什么差异。没有找到大脑激活或者失活（deactivation）状态的特殊焦点，有可能要归咎于实验设计，当时扫描仪器的技术分辨率不够，以及/或者是样本量太小。

迈克尔·华生曾接受了一种早期的大脑成像技术，叫作氙-133局部脑血流量（rCBF），其分辨率比今天的大脑扫描分辨率要低得多。尽管这种技术并不能把他的联觉活动定位到某个特定区域，但至少证实了迈克尔的大脑对于气味有着不寻常的反应，尤其是在左半球。[注16]而最值得注意的是当接触到气味时，大脑中负责脸部和手部运动、感觉的区域出现了广泛和明显的失活（即活动减少）。这与我们所认为的当一个人进入联觉状态时应有的反应正好相反。这些实验结果尚待现代神经成像技术进一步来证实和研究。

表 6.2	AJ 所闻到的形状	
气味	AJ 所辨别的气味	感觉描述
匹萨	匹萨	由上方伸下来的黑色弯曲箭头
泡泡糖	泡泡糖	宽阔的，完全充满
薄荷脑	薄荷脑	高大的形状，但不完全是柱形，顶部稍有弯曲
樱桃	樱桃	波浪形
发动机油	发动机油	蘑菇形
薄荷糖	薄荷糖	扁平的，但不像泡泡糖那样充满
香蕉	香蕉	圆形
丁香	丁香	矛头形状
皮革	皮革	下嘴唇
椰子	椰子	摊开的形状
洋葱	洋葱	各种网格
水果酒	水果酒	蘑菇帽下的螺旋形

气味	AJ 所辨别的气味	感觉描述
姜饼	姜饼	带有尖刺的箭头，向下指向目标
紫丁香	紫丁香	钻头形状
桃子	桃子	宽阔的气味，在顶部逐渐变细
根汁汽水（root beer）	根汁汽水	又瘦又高，上升的形状
菠萝	菠萝	各种气味层叠在一起
青柠（lime）	青柠	有边缘的平坦形状，好像是光滑的
橙	橙	黑色钻头，这是一种高的气味，大约有 2 英尺高
冬青	冬青	毛糙的边缘
西瓜	西瓜	扁平的盘状，可能是矛头围成的形状
草	草	扁平宽阔的气味
烟	烟	矛头形状
松树	松树	向上运动
葡萄	葡萄	巨大而充满，像膨胀的面团

药物对联觉的影响

在对迈克尔的研究过程中还采用了二次激活状态。这时要使用一种叫作亚硝酸异戊酯的吸入药物，以加强他的联觉。尽管并不能就此梳理出迈克尔大脑活动时异乎寻常的代谢图景，但是它确实表明了不同种类的药物能够起到加强或减弱联觉体验的作用。这项研究还无意中发现，迈克尔在早晨的[138]联觉感比晚上强，综合他的饮食规律来分析，有两个可能的原因：咖啡因（神经兴奋剂）和酒精（神经镇静剂）。迈克尔日常的早晨吸香烟并饮用大量咖啡，这等于是双重刺激，因为尼古丁也是一种神经兴奋剂。而药物实验中使用右旋安非他命（Dextroamphetamine）来作为替代的兴奋剂，因为其剂量可以标准化。

联觉的刺激源是绿薄荷，它每次都能够使迈克尔感觉到冰凉的、光滑的玻璃柱，其曲率正好让他的手把握。而在右旋安非他命的作用下，这些柱子变得"小得多……远得多……好像按比例缩小的模型或者是微缩版"。当安非他命药效达到最高峰时，他的联觉就被完全阻断了。

亚硝酸异戊酯一般会降低脑血流量的 5％ 至 10％（这个事实已经被迈克尔的神经影像研究证实了）。[注17] 它能够显著地加强联觉，能够让迈克尔所感觉到的触觉更加鲜明、清晰、数量更多，而形状与没有使用亚硝酸异戊酯时一样。一盎司半的纯酒精（200 标准酒度）在可观测到药效的期间，也能放大和加强他的联觉。表 6.3 总结了这三种药物对于大脑和对于迈克尔的联觉的作用。这使得理查德提出假设，大脑皮质兴奋剂通常趋向于抑制或阻断联觉，而大脑皮质镇静剂趋向于加强联觉。[注18]

随之而来的一个自然实验也支持了这一假说。当迈克尔的联觉第一次引起西托维奇的注意时，迈克尔平均每天喝 8 盎司（1 盎司＝29.27 毫升）酒精。到了 1983 年（即本文提及的这些实验的两年后）酒精消耗量已经大增，直到 1985 年迈克尔戒酒之前，已经达到将近每天 1/5 加仑（1 加仑＝3.785 升）。在过[139]

去这些年里他的联觉令他乐在其中，但是在完全戒酒之后的几个月里，联觉明显减弱了。他以为他的联觉就这么"消退"了，并感到悲哀，实际上这个结果是完全可以预见的。从药理学的角度来看，他长期暴露在一种大脑皮质镇静剂之中；这种镇静剂的突然去除就会造成一种常见的反作用，包括报复性的过敏反应和过度活化——其作用就好像他被注射了一种兴奋剂一样。

表 6.3　　　　　　　　　　**药物对联觉的影响**

药物	对皮质的作用	对联觉的影响
右旋安非他命	刺激	阻断
乙醇	抑制	促进
亚硝酸异戊酯	缺血	促进

基于药物对迈克尔·华生的影响，戴维调查了 1279 位字形—色彩联觉者的处方和非处方用药情况，以寻找隐含的规律（见图 6.6）。尽管这只被看作一次非正式的调查，但很明显，大多数志愿者表示他们的联觉不受酒精、香烟和咖啡因的影响。由于在这个阶段我们还没有探讨药物种类的细节，"药物"的范畴仍然难以说清。图 6.6 说明了两点：第一，联觉的力量会有消长——很多人都说在疲劳和强烈情感的情况下，联觉的体验会有所不同。但是，普通的神经系统兴奋剂和镇静剂对于绝大多数联觉者无太大影响。更何况，那些报告有效果的人，也有可能在用药之外，同时也混有疲劳或强烈情感的作用。因此我们并不能说兴奋剂和镇静剂必然影响联觉，不过仍然存在这样的可能性，即某些针对特定神经系统目标的药物（诸如右旋安非他命、D-麦角酸二乙酰胺 LSD、抗癫痫剂，等等）更有可能产生可测量的明显变化。这是今后的研究课题。在第 9 章（Chapter 9）中我们提出了数种特定物质分子，它们或许能

够调节联觉能力，从而检验抑制作用是如何让大脑的某个区域影响另一个区域的。

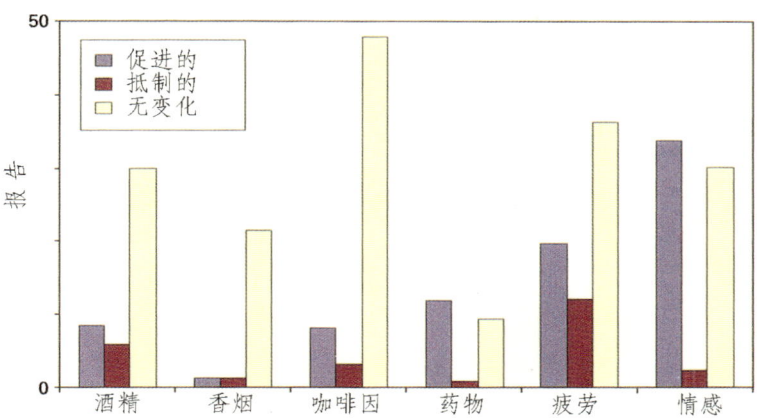

图 6.6 对于"如何改变你的联觉？"这一问题的回答。收集自 www.synesthete.org 网站上 1279 名已确定的字形—色彩联觉者

彩色的味觉和嗅觉

比有形状的味觉更常见的是彩色的味觉和嗅觉。鉴于这两种感觉之间密切的关系，有些人坚持表示只有其中一种触发了他们的联觉这件事就很怪异了。例如，穆里尔·诺兰（Muriel Nolan）是一位多模式联觉者，具有声音—触觉、色彩、位置联觉。但是她只能体验到彩色的气味，对于味道就没有联觉：

我对气味的记忆是最准确的。当时我们正准备搬入我后来在那里长大的房子。我记得当时我 2 岁，父亲正在梯子上油漆墙的左侧。我清楚地记得这一天，我不明白为什么油漆是白色的，而闻起来明明是蓝色的（见图 6.7）。

图 6.7　一个彩色嗅觉的实例，也是感觉冲突的一个实例——白色油漆闻上去是"蓝色的"

　　肖恩·戴就特别喜欢蓝色口味的食物，如牛奶、奶酪，所有的柑橘类水果、香草、牛肉（深蓝色），水牛肉（蓝色更深），和鸡肉（浅蓝色）。[19]有一种混合菜肴的味道是一种特别美好的蓝色，其中包含了西红柿意面、意大利乳清干酪、肉豆蔻和菠菜，而他的"香橙酱汁焗鸡（chicken à la mode with orange sauce）"则结合了不同纹理和不同深浅的蓝色。这道菜包括了焗鸡加一勺香草冰激凌，再浇上浓缩的香橙酱汁。肖恩坚称"这非常可口"。他感觉到的大部分色彩都是投射空间中的，在眼睛的高度，大约一码（1 码＝0.9144 米）开外。

　　唐尼（Downey）在 1911 年报告了最早的彩色味觉案例，[20]她的研究对象只对味觉产生色彩联觉，嗅觉没有。他所感觉到的色彩具有空间扩展性，会感觉到位于口中的不同位置，有时还会投射到外部事物上。一般情况下，粉红色和薰衣草紫的味道是令人愉快的；红色和棕色则不是（而出于某种原因，"蓝色 [141] 的味道从来没有尝到过"）。当食物实际的颜色与联觉颜色冲突时，其结果是"最不愉快的"。甜味是黑色的，有时却是"明亮的"，苦味是黯淡的灼热的橙红色，咸味是清澈透明的，而酸味是绿色凉爽的。唐尼的研究对象同时也是多模式联觉者，用触觉来形容颜色。绿色有一种"令人愉快的触感"但不是一种令人愉快的颜色。蓝绿色则造成一种"极端糟糕的触感，好像……砂纸；看起来和吃起来都不好"。酸橙糖的颜色是"漂亮的"，尽管味道并不是"特别宜人"。

食物自然的颜色似乎对于味道的颜色毫无影响。正如瑞贝卡·普莱斯所说：

> 我母亲说我总是用颜色来描述味道。猕猴桃的味道是绿色的，没有其他的方式来描述它。不过绿色葡萄的味道不是绿色，所以我知道味道的颜色并不是水果的颜色。

一般的 VE 主要感觉到彩色的听觉，她是世上少数的几个双向联觉者之一——气味是彩色的，而彩色也是能触发气味的 [142] 关键。例如，亮黄色带有柠檬香味，海军蓝则是咸味。请注意这里面语义的影响。她的例子也充分显示了嗅觉与味觉之间的密切关系。"你知道马钱子碱的气味是怎样的粉红色吗？"她平静地问，好像这是一件明摆着的事。"有趣的是这种气味的粉红色跟我的天使蛋糕的味道的颜色一样。不是很奇怪吗？"克里斯蒂·里德（Christy Reed）在使用彩色记号笔或罐装油漆时也能闻到色彩："当我看到一罐打开的油漆就会觉得饿。我都快想要吃掉它了。"

反向的色彩—味觉联觉也会发生，尽管并不常见（自我报告的案例约为 2%）。它可能受到语义的影响。例如，有一位年轻男孩，会对淡粉色产生一种草莓和红苹果的混合味觉，对深粉色则产生一种浓烈的单一的草莓味。

目前没有证据显示小说家乔里斯-卡尔·于斯曼（Joris-Karl Huysmans，1848—1907）是联觉者，但他笔下《逆流》（*A Rebours*）的主人公德泽森特（des Esseintes）用一批甜酒谱写出了交响乐曲：

> 每一种甜酒，在他看来，对应着某一特定乐器声音的味道。比如干库拉索（Dry curaçao）就好像单簧管尖利而又柔滑的音色；茴香甜酒（kummel）像双簧管雄浑的带着鼻音的音质；薄荷甜酒（crème de menthe）和大茴香酒（anisette）则像长笛，既甜美又酸涩，即柔软又刺耳。要组成完整的管弦乐队，还需要樱桃酒（kirsch）来吹响狂野的小号声；杜松子酒和威士忌用短号和长号来撑起嘴巴；葡萄渣白兰地用大号震耳欲聋的声响奏起进行曲；这时隆隆的雷声来自低音鼓和铙钹，这是阿拉克乳香酒（arak and mastic）正在使出浑身解数敲打着。

联觉的味觉反应

"你知道他们为什么在餐馆里放音乐吗？"联觉者史洛歇夫斯基煞有介事地问鲁利亚博士。[注21]"因为音乐能改变所有食物的味道。如果选择了正确的音乐，那什么都会变得美味。在餐馆工作的人肯定都知道这些……"这里就是一个联觉引起味道和气味的实例。

史洛歇夫斯基对于多种刺激源都能感受到味觉（"这儿就是栅栏。它的味道这么咸，而且这么粗糙……"），不过最明显的是声音和词语。听到一个50Hz的音调时，他看见"深色背景上的一条褐色带子，有着红色的舌状边缘。味道……就像酸酸甜甜的罗宋汤……"当音调调高到 2000 Hz 时，他说："看起来像稍带点红色——粉色的烟花……但是味道不怎么样——有点像是很咸的泡菜。"[注22] 倾听音乐作品时，"我的舌头上能品出滋味；否则我就理解不了这首乐曲"。[注23] 对鲁利亚描述所感觉到的字母的形状时，史洛歇夫斯基说："我也能感觉到每个声音的味道。"这表明在他的五重联觉之外，还有音素—味觉联觉。他说：

> 我决定吃什么，要根据……这个词的声音。所以说蛋黄酱好吃是愚蠢的。（俄语拼写里的）z 会破坏味道——这绝不是个美味的声音。[注24]

在多重联觉者克里斯·福克斯身上，视觉和听觉都能触发嗅觉。"我看到或听到的大多数东西都有浓烈的味道和气味。"对他来说，字母和数字具有色彩、气味、性别和性格，而场景和声响能够唤起味觉、触觉、形状和颜色的感觉。

凯瑟琳·S（Cathleen S）是一位音乐博士生。每当她演奏双簧管或钢琴时，味觉和嗅觉就会出现。这只会发生在她自己演奏时，听别人演奏时却不会（意味着触发物有可能是动作而不是声音）。有时这些味道和气味会强大到能够干扰她的注意力，迫使她停下来。这困扰着她，并已经影响到她作为一位表演艺术家的事业前途，因为这样的感受常常令她不快，甚至感到恶心。凯瑟琳的体验令人回忆起舒尔茨（E. Schultze）[注25] 于 1912 年记录的一个对器乐能够感受到色彩的联觉案例中提到的味觉联觉。听觉所触发的感觉，先是味觉，随后就变成了色彩，就好像刺激源"从耳朵经过嘴巴到了眼睛"。小调和声能够引发坚硬苦涩的味道，大调和声则是甜味的。区别如此明显，说明当时的受试者能够准确地听出音高。他说自己"满嘴都是音乐"，而且说音乐停止后，味道和色彩都会萦绕不去。因此，他表示自己能够"消化"音乐。

最近，一个瑞士的团队为一位名叫 ES[注26]的 27 岁女音乐家做了检查，她对于不同音程能够体验到各种独特的味道（见表 6.4）。她号称自己的味觉体验区别如此明显，已经到了可以根据嘴里的味道来精确地分辨音程的程度。为了对其进行检验，科学家们研发了一种味觉版本的斯特鲁普测试［即受试者会在互相冲突的刺激源面前受到阻碍，参见第 2 章（Chapter 2）］。他们在给 ES 播放声音的同时，在她的舌头上放置不同的溶液——酸味的、苦味的、咸味的和甜味的。她分辨音程的能力在每一次测试中都完全准确，而在舌头上尝到的味道与联觉味觉相同时识别速度剧增。ES 用味觉感知来确定音程的能力，正是联觉可以成功应用于解决复杂感知任务的又一个范例。

表 6.4　　　　　　　　　　**对于音程的味觉反应**

音程	味觉体验
小二度	酸
大二度	苦
小三度	咸
大三度	甜
四度	剪下的新鲜草的味道
三全音（Tritone 增四度）	恶心的味道
五度	纯水
小六度	奶油
大六度	低脂奶油
小七度	苦
大七度	酸
八度	无味

［摘自比利（Beeli）等人著作（2005 年）］

星期三是靛蓝色的蓝 · 第六日译丛

吉娜·P触摸或捡起一个物体就会触发味觉。"天鹅绒的味道不错，只要两面都是天鹅绒。"味道一般都不是令人不快的，她补充说："除了毛巾布，不过这是众所周知的。"

在前文提及的以及后文将要论及的味觉现象实例中，通常是词语的发音，以及稍不常见地由词语的语义触发了味觉。不过，似乎也有仅仅是语言的声音特征——如某人嗓音的音高和音质——就决定味觉的例子。例如，苏·尼夫山德（Sue Knifsend）说："有些人说话就像食物一样。"也就是说，不是每个人的嗓音都能影响味觉，但是对于能够引起味觉的人而言，所引起的味道总是同一种：

> ······也就是说，他们的话音总是像同一种食物。最重 [145]
> 要的是，它们通常不是常见的食物。例如，一个我认识的
> 人说的话像烤肉煎饼（你笑了吗？）——另一个人的声音
> 好像加了M&M's巧克力豆的意大利面（我知道——听上
> 去挺恶心）。我认识了10年的一位女士，她的声音总是像
> 花生酱。

在这种情况下，语音似乎会交叉激活她的味觉皮质，造成非正常的感官混合。同样地，克里斯汀·杜比（Kristen Dolby）和她父亲都能感受词语的味道——除了那些字符比字音的影响力更大的词语以外。"通常是拼写影响味道。'Lori'的味道像一块橡皮，但是'Laurie'却带有柠檬味。请想象一下。"按照最严格的语言学定义，这两个女性名字的含义并不相同；但是出人意料的是，字符能够引起这家人特殊的味觉体验。克里斯汀解释说：

> 有些词是一个完整的"体验"，它们具备味道、质地、
> 温度，而且在我口中占据某个特定位置，比如说喉咙后

部、舌尖……Richard 这个词像一块温暖的巧克力，在我舌头上慢慢溶化。

显然，联觉的"规则"——例如"字形决定色彩"以及"音素决定味觉"等——并不是绝对的，不过仍不失为很好的概括。事实上，联觉表达表面上巨大的多样性说明其很有可能可以用更加基础的规律来解释，例如基因表达水平上的运动。

有味道的音素

从这些主要是描述性的特征上我们大致了解了联觉味觉和嗅觉，显然现代科学少有涉及这些类型的联觉。在神经学上，味觉和嗅觉是"被忽视的感官"，就是被看成不如视觉等那么"性感"或者有趣（图 6.1 和图 6.2 显示了味觉和嗅觉的主要皮质区域；味觉同时受到脑干神经核的控制）。幸而这种忽视正在得到纠正。尤其是精通语言学的心理学家，如爱丁堡的朱莉娅·西姆纳和伦敦的杰米·沃德正在着手梳理，对音素具有味觉的人士，都有哪些习得性的语言元素。[注27]这绝非易事。

在他们对此感兴趣之前，联觉味觉体验的记录非常稀少——只有历史文献上记载有三个案例。英格兰人詹姆斯·沃纳顿是他们深入研究的第一位音素—味觉联觉者。[注28]他还出演了 BBC 的《地平线》系列纪录片《德里克味儿的耳垢》[注29]，也做了功能性磁共振成像扫描。在听到词语，而不是音符的时候，詹姆斯的大脑皮质中主要的味觉区域显示出高于正常值的活性。沃德和西姆纳博士发现詹姆斯自己的言语、他人的言语、阅读文字，甚至是内心的语言都能够引发他的味觉。感受到的味道在被"覆盖"之前会保持一段时间，这使得他在试图参加会议或阅读时都不堪其扰（还有一种类似的，或者说是相反的干扰发生在鲁利亚所研究的史洛歇夫斯基身上，他说"如果我一边吃东西一边读书，我就很难理解读到的内容——因为食物的味道湮没了联觉感受"）[注30]。有趣的是，詹姆斯的味觉感受在梦中特别清晰。毫无疑问，他的联觉能够被酒精增强，被咖啡因和困倦感减弱。他不善于算术和左-右方向的定位，却又有着照片式的记忆。当他发现后者属于一种超常能力时感到惊诧不已。

詹姆斯的联觉是单向的，这又引起了一种不出意料却又有趣的发现：西姆纳和沃德博士很快在自己的普通记忆中记住了许多他的味觉联觉情况，并且能够双向地记忆他的联觉联系。但是詹姆斯本人却不行。他只能从一个词语说出其触发的味道，反之却做不到，他觉得这个缺点很好笑。这正是因为联觉是感知性的，而非源自记忆。我们将在下文详细检验他这一感觉，不过先让我们来总结一下现在对于音素味觉已经了解到的知识。

简而言之，联觉味觉发生于口腔，口头语言和书面文字都能引发。味觉都是高度明确和细致的，而不仅仅是甜咸之类的基本味觉。常用词比非常用词更有可能触发味觉，真实词汇（lexemes）比虚构的杜撰词触发味觉的可能性高得多。而且这里面也不存在首字母效应：以同一个字母开头的词汇并不必然产生相同的味道。取而代之的是，具有相同音素的词语（而不是相同字形）却趋向于产生相同的味道（例如，"thriller"惊悚和"hillock"小山丘都能引发香草味道）。其次，与某种事物的名字具有共同的发音［"tangible"实际的＝tangerine（橘子）］或者是含义相近［"kisses"（吻）＝好时之吻巧克力］就有可能获得相应的味道。所有这些发现都表明我们需要更深入地理解[147]

189

先天因素与环境因素之间的互相作用。

杰米·沃德和朱莉娅·西姆纳分析了 524 个单词——味道映射，发现有 58 种味道在三个以上单词的感觉中出现（占到詹姆斯所有实验结果的 84％）。使用统计方法分析之后，他们确定了对于每种味道最重要的几个音素，例如，m＝蛋糕，k＝饼干（cracker 苏打饼干）。表 6.5 为其中部分实例。

他们确定了实际上是音素的发音而不是写法决定了联觉味道。例如/g/的发音具有酸奶（yogurt）的味道，无论是在"begin"里面写作 g 还是在"exactly"写作 x，结果都一样。同样，/k/的读音带有鸡蛋的味道，而这个发音在"accept"里写作 c，在"check"里写作 ck，在"sex"里写作 x，在"fork"里写作 k。有些音素有不止一种发音，这个特征叫作同位异音（allophony）。比如长音/l/（"bell""loop"）和短音/l/（"let""also"）就能引发不同的味觉。然而，同音异义词（homonyms）——发音相近但含义不同的词——的联觉味觉，有时是含义压倒了发音。所以，"sea"是海水的味道，"see"则是番茄酱烘豆的味道，字母"c"则是无味的。

表 6.5　　　　**JW 联觉味觉的主要触发源音素列表**

味道	主要音素	例词
苹果	p	Parents，deploy
烘豆	b，i	Maybe，been
面包	r，aj，ʌ	Enterprise，discuss
甘蓝	g，r	Agree，greed
胡萝卜	ae，r，s，p，aj	Harry，microscope
咖啡	k，ae	Kathy，confess
黄瓜	ju，ə	You，peculiar

续表

味道	主要音素	例词
葡萄	g，r，ej	Grip，great
果酱挞	p，*a*，t	Partner，department
果冻	ε	Kelly，television
莴苣	s	Notice，less
炼乳	k，w，aj	Acquire，McQueen
薄荷	t，r，u	Truth，control
洋葱	ju，aj	Union，society
桃子	i，f，ʧ	Feature，teach
土豆	l，d，h	Head，London
香肠	I，ʤ	College，message
果子露	f	Lift，fushia
烤面包片	ou，s，t，	Most，still
西红柿汤	s，p	Super，peace
西红柿	s，ou	So，Sandra
蔬菜	d，n	Earned，owner
酸奶	g	Argue，begin

［经授权引用自沃德与西姆纳著作（2003 年）］

　　尽管联觉味觉有来自先天的成分，但很大程度上也受到后天学习的词汇和概念知识的影响。在食物词汇的情况中，触发词的语义（即含义）和音系（即发音）与其联觉味觉是完全对应的（例如，"rice"的味道就是大米饭，"onion"的味道就是洋葱）。因而我们可以假设一条新的规则，即与食物词汇具有相同发音或含义的词语就能引发相应的味觉。但这是如何发生的呢？

　　2005 年杰米和朱莉娅得以招募到 14 个新的音素—味觉联觉者（其中只有一位声称自己同时还能产生嗅觉联觉）。参与者在为期 5 个月的测试—重测条件下，均显示出一致性和可靠性。与字形—色彩联觉对于前后两者的强度变化不敏感不同，味觉联觉确实存在强度变化。在这里，词语使用频率再次出现：使用频率较低的词汇比常用高频词的味道淡，外语词和杜撰词即使能够引起味觉，那也是味道最淡的（例如，德语词"*einst*"＝一点淡淡的咸味）。[注31] 这表明如果把一个人味觉联觉的精确规律看作遗传和经验共同的结果的话，那么的确是有一个词汇量和生活经验共同成长的发展经历在起作用。詹姆斯·沃纳顿的饮食影响了他的联觉，这是个令人着迷的发现。他平时吃得越多的食物，越有可能出现在他的联觉中。而且他当下的味觉联觉更多地反映了他童年时的饮食习惯，而不是他成年后的食谱。

　　语言学家都知道书面词语的首字母占有特殊的地位。它在视觉上比较独立，因此是最快被辨识出来的，同时它也是字符被转换成发音表达的阅读机制的组成部分。因此，词语的联觉色彩倾向于由首字母决定。这一点在音素味觉联觉中并未出现，说明在这里起作用的机制可能完全不同。字形联觉与书面词汇识别的神经心理学过程紧密联系，味觉联觉则不然。必然有一套完全相异的机制在词汇学习的过程中同时运行着。

　　是否出现味觉，很大程度取决于单词使用的频率和词汇的真实性；而味觉具体像什么则取决于触发词语的发音（音位学）特性了。我们注意到集中出现在味道名称中的音素，例如香肠 sausage 中的 /idg/，同时也出现在引起该味觉的触发词汇中（例如，"village""college"和"message"都有香肠味）。这种基于发

149

音的联觉在书面语和口头语场景中都会出现，是因为理解书面语和口头语时，都会在神经系统层面激活发音编码过程。[注32]

　　此外，这种联觉也不存在外来色彩效应[注33]。举例来说，这种效应会使"红色"一词引起蓝色的联觉色彩感觉。也就是说，不会发生一种食物名称词汇引起一种相矛盾的味觉（例如"牛奶"一词具有橘子酱的味道）。不过，正如字形联觉中有可能引入斯特鲁普干扰一样，真实的味觉也会与联觉味觉冲突。例如，在收听已知能够引起味觉的词语时，同时嚼薄荷味口香糖的联觉者反应要比没有嚼的反应速度慢（比收听已知不能引起味觉的词语时反应速度也慢）。[注34]

　　我们或许会问，像"dogma"带有热狗 hot dogs 的味道、"Jackson"有 cracker jacks 玉米花的味道，这些到底是不是巧合？对于触发词语和目标词语中共存的音素进行的统计学比较发现，这种配对现象绝非偶然。我们目前还不太清楚发音重叠的词汇是怎样产生联觉的（例如，"Cincinnati"为什么产生肉桂卷 cinnamon rolls 的味道）。在语言学上，关于一个类别的词汇，如食物名称的学习过程，已经有了相应的理论。在学习的某个阶段，词语与相应的味觉产生了联系。那么读音相近的词语怎么也联系起来了呢？这个联系的介质或许是味道的名称，又或许更直接地就是这种味道与语音（读音）形式所代表的词汇之间的联系。

　　詹姆斯·沃纳顿以及类似的联觉者有可能在学会食物名称的年龄（根据表 2.2，这个年龄约在 18 个月至 36 个月之间）之前就已经体验到了非语言的更感性的联觉。这种联觉随着他们长大成人而演变。我们已经描述过联觉随着时间推移而改变的例子——在童年和青春期变化尤其明显。观察发现触发词语能够产生非常具体的、可以描述的味觉，而杜撰词和外语词充其

量产生大致的味道，这也支持了上述猜想。例如，虚构的词
"bik"＝某种硬的脆的味道，法语词"une"＝某种酸的、汁液
丰富的味道。一个词语能否触发可靠的联觉，取决于这个词有
没有进入联觉者童年时内心的词汇库。

哈伯德和拉玛钱德朗提出[注35]，字形与色彩经常联系在一
起，是因为负责它们的大脑皮质是紧挨着的，都位于左侧梭状
回（fusi formgyrus，请参见图 1.2）。在第 9 章（Chapter 9）我
们将论及关于大脑中相邻区域之间的互相激活，是由于大脑成
熟时没有能够切断幼年时建立的连接的争论。但是在这里请注
意，负责味觉的大脑皮质，与任何与字符有关的区域都不相
邻，而我们发现杜比家族都能够对字符产生味觉。同样地，负
责词语及其含义的区域也没有与味觉中心接壤，但是词语仍然
能够触发味觉联觉。

因此我们不认为位置相邻是联觉的必要条件；而是只需要
不同区域之间的映射作用足矣，这种远距离的映射作用在大脑
中普遍存在。相邻理论在彩色味觉这种联觉中也成问题，因为
味觉区域与色觉区域也不相邻。唯一对相邻理论有利的是许多
大脑功能存在第二区域，甚至是第三区域——例如，味觉在数
个零散的位置也有体现。[注36] 因此也有数个言语和语言区域可能
参与了音素—味觉联觉，可以解释词语及其含义在这类联觉中
的重要性。我们相信，大脑不是这么简单的"模块化"的，而
是要比传统看法复杂得多，内部的互相连接也要比原来所认为
的多得多。我们将在第 9 章（Chapter 9）回到这个问题的讨论
上来。

Chapter 7

走斑、高潮和紧张的桃子

有一种不同寻常的联觉，拥有者能够看到环绕着人或物体的彩色轮廓或光环。这种联觉的不同寻常之处在于其触发源并不像其他联觉那样明显。理查德在他 1989 年第一版联觉教科书中，将这种感觉称为"简单的"联觉，因为这是他所接触到的最基础的反应。

这种体验完全是色彩感觉，并不具备常见的幻视的其他特性。例如，布鲁斯·布赖登（Bruce Brydon）说他所看到的"额外色彩"环绕着物体，有时以"软性斑点"的形式覆盖在其周围。[注1]在感受到这些色彩时，他还能产生情感方面的感受，如麻木、肿胀、兴奋、恐惧，或是愉快。

他看到的颜色主要是绿色、红色、棕色以及琥珀色，有纯色也有混合的。它们粗略地描绘出像金门大桥这样的物体的轮廓。尽管金门大桥实际上是漆成橙色的，但是布鲁斯看到了一个绿色的朦胧轮廓笼罩在周围。而且桥的轮廓颜色也会改变，并不总是绿色的，这样明显的变化只能使他的联觉更加怪异。在其他时候，光环的颜色如此浓重，甚至掩盖了真身。例如，面向一个人但是"看不见她本人，只看到一个小小的白色圆心，周围都是黑色，还有一块巨大的绿色，遮住了这个人的所有特征"。这种情感色彩遮住真身的情况，在视觉场景中很常见。

今天我们将这种现象称为"情感影响"联觉，因为发现某一事物对于感知者的情感意义以及个人对其熟悉程度决定了是

否能够触发联觉光环。在回顾时，布鲁斯完美地描述了伴随着光环一同出现的强烈情绪与征兆，即使他还不知道其间的因果关系：

> 某个人出现在我的脑海中。伴随着强烈的感情，她被一个深蓝—绿色的光环所笼罩。这并不是因为她很性感。我并不知道这种情感来自何处，因为我只见过她两次。但

事实就是这样。我想可能冥冥之中确实存在某种联系之类的东西。我也不知道哪一样先出现，有时觉得是先看见了色彩，然后有了情感反应；有时又好像是反过来的——先有感情反应，然后看见色彩。

布鲁斯所看到的金门大桥的色彩变幻不定（比如这一周是绿色的，下一周就变成琥珀色的了）貌似违反了联觉感知具备时间稳定性这一普遍规律——但这只是因为我们错误地将大桥本身当成了触发他看见光环的诱因。事实与此相反，熟悉的人或者大桥这样的事物之所以能够引起色彩体验，是因为他们对感受者自身所激发的情感效价（emotional valence）。换言之，是布鲁斯自己的感情判断触发了光环的感受。

理解这一反直觉的现象，需要追溯到我们最初获得情绪智慧的幼年期。那时我们的任务之一就是学会识别自己的情绪，并学会"解读"别人的情绪。每一个具有自我意识的个人都会产生一种"意识理论"，即他人都有自己的意识。这促使每个人都去辨别他人的意图。我们主要依靠解读别人的情绪来理解别人的意图，包括了肢体语言、语调，以及其他隐蔽的行为。解读情绪总是一条连接发送者和接收者的双向通道，而由于训练的过程并不清晰可辨，因而总是存在误解他人意图的可能性。

我们早在学会说话之前就会解读他人感情了，当然这项能力存在一个持续学习的过程，而且一部分人非常擅长。而在 24 到 30 个月之间，我们也学到了三原色——红、蓝和绿。因而安琪（Angie）[注2] 所说的话就有一定的科学依据了：

> 我 4 岁的儿子也能看到人身上所笼罩的颜色，自从他两岁以来就能够。自从他知道了颜色的名字，他就会把它们和人联系起来讲。总的来说，最接近他的人是最显眼、最确定的颜色，而他不认识的人就没有颜色。每个人的颜

色都不会改变。他还喜欢按照别人"自己"的颜色给他们同色的东西。

请注意，色彩的浓度与感情的强度相关，而陌生人通常就完全没有颜色。这一现象得到了文献的支持。例如，一位 7 岁孩童的临床描绘显示光环的颜色由自己与对方的相识程度决定，而不是体貌特征或者对方的情绪。因而，石膏胸像不会产生颜色，而所有的陌生人都被描述为"带有黑色轮廓的明亮橙色……随着我们进一步认识，他们的颜色变成了蓝色，或者略带粉色的淡紫色……和我熟识的人不会再变颜色；他们有了专有的颜色"。注3

在我们对他人做判断时，我们会把他们分成是否对自己有利，并猜测其性格。我们自动地飞快地做出这些计算。而一旦做出"判断"，我们的态度基本上就会固定下来。因而，一旦感受者对他人的情感态度确定下来，所感受到的光环颜色实际上不随着时间推移而改变，也就毫不奇怪了。卡梅隆·拉·福莱特(Cameron La Follette) 指出注4：孩子的光环颜色通常是"暗淡薄弱，直到他们的性格比较确定之后才会改观，这通常要到 12 或 13 岁"。他发现当孩子的性格发展完成后，他们的颜色就加深并巩固了。在此之后：

> 人们的光环颜色就固定下来了；也不会受到他们的情绪或其他事物的影响。色彩与个人性格相关，因为，比如，粉红色的人总是在儿时有一些情感问题，而且至今也仍然存在；黄色的人性格外向，富有趣味；诸如此类。"有活力的（原文为 Bubbly 即充满气泡的）"人，联觉色彩中也真的会有气泡。对我来说，光环的质地纹理和颜色一样重要。

他指出动物也可能有光环，但最重要的是："我必须了解一只动物的性格才能知道它的颜色。"在他看来，动物是单色的，而人类的颜色倾向于具有条纹、斑点，或是纹理，他认为这很合理，因为动物的感情想必不如人类的感情那么细腻。

正如随着儿童的性格成熟，他们原来薄弱的颜色会加深，当一个人生命临近终点时，相反的过程也会发生。情感传导的联觉者有时声称随着疾病或死亡的发生，会有色彩消失的现象。根据卡梅隆·拉·福莱特的说法，阿尔茨海默症患者——症状就是感情空白或退回到感情不成熟的状态——的颜色是"褪色的和冲淡的"。伊丽莎白·N曾经遇见一位熟人，发现此人不能再引发她的色彩感觉——此后不久这位熟人就过世了。[注5]这一报告所说的当然不是未卜先知的能力，而是对他人健康程度的一种理解能力，无论这种能力是否是有意识的，都能影响色彩感觉。 154

联觉者对于自己对某个人的看法与他们所感受到的光环之间的联系，通常并不自知。例如，丹尼·西蒙描述道，她新认识一些人，周围有着不变的"彩色尖刺"，后来发现他们脾气都不好。每当遇见那些被"锯齿形的静电……小小的闪电、金属色的、银色的、青铜色"所包围的人，她都不太喜欢。

然而存在极少数人，感情在他们看来是一望便知的。"我看到的不是一个人生气、悲伤，或是厌恶的情绪，"马妮·卢米斯（Marnie Loomis）说，"我看到的是一个红色、绿色，或者是黑色的人。我还经常在他们周围看到各种形状，在照料病人时也会利用这些信息。"[注6]（她是一位自然疗法治疗师）但是请注意，尽管她已经了解了这些色彩与感情之间的联系，但是她认为这些颜色是来自他人，而非源自自己对对方情感的理解。她的这一观点是错误的。我们认为联觉所感知的光环并没有什么特别之处，无非是一种无意识的不自觉行为，也就是解读他人感情这一过程的外在标志而已。

杰米·沃德指导进行了几个实验，以证明情感内涵确实是触发光环感受的最基本条件。[注7] 例如，与其他词汇相比，英语的基督徒名字更容易使情感传导的联觉者感受到色彩。沃德发现他的受试者所认识的人的名字，比她不认识的人名更易于引起色彩感受（见图7.1）。这是因为熟识的名字比无所指的名字更能引起情感反应。同样地，其他类型的词语，如颜色本身的名称，就无法引起色彩感觉，而感情色彩浓重的词汇（如"爱""怒"）却能（见图7.2）。词语使用频率和联想性等因素都得到了控制，使得感情内涵成为最有可能的影响因素。沃德的实验对象在间隔长时间的多次重复测试之下，相较对照组显示出了极大的一

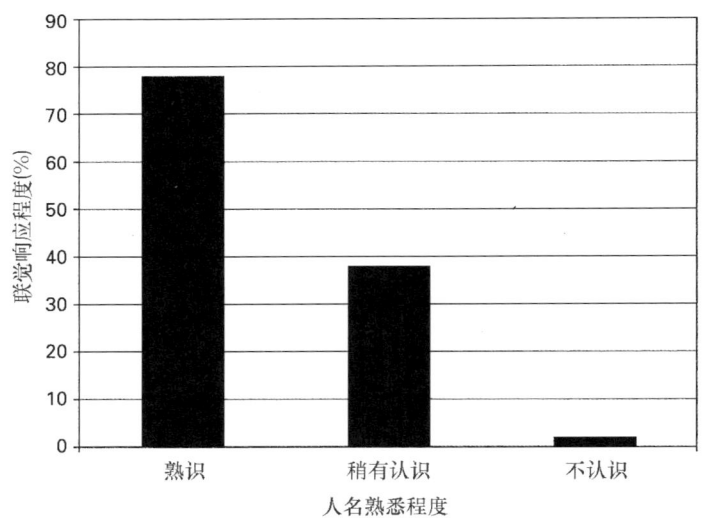

图7.1 人名的熟悉程度对于引起联觉响应的可能性的影响
［改编自沃德（2004年）著作］

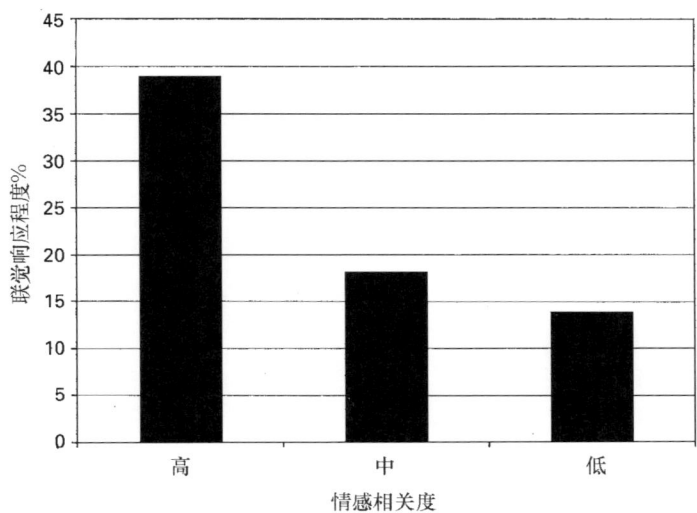

图 7.2　普通名词越是与情感相关，就越有可能触发联觉［改编自沃德（2004 年）著作］

致性，而且在受到利用名称进行的斯特鲁普干扰的情况下仍然得到了满意的结果。这两点证明了光环确实是自动产生的。

个人熟悉程度影响联觉色彩感这个事实，再一次证明生活经历对于联觉反应有多重要，而后者通常被看作天生的。效价[156]（正负皆可）可能正是新认识的人所显示的光环颜色的决定因素。而更加令人注意的是，沃德的受试者只有看到别人的面部才能体验到色彩，拉玛钱德朗和哈伯德有一位病人也是这样。[注8]众所周知，面部正是情感的诱因，这可以用（看到他人）面部所引起的皮肤伽伐尼阻值（即电阻值）来证明。

情感传导的联觉似乎很罕见。除了西托维奇和他自己的两位研究对象以外，杰米·沃德在文献中只找到了六位。实例太少，因而我们无法判断色彩与感情的对应关系是否也遵循柏林和凯的色彩命名规则（Berlin and Kay order for color naming）。

不过，人类学家已经在西方社会和与西方接触最少的社会中都发现了相同的色彩—感情关联。[注9] 例如，阴暗的、不饱和的颜色与负面情感相关，而明亮的、饱和的色彩意味着正面的感情。其中非常重要，而且又与前面关于各个感官维度等效性的论述相呼应的是，色彩空间（color space）的各项特征（如亮度、饱和度）才是跨感觉联系的基础，而不是色调自身。而人类学家的研究表明，人类认识他人的过程，或许有一种固有的和普适的机制。

至于要感受到彩色光环，需要由哪些部分来组成一个神经网络这一点，我们只能猜测。一个可能的节点是压后皮质（retrosplenial cortex），一个对熟悉和不熟悉的人，情绪词语和中性词语都有响应的区域。[注10] 这个部位在情感和记忆任务中都很活跃。[注11] 神经成像也证明这一区域在其中起了作用：在一次研究一位能够对熟人产生彩色联觉的联觉者时，色彩感觉区域和压后皮质都发现了活跃迹象。[注12]

声称某些人能够感知彩色的光环，这在民间心理学（folk psychology）中占有重要的地位。在上个世纪的一些实例中，科学记录留存了清晰的相似情况。当然，大多数声称自己具有这种能力的人是江湖骗子，但是其中仍然有可能有一些是未被发现的联觉者。科学的解释并不需要认为一个人能够发射只有心诚之人才能看到的能量，只需要假设这个人只是引起了感受者的一种正常的感情响应，从而在大脑负责情感感受和视觉感知的区域之间引发互相激励，使得一种情感刺激显示出了虚拟的色彩呈现，也就是彩色的光环。

情感传导的联觉最纯粹的形式是只引起色彩感觉——不过正如上述例子所显示的那样，质地、形状，以及运动这些其他感知属性也会混入所触发的感觉中。

联觉的高潮

既然普通的情感效价能够引发色彩、形状，以及质地的感觉，那么作为最强劲最具爆发力的情感体验——性高潮呢？尽管我们还没有系统地调研人们性生活期间的体验，但是已经有不少人自愿描述了性高潮所引发的色彩、形状、质地、运动，以及味道的感觉。正如苏珊·米汉（Susan Meehan）所描述的：

> 我最喜欢的高潮是棕色的、二维的方块，我知道听上去不是很令人兴奋，但确实是极度快感的。我当然也会感受到其他颜色和形状，但是这种是最美好的。我丈夫当然无法了解这些，不过当我感受到这些的时候，他也很高兴。

"我的丈夫喜欢听到我说那些颜色的事"，这是常见的说法。高潮时的幻视会有不同的描述，从"闪亮的彩色灯光"到"黑色背景上移动着的二维亮色几何形状"，以及"彩色粉笔，像绳子或者是一大捆甘草绳一样缠绕起来"，抑或"一摊三维的油膜，无数种颜色交织在一起，和雨后马路上的那种完全一样"。

一个人的第一次性高潮通常是件十分令人震惊的事情。有时，它会产生一次性的联觉，迪米特里·纳博科夫就有这样的体验：

> 作为一个非常年轻的少年，我的性觉醒和第一次激情的性体验伴随着巨大的、坚固的几何形状、球面、立方体，以及塔架充满了我的头脑。这一幕再也不会回来了。

与光环的体验一样，性高潮联觉的关键是情感。引发光环的情感判断通常是隐蔽的，不过显露的感情其实也可以触发。正如丹尼·西蒙所说的：

> 人们说愤怒是红色的，但我看到的是紫色。如果孩子们真的让我心烦，我就会朝他们吼，这时他们身后会出现一道紫色的背景。他们的头在背景上的轮廓就好像有个光环，黄色的荧光在紫色背景上闪动。它会慢慢地消散。

> 既然性高潮是一种强烈的情感释放，那么它能够触发联觉就一点儿也不足为奇了。高潮涉及遍及整个大脑的放电活动，产生的感觉元素既有隐蔽的又有外显的。[注13]

我们需要指出神经科学上一个重要的区别，即感受和情感是不同的，尽管日常语言会将它混淆。情感是一种与生俱来的行为，一种不自知的自然流露，感受则是有意识地把情感脚本大声朗读出来。天生的情感反应总是在改变身体的生理状态——因此，日常语言总是说"内心"感受，但事实上有更多的身体部分被激活：面部、骨骼肌以及全身姿势，呼吸、心率，以及脏器，一直到内环境的化学组成。因为情感已经成了体内平衡的监控程序(也就是保持内环境的稳定)，情感关系到生命的管理。情感的剧本在无意识间上演着，直到感受加入：直到这时思想的朗读才使我们的头脑参与进来，将我们的感受与其所触发的感知联系起来。

正如我们所指出的，高潮的表现既有隐藏的也有外显的。事实上，无论男女，人类的性反应都分为四个阶段：兴奋期(arousal)、持续期(plateau)、高潮期(climax，这才是真正的高潮)，以及消退期(resolution)。对于联觉性高潮的研究还没有先进到能够了解联觉究竟是发生在高潮阶段，还是遍及所有阶段，尽管在前者期间，边缘核和下丘脑核(limbic and hypothalamic nuclei) 中的放电达到最大值（出于显而易见的原因，我们已经排除了主要由触觉触发的联觉者）。

不过，考虑到高潮之后，会伴随着一段时间高于基准水平的情感流露，我们可以预测在消退期及之后都会存在残留的联觉。卡琳·S(Karin S) 的体验就符合这一预测：在高潮之后，她的"色彩还会延续一段时间……而且还要等一段时间，或许有 4 到 5 分钟，才能清晰地看见周围"。

对于另一些人来说，接吻也是一种同时具有隐性和显性情感特征的联觉触发源。丹尼·西蒙的个人体验为 BBC 纪录片 [159]《香橙雪葩之吻》的命名提供了灵感：

> 痛苦和快乐的感觉既唤起了视觉/空间的感觉，也引起了色彩的感觉。实际上，我在高中的时候，曾告诉副校长，我亲吻男友时看到了香橙雪葩的泡沫，结果他们建议我去接受心理咨询。

当然，在这时是不可能辨别联觉究竟是由嘴唇的触觉信号所触发的，还是由大脑边缘叶（主管感情）所激活的，抑或由多种亲吻形式的不同认知状态所触发的。目前阶段，我们需要更多来自这些联觉者的第一人称叙述。顺便提一句，迄今为止我们所有关于联觉性高潮的报告都是来自女性：有可能男性没有这样的体验；也有可能男性报告的缺乏只是因为女性据说更善于自我表露。

最后，我们只有一次遇到了相反的情况，即作为联觉响应的性感感觉。迈克尔·华生，那位能够尝到形状的人，就真的被味觉刺激激发了性欲。新奇的美味，例如能在饭店里面寻到的那些，特别能够刺激性欲。某一晚在华盛顿的白宫餐厅(Maison Blanche)，他描述道：

美食对我而言是一种刺激，而每一道新菜的第一口就是一阵向新方向搜寻的冲动。我被这种感觉深深吸引。这种体验总是非常性感，当然这是从感觉的角度来说的，不过也有时候这是真正的性冲动，甚至有时我吃着吃着就突然想要掀翻桌子，跟身边的随便什么人做爱。[注14]

紧张的桃子与非正常体验

正如一些联觉者将字符拟人化一样，有一些其他的联觉者将情绪特质投射到无生命的物体。例如，苏珊·米汉说："我知道这听上去荒诞得离谱，前几周的一天，我和我丈夫走到市场的加工区域，这时我抓住他的手臂说：'不知道为什么，我总觉得这些桃子很紧张。'"另一位联觉者不愿意从一串香蕉上掰一根下来，因为觉得这根香蕉会"感到孤独"。这是怎么回事？

很难说是什么原因导致了这种情感的认知错误。尽管联觉者关于这种现象的报告已经足够多，但我们仍不认为这个现象本身是一种联觉现象，因为定义联觉所必须的触发与响应元素都没有。更准确地说，我们将其看作拥有联觉大脑所带来的副作用现象，或者说是后果。这样的认知错误我们将之归纳于非正常体验的寄生现象分类之中。

对于这种体验，我们不能总是只看表面现象。不过倒是可以尝试从神经学的角度来解释。如果某些联觉者大脑的边缘系统活跃程度较高，或者是边缘系统结构与大脑其他区域之间存在超度连接（hyperconnectivity），[注15]那么他们这种体验就是合理的，因为在已知的神经系统条件下已经观察到了类似的情况。

160

例如，通灵体验长期以来一直被认为与癫痫有关，尤其是颞——边缘系统类型。[注16] 其表现形式可能包括不详的或是其他感情状态的预感、不真实的情感、灵魂出窍的感觉（自窥，autoscopy），强迫性思维、记忆闪回，以及叫作似曾相识（déjà vu）和似曾经历（déjà vécu）的熟悉或不熟悉的幻觉。[注17] 最后的两个术语意为"曾经看见"和"曾经经历"，表示患者当下正在经历的事物，之前看到过或者亲身体验过。这经常导致人们以为自己具有千里眼或者是未卜先知（"这个我如此熟悉，一定是我预先就知道了"）。[注18]

以为自己知道和真的知道之间当然是不同的，不过人们通常并不愿意去区分。况且众所周知，人类是糟糕的统计学家。我们专注于我们以为的意义重大的事物，但总是忽略那些与结果相去甚远的预测。换言之，我们倾向于夸大某些事物的重要性，却忽略了正常的事物。

再来看看他人在场感（the feeling of a presence）。佩妮·P（Penny P）是一位联觉者，她感觉到小色块会来"拜访"或者"帮助"她。例如，她说在完成了一次有难度的测验之后，有一团透光但是不透明的红色色块覆盖在她握笔的手上；还有一次，当她在写一封关于感情话题的信时，有一团温暖的蓝光在她左手臂和肩膀上徘徊。她所体验到的"来访的色彩"包括一个每天都出现的 3 英寸宽 4 英寸长的紫色椭圆形（1 英寸＝2.54 厘米），以及每当她把自己的婴儿放在床上时常会出现的一小束蓝色的光。"我曾以为这些都是天使，可是谁知道它们到底是什么。"她说。请注意，在所有这些场景中都存在强烈的情绪色彩。

临床神经学了解这种他人在场的感觉或者说是"被拜访的体验"，并且将其与颞叶的中间部分和底部部分（杏仁核——海马体）的变化联系起来。[注19] 大脑的这些部分被认为与事物意义的体验、自我意识及其与时间—空间的关系（包括宗教上的和宇宙学上的）、幻想状态、运动感，以及嗅觉等有关。[注20] 所以，受影响的人会报告说感到有他人存在，感觉漂浮和徘徊，以及眼角余光看到某些东西"一闪而过"。后者的发生原因是视场最边缘的部分与颞叶的突出部有着对应关系。

至于紧张的桃子等这些引起本话题讨论的种种错位效应的原因，"通灵式发作"表示一种癫痫式的放电，其能够引发生理感觉、情感影响，以及某些特定思路（强迫性思维），而不伴随着颤抖和抽搐。[注21] 我们早就知道反复的癫痫发作，很有可能会造成"点燃（kindling）"，即在大脑不同区域之间造成一个超度连接。点燃模式具有遗传因素，由此原本并不易于发生惊厥的大脑在重复刺激之下，变得永久性地易于发作。在癫痫发作与点燃模式加强了感官-杏仁体连接之后，比如说，患者就会体验到针对某些特定感觉输入的情感加强，[注22] 这种感觉就会显得越来越有意义[注23]（例如，蓝色对某人特别有深意）。因此，如果联觉者大脑中颞叶-边缘系统的结构产生了超度连接，联觉者就会具有一种能力，能够突然感受到并非"来自自身"的感情。由于这种感情是凭空产生的，又需要解释，他们就会将其错误地置于外部事物之上。[注24] 在心理上，人类需要这样的解释，即使结论像紧张的桃子这样荒谬。而与普通人相比，联觉者只是具有所谓的放大效应。

隐"痛"后，艺术与创造力

Chapter 8

在这一章，我们要讨论三个互相联系的问题：联觉如何能够帮助我们更好地理解隐喻的神经学基础，联觉启发了哪一类型的艺术，以及联觉能够告诉我们创造性的哪些秘密。正如我们将看到的那样，每一个问题都取决于在大脑中不同的概念之间建立联系。

理解隐喻

拉玛钱德朗和哈伯德在 2001 年指出，隐喻经常采用跨感觉的联系，如"鲜艳的（loud，大声的）领带""冷爵士乐""重味（sharp，尖锐的）奶酪"以及"刺耳的（sour，酸味的）音符"。[注1]可是我们为什么会用这种具有联觉性质的形容词，而它们在这里的含义又是如此明显易懂呢？比如说，当我们形容一个人很"好心（sweet，甜）"的时候，意思并不是如果我们像舔冰激凌甜筒一样去舔这些人，就能尝到甜味。我们真实的意思是他们的性格和甜食一样令人开心愉悦。精神分裂症患者（Schizphrenics）确实会按照比喻的字面意义去理解，而其他正常人则能正确理解。这是为什么呢？

我们已经指出过，联觉者和非联觉者在做Ⅲ配时的思路是相仿的。拉里·马科斯（Larry Marks）等人的工作揭示了在大小、音高、亮度、音量、视觉定位以及形状等这些感觉维度之间存在着的系统性和有规律的对应关系[注2]（见图 8.1）。例如，联觉者和非联觉者都说响亮的声音比轻柔的声音更明亮，高音比低音更小更亮，低音则比高音更大更暗。甚至连嗅觉都有亮—暗和高—低的分布，心理学家和厨师们都熟知色彩、亮度与气味强度之间的关系：比如说，大家一致认为深色的液体闻上去味道比浅色的要浓。深颜色同样也使人们说味道更浓烈[注3]（见图 8.1，中）。类似的还有一个色彩启动效应的例子，当白葡萄酒被偷偷地染红，它的气味就突然变成了红酒的气味了（见图 8.1，右）。

图 8.1 （左）正如在视觉和听觉上，音高、大小、音量和亮度之间存在公认的和固定的对应，"鲜艳的（loud，大声的）衬衫"这样的隐喻显然也具有合理性，颜色深浅与味道和气味相对应（中）因而深色液体会被认为比浅色的更浓。此外，色调能够启动某种特定香味（右）。在本例中，暗地里染成红色的白葡萄酒据说闻起来像红葡萄酒

我们曾指出各种感觉互相紧密无间地结合在一起的情况是多么不易察觉。例如，视觉、听觉与运动相互之间结合得如此紧密，即使是一个蹩脚的腹语表演者也能毫不费力地使我们相信他手中那个会动的人偶会说话（见图 8.2）。舞蹈则是另一个跨感官映射的例子，这时人体运动的节奏不仅在运动上，也在外形上毫不费力地与音乐的节奏合拍。

我们现在希望说明，跨感官映射的能力，正是运用隐喻的基础——而后者的定义就是能够从不同事物中看到共同点。

让我们从一个假设开始，假设有一个（或数个）联觉基因使得正常状态下互不连通的大脑区域连接了起来，因而把风马牛不相及的概念，如声音与色彩，或是十一月与一个空间位置联系了起来。现在再假设这种基因在大脑中的多个区域表达。拉马钱德朗和哈伯德表示，在理论上，广泛存在的超连接能够促进将表面上毫无关系的事物联系起来的能力——而这正是隐喻和创造性的

特征。[注4]当然，创造力比运用隐喻要复杂得多。富有创造力的人能够轻而易举地将不同事物合成为一个整体，或者从整体中识别单个部分，又从一个事物跳跃到另一个。他们欢迎刺激，兴趣广泛，藐视社会规范。同时又高度地自我接纳，独立，富有弹性而有热情，能够冲破智力的限制去发挥想象力。然而，大脑不同区域之间增加连接与这些有关吗？

图 8.2 视觉、听觉和运动感觉在本质上是紧密耦合的，这就是为什么即使是一位蹩脚的腹语表演者也能令我们相信是人偶在说话。隐藏在我们运用概念式隐喻的能力背后的，正是我们在不同感官之间交叉连接的能力

请看一项最初在 1929 年，曾在多个文化中进行的实验。[注5]向操各种不同语言的人出示图 8.3 所示的两个图形——其中一个是碎玻璃一样破碎尖锐的形状，另一个则是变形虫似的不规

则形状——并且告诉他们，在某种外语里，其中一个形状叫作"布巴"（bouba），另一个叫"奇奇"（kiki），结果 98％ 的人认为尖锐的形状叫"奇奇"，因为尖锐的视觉形象好像是在模仿"奇奇"的读音，以及发这个音时舌头与上颚之间强烈的撞击。与之相反的是另一形状圆润的视觉形象更接近"布巴"的声音和发音时的动作。

各种文化之间的这种对应性，为我们引出了一条规则，即与生俱来的联系（类比）通常与生理结构有关。正是以这种方式，我们祖先在久远的时代以前就已建立的联觉关联逐渐演化成我们今天所知的更加抽象的表现形式——也就是隐喻的意义所在。感官之间的有序关系意味着存在一种认知的连续性，其中，感知的相似性被替换成了相似的联觉感，这反过来又成为了隐喻特性，然后合成抽象的语言表述。换言之，这个过程大致如下：

166

感觉→联觉→隐喻→语言

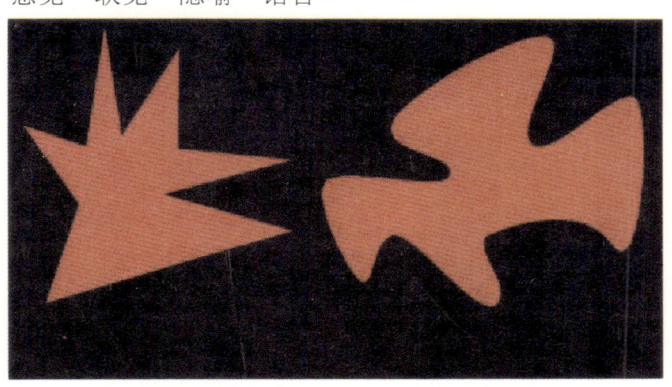

图 8.3　当各种语言的使用者被告知在某种外语中，上图中的形状之一被叫作"布巴"，另一个叫"奇奇"时，98％ 的人选择尖利的形状是"奇奇"，因为其视觉上的尖锐形状近似于发"奇奇"的音时候的语调

213

因此，隐喻与人们一般所认为的相反。如伯克利的语言学家乔治·拉科夫（George Lakoff）首先揭示的，它并不依赖某些抽象语言的巧妙的技术，而是依靠我们与这个实际的感官世界之间的物理相互作用。让我们仔细分析一下他所举的例子，来看看我们的许多方向性隐喻是如何从上和下两个方向的身体感受中产生出来的。[注6]

有意识为上；无意识为下

醒来（Wake up）。我已经起来了。我是一名早起者。我一躺下就睡着（fall asleep）了。病人在麻醉下，陷入了昏迷，然后死掉了。

控制为上；被控制为下

在最高指挥部，面对众多下属，他完全掌控了（on top of）局面，达到了权力的巅峰。后来他的影响力开始下降，最终从高位上落马，成为衔职最低者，回到了底层人群中。

好为上；坏为下

高质量的工作使今年成为我们的巅峰之年，也让我们一飞冲天。当市场触底，创下历史新低时，事情就会好转了。自从那之后，一切都开始走下坡路了。

理性为上；情感为下

我的心一沉，陷入了绝望的深渊，无法超越自己的情绪。我从这种遗憾的状态抽身而出，与我的治疗师——一位高尚的人士，进行了一场高层次的讨论。

　　上述这些常见隐喻，其生理基础就是在于大多数哺乳动物都躺下睡觉，睡醒时则站起。因而，健康、掌控，以及各种被定义为好的事物都被赋予向上的特质。而又由于我们控制了自己周边的环境、身边的动物，有时甚至控制了其他人，而这种控制又被看作反映了我们理性思考的能力，因而控制为上也表示人类为上，以及理性为上。

　　上-下、前-后，以及中心-边缘这些空间方向是我们概念体系中最常用的一部分，不过既然我们接触世界的形式如此多样，那么其他概念也必然存在。例如我们还用内-外来区分理智与情感，通常将理性赋予向上、光明，以及主动的属性，为情感赋予向下、深沉，以及阴暗-被动、非理性的激情，我们几乎难以控制。

　　人类学家告诉我们，所有的文化中都存在着上-下、内-外、中心-边缘，以及主动-被动之类的主要方向。但是要说哪一个概念最有价值，则说法不尽相同。有些文化崇尚平衡，而英语文化圈似乎乐于采用上或下这样的极端概念。

　　与空间的互动产生了方向性的隐喻，其他的体验则产生了所谓的本体性隐喻（ontological metaphors），即将事件、行为、情感，以及思想看作具体的、独立的对象［本体论（Ontology）是对存在本质的哲学探究］。文化影响阐述着本体性隐喻。例如，对于心智是一个实体这一表述，我们可以从心智是一台机器或心智是一个脆弱的物体这两种阐述达到下述的不同含义：

168

心智是一台机器

　　我们开动起来，完成了大量的书写工作。你可以看到，他工作的轮子已经转起来了。他们的动议已经失去动力了。

　　比较一下不同阐述的结果：

心智是一个脆弱的物体

他在压力下崩溃了。这是个惨痛的经历。你伤害了他的自尊心。他的精神垮掉了。

由此可见，隐喻在强调事物某些方面的同时，会隐藏其他方面。机器的隐喻将心智描述为具有一个动力来源，一个预期的效率值和生产率水平，还能够随时开关。这样就隐藏了思想的变幻莫测，处理不完整信息的能力，以及主观的、跳跃的直觉。

改变隐喻的阐述，就能改变我们对一件事的理解，因而也就改变了现实。词语本身并不能改变现实，但从一个概念改到另一个，则能改变我们的感知，以及我们应对这些感知的方法。本体隐喻如此普遍存在，以至于显得是自然的和不言而喻的。例如，我们可以考虑一下下列表述中所隐含的生理体验：

理解就是看见；思想就是光明

我明白(see)了你说的意思。这是一篇光彩夺目的评论，也是一场清晰的讨论。你的观点使我看清了全局。他们的建议是含糊的，思路是模糊的，前提倒是一目了然。

情感是身体接触

判决将他撞倒在地。我震惊于他的慷慨大方。他的捐赠给我留下了深刻的印象。那一款是拳头产品。我被他们的好意打动了。

　　显然，对于同一个概念，不同的隐喻会产生不同的感觉。任何一种概念的直觉魅力，取决于其隐喻与我们切身体验的吻合程度。正因为如此，我们更容易把想法表述为光明，而不容易将其表述为声音，比如"他有个亮闪闪的好点子"就不会说成"他有个响当当的好主意"（声音的隐喻可不是随便编出来的，因为我们会说"无数好主意在他脑子里嗡嗡作响"，或者是"他让自己的思绪安静下来"）。

　　人类头脑的不和谐因素之一，正是源自真实差异的不同隐喻之间的冲突。例如，"那件事情悬而未决"与"这件事情已经处理妥当"都与"我掌握了你的意思"具有物理上的一致性。如果你抓住了一样东西，你就能检视并理解它，而落在地上的东西比飞在空中的东西更容易抓住。因此，未知为上，已知为下，这与理解即抓住的道理是相通的。但是，未知为上与好为上或完满为上的方向性隐喻发生了冲突。如果按照前面的逻辑，完满与未知就是配对的了，未完成则与已知配对。然而我们的经验不认可这一点——我们不认为未知是好的。因此，导致感觉未知为上的生理感觉，与另两种矛盾的隐喻基于其上的体验是截然不同的。这可能表明我们的自我矛盾，或是同时持有互相矛盾的信仰，可能并非出于逻辑错误，而是源自生理体验。

　　请注意，从非常年幼的时期开始，富有创造力的人就很能够容忍这样的矛盾、不一致，或者叫作悖论，想象力一般的人则无法跨越这些障碍，从而理解其相通之处。至于精神分裂症患者的能力缺陷，则正在于他们的想象力太差，无法理解即使是最简单的隐喻。因此，创造性与运用隐喻的能力是如影随行的。从方向性隐喻进步到诸如"鲜艳的（原文为 loud，大声的）领带"和"亲切的（原文为 sweet，甜美的）人"这样的跨感觉隐喻，是幼年时期的一小步。

某些感官的相似性，例如作为"鲜艳的（大声的）领带"这种隐喻的生理基础，在年幼之时就已显露出来，而且看似是天生的。这些相似性产生了"联觉式隐喻"。其他的相似性，如色彩-温度或音高-大小则较晚显露，大约要等到青春期，而且看似是源自经验（参见图 8.4 和 8.5）。小到 4 岁的幼儿就已经能够意识到听觉与视觉之间的感知相似性，他们能够将音高、音量与亮度匹配起来。例如，他们都能够始终一致地把"低音"比作黯淡，把"高音"比作明亮。[注7] 然而 11 岁之前的孩子不能意识到音高与大小的相似性，也不能可靠地识别"暖"色与"冷"色。[注8] 我们再次注意到，这也是联觉大幅减弱的大致年龄。后来，随着年龄的增加，语言得以接触到这种感觉层面的知识，因而允许根据跨感官的生理理论来解释联觉性隐喻。小孩对联觉式表达做隐喻性的翻译的能力随着年龄的增长而增长，这与其日益增长的区别文字意义的能力，以及将各种零散的含义组织成复合的表达的能力是同步的。

171

170

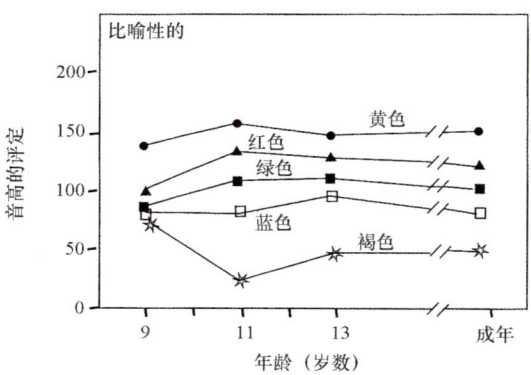

图 8.4　在儿童和成人根据音高对5个颜色进行排列的实验中，存在着惊人的一致性［经授权摘自马科斯（Marks），哈默尔（Hammeal），以及博恩施泰因（Bornstein）1987年文献］

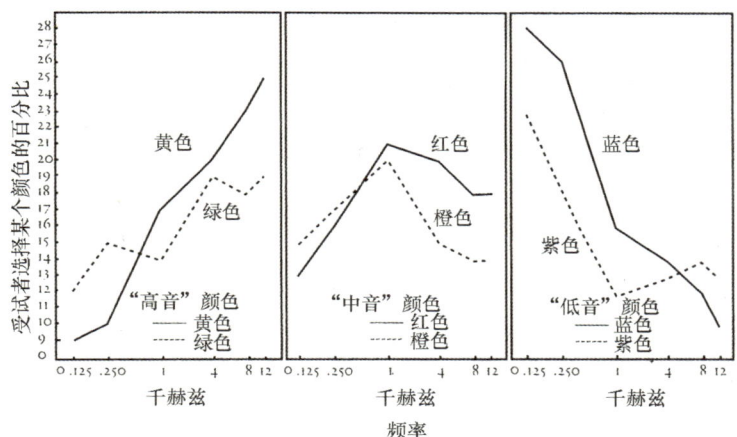

图 8.5　3～6 年级儿童（年龄在 8 到 12 岁）始终用相同的颜色来匹配音高。（左）"高音"颜色；（中）"中音"颜色；（右）"低音"颜色〔摘自辛普森（Simpson），奎因（Quinn）和奥苏伯尔（Ausubel）1956年文献〕

　　先天的通感能够产生联觉隐喻，后天习得的联系则产生联觉转喻（转喻是来自联系性而非等效性的比喻关系，多数需要学得）。两者都有助于打造更高级的主体隐喻，如"他想出了个聪明的（bright，明亮的）主意"。感知性联觉与隐喻性联觉因而都可能源自不同感官的相似感觉的体验。

　　我们至今还没有回答的一个问题，就是极性是如何首先发生的。联觉等效性为承受着感觉轰炸的新生儿向成熟的、理解隐喻的成年人转变提供了一个出发点，这时感觉等效性也开始使自己能够被语言表达。一旦孩子们了解了，他们可以将一种感觉的一极映射到感觉另一极（如高-低与亮-暗），他们就能够把这个过程拓展到非感觉的领域，呈现出新的双极体验（如强-弱，或是积极-消极）。与感觉二分法背后相同的神经生理学机制，也可以用以调节同样具有秩序、等级以及极性的更加抽象的语义特征。极端性具有特殊的重要性，因为非感觉的特性也可以用两种具有相反极性的作用来表示。这最终引出了上文讨论到的方向性隐喻，其正是基于上-下、远-近，以及内-外这样的极性的。[注9]

正如拉里·马科斯曾指出的[注10]："支配着人群中少部分联觉者的感知的规律，其中许多同时也支配着占到大多数的非联觉者的感觉和语言行为。"这表明，联觉依靠跨感官相似性——后者看似是天生的，并在幼年期就已出现，源自现象性经验（phenomenal experience）自身所存在的基本相似性。这些逐渐反过来被语言中更加抽象的知识体现系统利用。

马科斯推断[注11]，对于意义的感觉体验是多维的，而语言（语义）知识则来自早期的感觉知识。这一结论得到了肖恩·戴的认同[注12]，他指出彩色听觉是感知联觉最常见的表现形式，而对有触觉声音的隐喻阐述则是（英语）文学联觉中最常见的形式。看来很可能人类思想本身就基本上都是隐喻性的。听觉是最常被感觉性联觉和联觉性隐喻两者拓展的感觉。肖恩·戴还推断说，在语言能力出现之前的对声音的视觉联觉，有可能影响了语言的发展。

我们在前文中提到，联觉在儿童之中比在成人之中更加常见。根据 19 世纪及 20 世纪早期的报告，儿童中出现联觉能力的概率大约比成人高 3 倍。然而为什么大多数儿童在长大后失去了联觉能力，这仍是个未解之谜。或许是因为联觉过于笼统，不精确，与语言和其他那些属于语言领域的较晚发展起来的能力相比，是一种比较缺乏灵活性的认知形式。心理学上把这叫作思想从"符号模式"向"象征模式"的过渡。[注13]

概括来说就是，当基于生理基础的跨感觉联系内化为内心语言的感觉含义时，儿童的思想就开始变得更加精简并得到加强。[注14] 威廉·詹姆斯（William James）运用他最著名的隐喻来说明"意识流"之中的"关联感"。[注15] 当颜色成为比如说一个钢琴按键、一个字符或是一种味道的同义词，跨感觉的联系在内心的翻译过程中，就与每一种感觉的相似特性相结合。因此联觉更可能是一种一致性，而非联系性。

童年中期的联觉来自于婴儿期的早期跨感觉联系的分化和内化，例如，面部模仿或是对物体的视觉-触觉接触。新生儿的视觉-手势模仿[注16]，与左前额叶和颞叶区域的激活有关，这些区域日后则与语言有关。[注17]

儿童到了六七岁的时候开始有内心话语，并且能够感觉到含义的联觉型结构，这成为日后发展出理解隐喻的能力的基础。而在具备创造性接受力和乐于体验的成年人中，[注18] 以及在催眠和药物诱发状态下，联觉的较普遍存在也支持了内心话语具有联觉型结构的主张。

联觉性艺术

在很长一段时间里，人们一直认为在艺术家人群中，联觉者更加常见。这在统计上是否正确尚不可知，因为没有人系统性地用随机采样来调查（艺术家和联觉者）两种特性。当然，有许多特别著名的联觉者艺术家，如李斯特、霍克尼，以及纳博科夫。然而我们这样的感觉是高度扭曲的，因为著名的艺术家恰巧是联觉者的比例，要远远高于一位联觉者恰巧是著名艺术家的比例。这又是取样偏差的问题。

173

尽管如此，数据确实有一些提示性。例如，《联觉通讯》（*The Synesthesia List*）的订阅者（这属于非随机抽样）中，有41％的人从事艺术性职业。心理学家卡罗尔·克兰发现联觉者比非联觉者接受艺术或音乐训练的可能性大得多，也更有可能学会一门外语（见表 8.1）。[注19] 自我报告的非随机调查数据也显示联觉者中具有艺术倾向的人数比例（23％）较高（但是该项研究的方法存在缺陷，可能仅仅表示在美术学生中的联觉者比例比在普通人群中要高）。[注20]

表 8.1　　联觉者与非联觉者的艺术背景比较（N ＝51）

比较项目	联觉者	非联觉者
艺术、设计、娱乐从业人数	25％	0％
正式的艺术或音乐训练	85％	15％
具有艺术或音乐爱好	79％	29％
掌握语言的平均数量	3.6	1.6

联觉者从事什么艺术创作？他们通常只从事与自己诸种联觉中的一项有关的创作。有些人，例如简·鲍尔曼，具有［声音-色彩、形状、运动］＋［情感-色彩］联觉，是自学的绘画者，但是只能画出自己所见到的图案（见图 8.6）：

> 我可以画一幅画，但是完全不知道自己是如何做到的，因为我根本不懂绘画。即使是我 3 岁的孙子能画的画，我也完全画不出来。我完全不懂绘画。但是我能画出自己看到的东西。[注21]

另一种方法是让联觉者尝试确切地描述他们所感受到的东西，甚至可以提供指导。例如作曲家奥利维埃·梅西安就告诉我们"某些音调的组合与某些力度与某些色彩的组合是绑定在一起的，而我就用它们来表现这些色彩"。[注22] 在描述用来表现时

间色彩(Chronochromie，字面意思即"时间的色彩")的"诗篇" [174]
的彩色和弦时，他解释道：[注23]

图 8.6   简·鲍尔曼所画的幻视图像与形状常量及重复的
单个元素惊人地相似。（左）由中心向外移动的重复的圆
形。（右）对称的中央辐射形状向外扩散；黑点表示闪烁

一个音符值会与一个红色带有蓝点的声响联系起
来——另一个则与一群乳白色，缀有橙色，带有金边的声
响联系——还有一个则是绿色、橙色以及紫罗兰色的平行
条带——还有一个是浅灰色，带有绿色和紫色的映象……

他不仅力求精确地表达声音的颜色，还能告诉我们这些颜
色究竟是什么。此外，他还提及《天堂的色彩》(*Colours de la
Citie Celeste*)的乐谱，他在其中重现了彩色玻璃的光影效果：

我已经在乐谱上标注了这些颜色的名称，以便把这一
图景告知指挥，因为指挥需要自己把这幅图景传递给他所
指挥的演奏家：恕我直言，低音提琴应该"奏出红色"，

而木管乐器则应该"奏出蓝色"，等等。[注24]

我们注意到自从梅西安童年时接触到中世纪的彩色玻璃之

后，他终生都着迷于色彩与彩色的光线。由于艺术家们的技艺高低不同，在感觉之间直接翻译的尝试，或是会显得天真而笨拙，或是像梅西安的音乐这样从本质上就引人入胜，后者的风格如此独特，总是一下子就能被辨认出来。然而，既然联觉这样特殊，几乎肯定无法抓住艺术家所要表达的意义，无论联觉艺术家多么努力地用通俗的方式指导我们"理解"它。

另一种方式是私人指称（private reference），纳博科夫正是因此而闻名的。除了在自己的小说中插入明显的联觉事件之外，他还出于自己的喜好，随意加入联觉对应物，而丝毫不顾读者能不能领会他的玩笑。我们可以用他最负盛名的长篇小说《阿达》为例。这个名字有什么深意吗，抑或只是个好听的名字呢？这本书本身是心思缜密的。不过在纳博科夫的彩色字母表中，A-D-A 的排列是黑色-黄色-黑色（见图 8.7）。不过这又意味着什么呢？只有当我们看到一只黄凤蝶，又想起纳博科夫是一位资深的，而且著作颇丰的鳞翅目昆虫学家时，我们才能弄懂他这个隐秘的玩笑（见图 8.8）。

纳博科夫的作品对于感官具有不寻常的吸引力。例如，他写过一位女士的黑色面纱具有新鲜紫罗兰的气味，也曾说自己的父亲是坚硬的白色和金色。这到底是联觉，还是富有诗意，根本无法分辨。他的儿子迪米特里说："他自己认为想象力是为

了诗意而变得色彩丰富，并非源自本能。所以说在这两者之间存在一种微妙的平衡。"[注25]

图 8.7　纳博科夫对于"Ada"字符所感觉到的颜色是黑-黄-黑

图 8.8　纳博科夫关于蝴蝶的隐密玩笑：黑-黄-黑的图案其实是在模仿黄凤蝶

　　弗拉基米尔·纳博科夫曾在 1918 年夏季，年仅 19 岁时，在圣彼得堡附近的家族庄园写了一首关于联觉的诗：

　　　　有这样一种能力，科学家也无法理解。/听到声音，却看到色彩，/看不见的手，触动你的心弦。/绕梁的并非乐韵；而是光影。/彩色的声音是一首奉献给你的十四行诗/闪耀如阿瑟·兰波色彩斑斓的诗作，那土地最恩宠的朋友。/此外还有带有声音的色彩。/在澄澈而忧郁的秋日，枫叶的紫色之上／我仿佛听见号角那令人颤抖的遥远空灵的回响。／美色褪去，转为简单的曲调／大丽花炽热的切面上，我感受到晶莹的铃声，／在干燥的牧草上，斑驳的蛛网中。

也许所谓联觉艺术最常见的实现方法是，训练联觉者运用他们的联觉作为一个起跳的出发点，或是灵感的源泉。在第4章(Chapter 4) 我们曾提到瓦西里·康定斯基逐渐使自己的联觉理性化，最终将自己的色彩与勋伯格的十二音音乐的声音对应起来，并找到了一种将这两种感官互相翻译的通用体系。可是后一项努力不幸地误入歧途，因为我们现在知道了，联觉的感觉对应的是一种特质。

卡罗尔·斯蒂恩则是联觉作为创意起跳的出发点更佳的实例，她将自己的联觉幻视融入了她无数的绘画和雕塑：

> 这些色彩鲜艳灵动的幻觉，又叫作幻视……实时又逼真……我终生都在不知不觉地用这种内心的景致来创作，不过最后一旦我了解到了联觉是什么，我就有意识地用自己看到的东西来创作。
>
> 当我一开始用我的联觉感觉到的移动的、发光的形状来创作，我关心的是准确地把它们与其触发源区分开来准确地描绘。现在，我只用一种"感觉触发器"，如声音……一次只听一种音乐，一次又一次地反复播放，直到这幅画或是这尊雕塑完成。每个作品都不需要在一天里面完成，只要我每次都听同样的音乐就行……

有一次，不熟悉的音乐使卡罗尔看到从左到右出现的字符串形状，就好像在一个屏幕上显示出来的一样：

> 形状是如此细腻，如此简单，如此纯洁和美丽，我希

望能够以某种方法捕捉住它们，可是它们移动太快，我无法全部记住。很遗憾，我在几秒钟里就看到了足够一年做的雕塑从眼前掠过。

卡罗尔有四种联觉：［字形/单词-色彩、形状］＋［声音-色彩、形状、运动、位置］＋［触觉/痛觉-色彩、形状、运动、位置］＋［嗅觉-色彩］。她所感受到的是"强烈的、灿烂的、明亮的颜色，以及简单的、边缘柔软的形状"，而且带有纹理。它们都在相同颜色的背景之上移动，最常见的是黑色的带有像天鹅绒或者"微风中的草原"那样的"令人着迷的柔软纹理"。她的幻视"像极光的波浪一样"会旋转会坠落，然后突然消失。有些幻视她只看到一次，有些则出现得足够频繁，她得以能够记得清楚，运用到自己的艺术创作中。通常，"它们在我眼前一掠而过，根本无法完全记住"。

是否要将自己的一幅幻视画出来或者雕塑出来，这取决于她觉得"它是否在视觉上有趣"，这条标准显然适用于所有艺术家。某些类型的颜色和形状特别使卡罗尔感兴趣。在她的决策中肯定存在的是艺术洞察力。正如她所说："有些景象只是没意思或是不美丽。"因此鉴于她运用自己的艺术训练和审美情趣来做出大量的判断，要说她只不过是重现自己的联觉，是不确切的。例如："在创作雕塑时，我从自己看到的许多形状中进行了取舍和简化。"通常情况下，如果她想要探究一幅幻视的色彩，她就会作画，如果对于组合一幅幻视中移动的形状感兴趣，她就会创作雕塑。

卡罗尔花了很长时间才意识到她看到的颜色是光线的色彩，而不是颜料的颜色。但是大多数时候，高饱和度的颜料确实能为她的联觉体验提供一个"忠实的映射"，尽管最佳的颜色匹配效果需要"依靠光透射的媒介——电影、视频、电脑显示器、有光线穿

178

透的吹制的或是染色的玻璃、串在白金丝线上的半透明的宝石"。

至于形状，卡罗尔吃惊地看到克卢弗的形状常量出现在她所看到的许多场景中：圆圈、断开的直线、平行的直线、平行的曲线，以及之字形。她没有看到过格子或是网格形式，但是确实体验到了"近似的几何形状，如球体、圆圈、金字塔、三角形和正方形——但是没有立方体"。

一个基于字形的联觉艺术品就是卡罗尔的雕塑，叫作《细胞》(*Cyto*)（见图8.9）。由表面覆盖着天蓝色的铜绿的青铜制成，这正是西托维奇博士的姓氏Cytowic的联觉色彩。一个形状堆叠在另一个上方，因为这就是她所感受到的那些彩色的形状移动的样子：

> 在这种情况下，它们扭曲、旋转和组合，从三脚架底座一直到最顶端的两个修长的形状。它们舞蹈的样子，就像我在幻象中所看到的舞蹈。《细胞》分为两个几乎是各自独立的部分，看上去就好像我在看到一组形状正在被另一组代替。

《细胞》极不寻常，因为卡罗尔很少使用字符来创作联觉艺术。字形色彩是静止的，"而且几乎总是循规蹈矩"，声音和触觉所触发的幻视却常有惊人之举，而且也"相当强劲"。随着时间的推移，她逐渐喜欢上针灸导致的幻视，而不再青睐声音引发的幻视，可能主要是由于在针灸治疗期间实在无事可做，只能"在完全的平静和专注中观察它们"，这时往往是闭着眼的。相反地，声音引起的幻视没有那么鲜艳夺目，或许是因为绘画需要在光线充足的画室中睁着眼。这一点还会在为音乐绘画时造成注意力分散的问题。

图 8.9 卡罗尔·斯蒂恩的雕塑《细胞》，青铜及钢，带有蓝色铜锈，表现了西托维奇博士姓氏前两个音节的形状、色彩以及扭曲的动作

179

229

镀铬的亮橙色是她常用的代表疼痛的颜色，不过针灸时，针插入的深度会影响她所看到的东西。最常见的情况是，幻视并不发生在进针和拔针的过程中。基于触摸的艺术作品往往是简单而强烈的，因为卡罗尔决定用一个幻视的形象来描绘她的整体体验。这幅名为"红色锋利"的画作（见图8.10）就是一个例子。

图 8.10　"红色锋利"描绘了一个单独的形状穿过一片金色的幻视景象，这是在卡罗尔·斯蒂恩打破伤风针的时候，眼前出现的情形

声音是另一个可靠的联觉触发源，因为有些人的嗓音能够引发"美丽的颜色"，即使如此，声音引发的色彩感觉仍然不如触觉引发的色彩那么浓重和鲜艳。不过，曾经在一个没有月亮的接近全黑的夜里，她在加拿大的狼嗥湖曾有一次不寻常的体验。当卡罗尔的朋友了解到狼会回应人类模仿的狼嗥之后，他扬起头，发出了"一声长长的、完美绿色的低沉嗥叫，最后他的音高低落下去，以一个红色的音节结束"。图8.11中的绘画

就描绘了她听到他发出的嗥叫时眼前所浮现的画面。

　　还有能够停留在某一瞬间的联觉艺术家，如玛西娅·斯密拉克。她的多种联觉形式有：［字形-色彩、性别、个性］＋［声音-形状、色彩、运动］＋［色彩/形状-声音、运动、质感］＋［触觉-色彩、形状］＋［数字序列-数字形体］。玛西娅自称是一位倒影者（reflectionist），因为每当"我听到一个彩色的和弦……我就看到"水中的倒影，就将其拍摄下来。例如，《大提琴曲》（*Cello Music*，见图 8.12）拍摄的是落日在水面的倒影，其"金黄的色调，与水面波纹的形状，共同产生了大提琴的乐声"，而在《红色浮标 1 号》（*Red Buoy* 1，见图 8.13）中，则是一声明亮的红色声音，像海妖的歌声一般洪亮而又诱人，引起了她的注意。

181

图 8.11　《迈克尔在狼嗥湖》是卡罗尔·斯蒂恩的朋友在一个没有月亮的黑暗夜晚学狼嗥叫时发出的绿色和红色的声音

　　玛西娅既没有学过摄影也没有学过艺术，所以她的照片从来不会"摆拍"。相反地，某一样东西——一片色彩、一个形状、一个运动——映入了她的眼角，吸引她把相机转过来捕捉这一瞬间。她对新鲜刺激直觉地快速地做出反应，而不考虑构思。可以理解的是，她的这一技术产生了大量漫无目的的影像。除了有些作品能够引人入胜以外，作者既没有意图，也没有可能让受众理解引发这些作品的联觉体验，因此它们必须依靠自己的价值。

图 8.12　《大提琴曲》，玛西娅·斯密拉克作品，金色、棕色的色彩与波浪的运动产生了一把大提琴的声音

图 8.13　《红色浮标 1 号》，玛西娅·斯密拉克作品，一只红色的浮标所反射的明亮阳光产生了一种类似于塞壬女妖的歌声——不是那种响亮烦人的汽笛声（siren 一词有汽笛声和塞壬女妖两种解释——译者注），而是"像诱惑尤利西斯的塞壬女妖的歌声一样，他和我都无法抵御"

大卫·霍克尼

英国画家大卫·霍克尼（生于 1937 年）有［声音-色彩、形状、运动］联觉。这当然与他的成名画作无关，因为那些都是"无声的"的作品。只有后来霍克尼为马赛芭蕾舞团（Ballet de Marseille）、戈林德伯恩（Glyndebourne）歌剧院和大都会（Metropolitan）歌剧院设计服装和舞台时，他的作品中才出现了新的元素。与早期画作不同，他这时明显地根据音乐进行设计。这位艺术家的一些评论使得西托维奇博士怀疑他是一位联觉者：

> 我发现音乐的视觉对应物会自己显现。在拉威尔的音乐中，某些段落在我看来是完全蓝色和绿色的，然后某些形状开始几乎是自然而然地出现了。是音乐而不是情节吸引我做出了布景的设计。

西托维奇博士的怀疑后来得到了证实，通过（1981 年 9 月 11～12 日）在洛杉矶进行的测试与实验，西托维奇博士收到了霍克尼的一封信之后，信中写道：

> 我知道现在给你那封有趣的信写回复看似很晚了，不过这几个月来，我一直把它随身携带着，有时起意要回复，想想又放下了，放下也是合理的。测试到底能告诉我什么呢——或者我到底想不想知道呢，等等。

> 必须承认我对来信的第一反应是你在试图用学术的口吻描述一件我始终当作"虚构"的事物。此前我从来没有听说过联觉。

> 无论如何，我还是回复了。好奇心终于战胜了我，或

许我们可以安排一次会面。[注26]

不识谱的霍克尼会一遍又一遍地听音乐。"我在工作时会不断地听某种特定的音乐。"他说。音乐指挥着他的手臂的实际动作。在 1981 年为大都会歌剧院绘制拉威尔的《孩童与魔法》（*L'Enfant et les Sortilèges*）时，"描绘花园中的树的音乐是有实际重量的，就像一棵真正的树。我根据音乐画出了树的外形。我为《夜莺》（*Rossignol*）画布景时，也采用同样的方法——根据音乐画"。

霍克尼和梅西安一样，他们伴随联觉而来的天赋，得到了本人智力、创造力以及艺术眼光的补充。尤其是，他是那种少见的艺术家，清晰地向我们其他人展示了如何将私人的联觉体验转换成能够打动人的公共艺术品。

霍克尼小时候没有接触过音乐，也没有音乐天赋。"直到 1974 年我不得不在《浪子的历程》（*The Rake's Progress*）中做些工作。"担心自己必须为歌剧乐谱构想出一份视觉作品，他放弃了分析音乐的企图，因为他发现自己体验到了另一种东西。"从那时起，一切基本上都是不由自主的，但是我确实'感到了'，什么东西咔嗒一下，突然之间，我听到和感觉到了音乐之外更多的东西。"在拉威尔的《孩童与魔法》中，树的音乐讲述了自己的外形与重量。在这里，霍克尼的意思是说，音乐的物理形状与布景中树的外形大小相对应。他真的会用一把 3 英尺（1 英尺＝0.3048 米）长的刷子，用肩部而不是手指与手腕作画，当他听音乐的时候，音乐指引着他手臂的运动——直线、曲线、点，以及色点和用色，以及整体形状都是如此画出。"在我布置的所有歌剧布景中，是音乐提供了设计——色彩与形状都是这么来的。在斯特拉文斯基的《俄狄浦斯王》（*Oedipus Rex*）里，没有很多色彩，但有接近交叉阴影线的直线和锐角图案。"这正描述了网格类型的形状常量。

在洛杉矶进行的这场开创性的实验证明了，在类似于第 4 章（Chapter 4）中描述的声音-色彩匹配任务中，绝对和相对影响都是存在的。这项强制选择测验为每一种刺激源都进行了 120 次测试。不过这次实验使用的不是词语标签，霍克尼要从一整套色卡中选择。在选择单独的音调来匹配色彩之外，进一步的实验还使用了大调、小调的琶音和三和弦的旋律。琶音是连在一起的上行的音调，因而和弦比琶音更加像单音。霍克尼听到他认为高的音，就会感受到红色、粉色以及黄色，而小调琶音则引发变化很少的蓝紫色。对他来说，感受最固定的是旋律。因而，这项开创性的实验证实了艺术家自己已经承认的——是音乐自身的旋律决定了形状、色彩以及运动。

一旦霍克尼的注意力为了音乐演出的舞台布景而集中起来，他就以一种全新的方式，全身心地投入色彩与空间之中了。他说他想要构建一个空间，其中一个人的视线可以转弯，而不像加纳莱托（Canaletto）在作品中所显示的那种严格的单点透视。在霍克尼看来，通过运用颜料和彩色的光线来操纵空间是可行的。多年以来，霍克尼一直在用日益复杂的彩色照明系统进行试验。他与理查德的对话，更好地揭示了他对于色彩、光线以及形体的思想：

> 理查德（以下简称 REC）：你已经听说了关于你的"灯箱"的一些笑话，也就是一个大都会歌剧院舞台的比例模型，其中装有一套彩色灯光控制系统。你说你在灯箱中观察自己的设计时，就顺手做了一些修改的草图。你能解释一下这件事的重要性吗？

> 大卫·霍克尼（以下简称 DH）：不是很多人会在剧院中使用色彩——我是指真实色彩。一旦你用了色彩，就必

185

须用彩色灯光；否则你永远都不知道该用什么颜色的颜料。必须用实验来验证。由于我们在为［萨蒂（Satie）的］《游行》（*Parade*）做布景时，发生了那些问题，因此在伦敦为拉威尔的歌剧工作时，让人做了那个灯箱。

我去年完成了《游行》的设计之后，约翰·德克斯特（John Dexter）说："这很棒，我们只需要用白光就行了。"我回答："不，你要用红光和蓝光去照，因为这样会产生魔术般的效果。这样能使布景唱起歌来。"他们花了一段时间才明白我的说法是正确的。在伦敦，就在上演的五个月前，我粗暴地把画好的布景烧掉了，然后我们慢慢设计出了这个比例模型，从而让我可以确定配合音乐转换所需要的色彩转换。

REC：你总是在草图上考虑灯光吗？

DH：始终如一。我一直在调整。看、听、摆弄灯光，这要耗费很多的时间，因为你可以从音乐里面听到越来越多的东西。

REC：在我们昨天做的匹配测试中间，你说"正确的"颜色会在音乐演奏时自己浮现出来。怎么会这样呢？

DH：在音乐演奏的时候，会有这样一种相应颜色的微光凸显出来。当声音出来时，这种颜色还会特别地闪动一下。

REC：这是一种"我发现了"的感觉吗？

DH：是的，是一种直觉。

REC：如何使用颜色来控制你的空间感？

DH：蓝色具有空间感的特质，其他颜色则没有。这种特质越多，你越能感受到它。在《俄狄浦斯王》中，我用光与影制造了同样的效果。（在这部歌剧的结尾，霍克尼将金黄色的灯光投射到台口和剧院的前部，将观众融入歌剧之中。霍克尼一边说，一边用手在半空中勾画出一个十字形）当时的音乐就是这个样子——有水平的也有垂直的，是个严格的几何形状。我向台口一侧投射金光，为其赋予了惊人的重量，并将其放大，造成了轰隆隆的效果。《夜莺》最先抓住我的听觉的特质则是透明感。我首先是听音乐。我不看乐谱，因为读不懂。我第一次听的时候，没有感觉到它是中国音乐。我听到的是透明的感觉。其中完全是透明的事物：夜晚、月光、水。

REC：你为《夜莺》设计的布景也都是蓝色，是单色的设计。

DH：但其中也有很多种不同的蓝色。全场并不是只有一种蓝色。

REC：这些蓝色与整个歌剧在艺术上是如何协调的呢？

DH：音乐中的蓝色和透明感，让我想起 17 世纪非常精美雅致的瓷器。不是 19 世纪那些过火的画着龙纹的那些东西，而是更加简洁纯净的式样。我去过伦敦维多利亚和艾尔伯特博物馆（Victoria and Albert Museum），那里仅仅两个瓷器我就拍了 150 张照片，这就是我在布景中所画的树木、山岳以及人物的出处。由于斯特拉文斯基的三部歌剧都有一些程度的仪式感，每一部都是由一种圆形的图案组织起来的。约翰·德克斯特想要在地板上画一个圆盘，但是我想要一个透明的蓝色圆圈，于是我把它画成了一个蓝色的瓷盘。

REC：那么有没有经过修改呢？当你听到音乐的时候，有多少色彩和形状在你眼前浮现出来，还有多少是你"理性思考"出来的或是故意修改过的呢？

DH：它的出现就像彩色卡片的闪光。当颜色或线条与音乐般配的时候我就能看出来。我们为《夜莺》设计了大约 10 种宫殿布景，但是我想："它们都跟音乐搭配不上。"线条有些不对劲。不过你每次听音乐，都能听出更多。到了最后，我觉得这套布景看上去就是中国式的立体主义，可是却能配得上音乐。而且看起来也是立体的，因为我是画在黑色天鹅绒背景上的。但实际上完全是平的。黑色为它赋予了极大的空间。一旦你体验到了三维的景象，你就不用再仔细看了。

我们为《春之祭》（*The Rite of Spring*）也修改了27个版本才配上了音乐。不过这里的问题是找到正确的色彩，而不是线条。

REC：也就是说你其实是一边播放音乐一边画。

DH：这难以用语言表达。我用拉威尔关于树的音乐举个例子，我记得随着音乐画出了树的轮廓线条，因为我在音乐中能够感到重量。你知道树的形体和重量是什么样子的吗？我就是在音乐过程中画出来的。

而《夜莺》和其他的剧也是一样的。当我工作的时候，我会不停地播放音乐。我不喜欢把音乐当作背景，因为你要么听音乐，要么就没有在听。可以不是什么很好的音乐——一首小小的芭蕾舞曲，《天鹅湖》什么的——这样你就不用太分心。不过听着贝多芬的四重奏我是无法工作的。因为这样的话我画线条就画不下去了。

REC：那么真实的表演，那些歌唱家和音乐家，他们会影响布景在你眼中呈现的方式吗？

DH：是的，有两种方式。一个人确实应该具有弹性，但是我在某些问题上非常固执，尤其是在用色上。有许多事情需要考虑。我在与一位导演共同工作，而且人们在我的布景中是运动着的。约翰·德克斯特［导演］喜欢画图，这是他的风格。我说："好吧，但是要由我来画图，因为我喜欢图画之类的东西。"然后就有人告诉我合唱团必须在中间——有 36 个人呢——或者是必须一开始就在那里。这下可彻底毁了我的画面，我想到。后来我又想，如果一开始就把他们固定在中央，我就会把他们忘掉了，他们就会消失掉。结果负责音乐的人又告诉我他们必须待在这些人后面；否则就听不见他们的乐声，你也知道，如果声音不对，看上去就很糟糕。于是就没什么好争的了。这很复杂。

故意的（非联觉的）人造物

在"联觉"一词长期使用的历史中，存在一些混淆，它可以用以描述完全不同的事物：从诗歌到色彩丰富的音乐，再到故意制造的多媒体装置，如影舞银光（Laserama）、声光秀（son et lumière）以及嗅觉电影（smellavision）。换句话说，我们必须小心区别伪联觉，如乔治亚·欧姬芙（Georgia O'Keeffe）或亚历山大·斯克里亚宾（Alexander Scriabin），他们有意识地将感觉的对应应用到他们的艺术创作中，把他们与真正具有联觉感受的艺术家，如瓦西里·康定斯基和奥利维埃·梅西安，区别开来。

如果有人写出了彩色的音乐，或是用音乐术语为自己的画作命名，这并不意味着他们就"有可能看见了"联觉。例如，乔治亚·欧姬芙的《音乐——粉色与蓝色之 II》（1919 年）和《蓝色与绿色的音乐》（1921 年）是印象主义的画作，罗伊·德麦斯特（Roy De Maistre）的《黄—绿色小调节奏》（1919 年）则是根据一份预先设计好的"彩色协调表"，将音高与颜色预先配对。在两位艺术家的生涯中，没有任何迹象表示他们曾体验过真正联觉者所具备的不自觉的、一致的，以及终身具有的幻觉。

同样地，保罗·克利（Paul Klee）有一句名言："总有一天，

188

我一定能在色彩的键盘——我的颜料盒中整排的水彩颜料——上自由地即兴发挥。"[注27]而且克利还是一位技艺高超的音乐家，同样出名的是，他在包豪斯曾经探索过声音和视觉的节奏的共通之处，用"复调式"这一术语为之命名，意味着有多个声部，在他的画作中，为了表现"声音"，他创作了分层互相层叠的色彩、线条以及形体。"多个鲜明主题同时呈现，绝非音乐独有的特性。"他说。尽管克利密切地关注听觉-视觉关系的问题，但他不是联觉者。相反，他在这方面的探索纯属学术性质，这在哈乔·迪希廷（Hajo Düchting）关于他的书《描绘音乐》（*Painting Music*）中得到了充分的阐释。当然，这样的辨别丝毫无损于他的作品与生俱来的趣味和美。

科学上，要认定某位艺术家是联觉者，我们需要肯定性证据，而对于从 19 世纪晚期到 20 世纪早期的多数普通艺术家而言，证据是缺乏的。凯文·丹恩（Kevin Dann）在《明亮色彩，虚幻场景：联觉与寻求超验知识》（*Bright Colors*，*Falsely Seen*：*Synesthesia and the Search for Transcendental Knowledge*）一书中探索了这个时代，富有信服力地显示了渗透于这些虚假陈述之中的一种对于感觉融合的源自文化的、又有些神秘的兴趣。[注28]

许多人常常怀疑夏尔·波德莱尔（Charles Baudelaire，1821—1867 年）是联觉者，因为在 1857 年，他表示"声音包覆着色彩"。在他著名的诗作《对应》（*Correspondences*）中，他进一步声称"香味、颜色和声音相互呼应"（*Les parfums*，*les couleurs et les sons se répondent*）。众所周知，波德莱尔吸食大麻，可以想见，这会给他带来暂时的联觉，不过除此以外就没有任何证明他具备我们今天所认为的联觉感觉的线索了。稍晚些时候，在 1871 年，另一位法国诗人阿瑟·兰波（Arthur

Rimbaud，1854—1891），在《元音的十四行诗》（*Le sonnet des voyelles*）中，将色彩与元音字母联系了起来：[注29]

> （飞白译本）A黑、E白、I红、U绿、O蓝：元音们，　189
> 有一天我要泄露你们隐秘的起源：
> A，苍蝇身上的毛茸茸的黑背心，
> 围着恶臭嗡嗡旋转，阴暗的海湾；
>
> E，雾气和帐幕的纯真，冰川的傲峰，
> 白的帝王，繁星似的小白花在微颤；
>
> I，殷红的吐出的血，美丽的朱唇边，
> 在怒火中或忏悔的醉态中的笑容；
>
> U，碧海的周期和神秘的振幅，
> 布满牲畜的牧场的和平，那炼金术，
> 刻在勤奋的额上皱纹中的和平；
>
> O，至上的号角，充满奇异刺耳的音波，
> 天体和天使们穿越其间的静默：
> 噢，奥美加，她明亮的紫色的眼睛！

兰波后来声称他发明了元音的颜色——他也是这么写的："我发明了元音的颜色！（*J'inventais la couleur des voyelles*！）"——但无论是他的来往信件还是传记中，我们都没有找到字形-色彩联觉者典型的情感表露。他甚至没有遵从联觉者和非联觉者都适用的柏林和凯的色彩命名规则，即 A 被公认为是红色的，I 和 O 是白色的，诸如此类。[注30]相反地，诗篇中的语言掩盖了兰波的武断而又充满想象的色彩联系。

一位比兰波早得多的诗人，松尾芭蕉（Basho Matsuo，1644—1694），被誉为日本"俳圣"。在一首著名的诗作中，他结合了声音、气味和暮光三种感受，并列使用了动词 *tsuku*，意为"袭来"，用在"花香"上面，意味着花朵将它们的香气像敲钟一样送进渐渐隐没的暮光之中：

> Kane kiete　　　　　　　晚钟钟声渐远，
> hana no ka wa tsuku　　　花香慢慢袭来，
> yube kana　　　　　　　　夜幕低垂

　　相比联觉的直接性，这首诗从一种感觉向另一种感觉的逐步过渡，显示芭蕉使用的是隐喻，而非联觉。但是鉴于不同的感觉维度之间确实存在有明确规则的联系（参见图 4.4 和 8.1），我们完全有理由思考芭蕉到底是完全出于诗意呢，还是表达了一种内在的，但是通常是隐蔽的感觉和动作之间的互相渗透。无论如何，根据我们所理解的条件反应范式，他不属于联觉者。

　　作曲家亚历山大·拉斯洛（Alexander László，1895—1970）和亚历山大·斯克里亚宾（1871—1915）都写了含有彩色-光线的音乐，随后也有不少追随者。拉斯洛从未提及自己有过联觉体验，而斯克里亚宾提及过声音-色彩的对应，并声称音乐调性带有一种笼统的色彩感。他的情况在 1914 年被英国心理学家查尔斯·迈尔斯（Charles Myers）记录下来，[注31] 这个记录告诉了我们许多当时心理学的发展状况，同时也显示了当时占据了学界视野的对联觉的狂热[注32]（参见图 1.3）。我们发现斯克里亚宾把颜色与调性联系起来，而不是彩色听觉者典型的将色彩与单独的音高联系起来。此外我们发现，他对颜色和调式的对应过于整齐了：斯克里亚宾的颜色是按照彩虹的颜色有系统地排列的——赤、橙、黄、绿、青、蓝、紫——而且整齐地与调性变换的顺序对应起来，而后者正是音乐家们所说的五度循环圈（见图 8.14）。

　　在随意的审视中，斯克里亚宾对于音调-色彩的感情和象征式的联系（例如，f 小调是蓝色的"理性的颜色"，F 大调则是"地狱般的血红色"）看似直接取自布拉瓦茨基夫人（Madame Blavatsky）在其神智学（Theosophist）小册子《秘密教义》（*The Secret Doctrine*）[注33]中所描述的色彩-音调对照表。时代思潮在这里又一次浮现。1911 年斯克里亚宾为大型管弦乐队与钢琴、风琴、合唱团谱写了《普罗米修斯，火之诗》（*Prometheus*，*The Poem of Fire*）和《光的键盘》（*clavier a lumiéres*）。在当时，《光的键盘》还只是个不存在的构想，设想中用一套无声的键盘来控制彩色的光线，以光束、云朵，以及其他各种效果来充斥音乐厅，最终以极其强烈的白光来结束，光亮强烈到"使人眼睛疼痛"。而在乐谱中，这一部分标记为"luce"（意大利语，"光"），用传统音乐记谱法写在总谱的最上端（见图 8.15）。当时的《科学美国人》（*Scientific American*）上出现了相关的技术评论。[注34]

　　从 20 世纪 30 年代早期开始，彩色电影和录音技术方面的进步持续地使得德国流亡艺术家，如奥斯卡·费钦格（Oskar Fischinger，1900—1967）等能够脱离电影中静态抽象的布景和绘画的限制。手绘电影胶片使得精心绘制的几何形状的序列，随着时间与声轨同步变换成为可能。费钦格则声称[注35]要针对"只为了最高理想——不考虑金钱或是……讨好大众"，沃尔特·迪斯尼，费钦格最终为其工作，则说：[注36]这方面过去所做的一切，只不过是立方体和其他形状随着音乐四处移动……如果我们能够更进一步……拍出来的影片就会获得巨大的成功。"

191

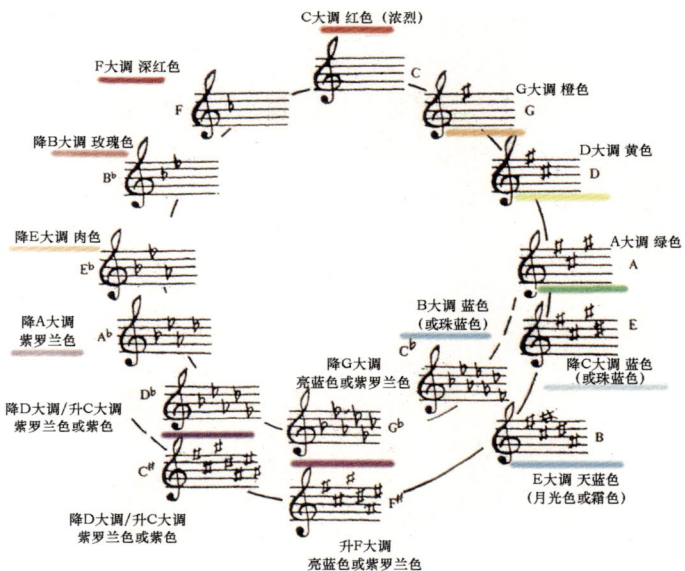

图 8.14 斯克里亚宾的与十二个音调相对应的彩虹色彩，十二个音调按照五度上升的顺序顺时针排列，表示在十二个音阶之后再次回到初始的音调。他的这个系统是一项经过深思熟虑的发明，而不是联觉感觉的表现

迪斯尼的乐观，最终为我们带来了《幻想曲》（*Fantasia*，1940年上映），费钦格在其中贡献了巴赫的《d 小调托卡塔与赋格》一段开头的动画。不过此人中途退出，声称他所感到的艺术思想上的分歧以及氛围妨碍了他的创造力。尽管《幻想曲》在 1940 年当年票房不佳，但时间最终证明这是一部经典之作。《幻想曲》的历史可以追溯到抽象主义艺术家们，他们认为音乐是最高等的艺术（而且他们认为绘画应该效仿音乐），又可以追溯到数个世纪以来的管风琴音乐家们，追溯到象征主义及类似的艺术家们所建立的色彩与感情的联系，延伸到实验性的电影制作人，以及更加晚近的迷幻艺术，声光秀，以及数字媒体。尽管上述艺术成就在严格

意义上讲都不属于联觉，但是它们都有赖于对不同维度的感觉之间相通性的理解，我们通常将其归于隐喻。

图 8.15　斯克里亚宾《普罗米修斯》的标题页。总谱最上端是灯光装置的记谱，标有"luce"。（右）乐谱的封面，斯克里亚宾为这幅图画赋予了很大的重要性，画面中描绘了烈焰熊熊的太阳与中性的人脸位于一把七弦琴之中，周围围绕着象征魔力和宇宙的符号——恒星、彗星和螺旋状的云。用色为橙色——火焰的颜色——由作曲家的神智学者朋友让·德尔维尔（Jean Delville）绘制，它体现了斯克里亚宾对神秘主义的兴趣

图 8.15 （续）在赫什霍恩博物馆（Hirshhorn Museum）

　　2005 年的展览《视觉音乐》的开幕之夜，一位展览策划人提及一台装置，有一个摆动的钟摆直接产生了一曲配乐。"在这里你能得到一个最纯粹的运动-声音联觉的实例。"他热心地说。理查德反驳道："错，你错得离谱！机械的记录不是联觉，因为机械不能感知。必须是人类的大脑才能体验到联觉。此外，一台机器永远不能理解什么是感受。"

联觉与创造力

在本书中，我们已经提出了连接联觉与创造力的数个关键特性，因此此处的讨论应该比较容易理解。

前文中已经说明，隐喻不是任意的，而是遵循着一些规则。与联觉相似，它们也具有方向性，比如说，从听觉到视觉（"色彩喧闹的领带"）要远远多于其他的方向（"明亮的音符"但绝不会有"红色的声响"）。也就是说存在"A 是 B"，但没有"B 是 A"这样的情况。我们收集了一些实例，证明解剖构造的限制允许一些类型的交叉激活，却禁止另一些。

方向性不对称的另一个原因可能是，联觉除了是感性的以外，同时也是具有意义的，而意义本身是具有方向性的。例如，请考虑在语法上，主-谓-宾关系是不可逆的，而隐喻引用也是不对称的——可以说"某人是禽兽"，但没有"某个禽兽是个人"。

从遗传的角度来看，我们提出两个问题：基因的剂量及其表达范围。联觉需要适量的基因表达——过多了，联觉就成了双向的，或是多向度的，使受影响的一小部分人感到困扰，或不知所措。因为联觉其实无多大好处，从遗传的角度来看，每23 个人中，有一个人携带着一种无用的特征。不过就像镰状细胞性贫血[注37]一样，我们认为这种特性有其隐秘的重要性，否则它就不会如此普遍地潜伏在人群之中了。现在我们还不能下定论说，联觉到底有什么好处，不过猜想它与创造力有关——具体而言就是易于创造隐喻性的交叉联系。

例如，加拿大安大略省心理学家哈利·亨特（Harry Hunt）

指出[注38]，有一些孩子被描述为爱幻想，而同样的情况在成年人身上体现，则称为高吸收性人格特质。后者的特征是充分发展的想象力和非常能够接受隐喻。[注39]亨特表示，如果一个人"如此敏感于内心感受"，那么他就具有"更大的能力和容量去到我们当下的意识中，沉浸于那些即刻闪现的交叉形式特征，也使得联觉特征更加明显"。一旦联觉基因得到甄别，而其也被发现在大脑非感觉的部分得到表达，那它就有可能并非专门为了联觉而存在，而是更宽泛地编码为使携带者更加具有吸收性，对于体验的态度更加开放，这也就是富有创造力人士的标志。

我们曾在前文中提到这样的印象，即联觉似乎在艺术家、作曲家和小说家中更加普遍。其实只是具备这些类型创造力的人擅长运用隐喻，能够从看似无关的事物之间找到联系。我们已经知道，像数字、人脸，以及音高这样的高级概念在脑图中的表现方式与感知相同。因而，也没有理由认为，其他概念的表达方式会有什么不一样。我们的想法是联觉者在概念性区域拥有多得多的连接，相应地也就更容易把表面上没有关系的概念连接起来，也更容易看到它们之间深层的相似性。客观而言，联觉者实际上就是擅长深入挖掘表面上没有关系的领域之间所埋藏着的相似性的人。[注40]同样地，他们在形象表达方面比非联觉者也更有天赋，[注41]不过这看起来更有可能是结果，而不是原因。

位于颞叶、顶叶以及枕叶三者交界（TPO）位置的角回被认为对于形成交叉概念至关重要，因为它位于感觉（顶叶）、听觉（颞叶）和视觉（枕叶）三种功能的交叉点上。三种感觉形式的汇聚产生了对于现实世界中的事物的抽象、非形态的表达，如"布巴"－"奇奇"图画中锯齿状或尖锐的概念。有趣的是，拉玛钱德朗曾让左角回损伤的病人做"布巴"－"奇奇"的实验，[注42] 发现他们失去了形状-声音抽象感觉的能力，尽管在其他方面都正常。这些病人也无法解读需要抽象交叉连接的谚语的意义（如"不要为打翻的牛奶哭泣，意即不要无益的悔恨"）。在第 5 章（Chapter 5）关于数字形体的讨论中我们已经看到，左角回也参与序列与序数的处理，但是有可能在对其空间形式的感知上，必须有右角回的参与，因为在临床上，后者正是负责这一功能的。因此，拉玛钱德朗和哈伯德提出，左 TPO 结合点可能是联觉性跨感觉隐喻（如"喧嚣的领带"）的一个网络节点，而右 TPO 则是空间性方向性隐喻（如"健康走下坡路，他只好下台"）的节点。[注43] 而两个 TPO 结合点也没有理由不负责本体性隐喻，尽管目前还没有相关的证据。神经科学只是尚未深入研究对隐喻的理解，但这些想法已经构成了可验证的假说。

196

有人将人类大脑与猿和其他哺乳类动物的大脑做比较，结果发现人类的角回和 TPO 结合点要发达得多。在上文中，我们提出了感觉→联觉→隐喻→语言的认知连续统一体。现在让我们具体分析一下这样的统一体是如何产生的。

诺曼·格什温（Norman Geschwind）是最早注意到 TPO 结合点的结构（如角回和顶下小叶）以及它们在产生稳定的跨感觉联系中所起到作用的早期行为神经学家之一。他在 1964 年指出如下现象：[注44]

> 理解言语的能力是形成跨模式联系能力的先决条件。在非人类物种中，唯一易于建立的感官与感官之间的联系，是在非边缘叶刺激（即视觉、触觉或听觉）与边缘叶刺激之间的联系。只有在人类中，两种非边缘叶刺激之间的联系才易于形成，而这种能力正是名称学习的基础。

也就是说，猿能够做出类似于香蕉具有正向价值（即很好吃）这样的情感（边缘叶型）联系。它能够在触觉、视觉与听觉，以及边缘叶输入的关联体验，如在饿、渴、恐惧、性、快乐、恶心等之间进行跨模式的转换，而人类能够更进一步，给香蕉赋予名称，并将其与其他的非边缘叶特质（黄色、滑溜，以及最终联系到关于香蕉皮的笑话）联系起来。即使是年幼的孩子也能轻易地做出跨模式的联系，如 4 岁时就能在单独看到一个物体之后，在黑暗靠触摸将其分辨出来。[注45] 位于角回以下的顶下小叶（inferior parietal lobule），主要负责语言处理，只从联合皮质获取输入。从发育上来说，它与髓鞘分离较晚，结构上也成熟较晚，也是树突在其中最晚出现的区域之一。[注46] 而且正好就是这里，非边缘叶感觉交叉联系最有力。

其他动物也有跨感觉的联系。鹦鹉的声音-动作对应可能是由小脑执行的，而海豚学习视觉-肢体语言的跨感官翻译则需要前脑。[注47] 这两种动物与类人猿，都缺乏人类在视觉、听觉与手势之间三向的跨感官联结的语义抽象的能力。

格什温明确地否定"言语中介"是人类实现跨感官转换的手段的观点：

> ……不能认为形成跨模式联系的能力依靠已有的言语；相反，我们必须说获取语言的能力是形成跨模式联系的先决条件。[注48]

换句话说，形成跨感官联系的能力使随之而来的语言的发展成为可能，这使我们从感觉和边缘系统的即时快感-痛苦原则的统治下解放出来。[注49] 一旦有了语言能力，人就能形成其他的跨模式联系，并形成更高级更抽象的认知形式。

格什温的主要观点之一就是语言依靠稳定的跨感觉联系，尤其是听觉-视觉和听觉-触觉之间。不出意料，这正是联觉的普遍模式。在我们看来，跨模式隐喻是联觉体验的语言衍生物，也就是感觉→联觉→隐喻→语言的连续统一体。

联觉的具体基因表达，可以决定一个人会有一种、两种、三种甚至更多种联觉。具有多种联觉，可能意味着（一种或多种）基因在大脑的一个或多个区域表达出来了。我们已经强调过，联觉既可以是感觉的，也可以是概念性的。更广泛的基因表达可能会增加概念区域之间超常连接的可能性，也就意味着更高的创造力水平。

联觉意味着更有创造力，这并不仅仅是道听途说，或从上文所描述的调查方式得来。例如，对美术学生的测试[注50]显示，在四种实验性的创造性度量中，联觉者的成绩要远高于对照组。由凯瑟琳·穆尔维娜（Catherine Mulvenna）、黛娜·桑德斯（Dana Sanders）和爱德华·哈伯德所涉及的更加客观的测量显示，在创造力的三项量度——流畅性、灵活性与独创性上，联觉者也比对照组高出许多，后者与前者在年龄、性别以及智力上均保持一致。该团队一起在格拉斯哥大学认定了四位联觉者，在加州大学圣地亚哥分校认定了五位，并用诸如瑞文标准推理测验（Raven's progressive matrices）[注51]和陶伦斯创造性思考测验（Torrance Test of Creative Thinking）[注52]来对其进行测试。前者是一种智力测试，联觉者整体得分明显高于对照组，显示了某种程度上较强的空间和方向性隐喻能力。后者是一种创造性测试，就回答的流畅性、灵活性与独创性进行评价。联觉者再一次在这三项创造性的量度上高分胜出。因而，初步的证据支持联觉者比非联觉的同龄人更加聪明、抽象能力更强，以及更有创造力的推测。在美学上，联觉者也显示出比其他人更敏感。[注53]

198

Chapter 9

通感者的大脑深处

联觉并非发生在大脑中的单一位置。我们需要考虑到连接大脑多个区域的神经网络,因为联觉看似是大脑各个部分之间增加的交叉通话所造成的感知结果。

这种增加的交叉通话是怎么来的呢?是由于未能消除的年幼时的连接吗?抑或是不论联觉者还是非联觉者,大家都具备的线路交叉,而只有联觉者的活跃程度高于意识知觉的阈值,才能够体验到呢?想要了解联觉者的大脑,我们首先需要知道正常人的大脑是如何组织的。

大脑中的专业分工

当我们用肉眼扫视人类大脑的沟回时,会发现所有的地方看上去都一样。但是当靠近仔细检视时,就会发现不同的信息在不同的区域处理。特定的大脑区域参与听觉、言语、记忆、运动、情感等的处理(见图 9.1a)。然后,当我们放大到单个感觉区域,如视觉时,会发现不同群落的细胞对于视觉的不同方面更加敏感,例如动作感知、边缘检测、人脸识别、色彩感知等(见图 9.1b)。因此与表面看上去截然不同,大脑的区域完全不是一致的,而是在各个层次都高度专门化的。

随着神经科学的新发现渐次呈现,展露在我们面前的是一个新奇的神经子系统的团体,掌管着气味、颜色、触觉、饥饿、痛苦、目标设定、预测以及无数种其他任务,同时支持着所有这些功能的网络持续地工作,以惊人的高效产生着结果,并再次相互作用。例如,听觉系统处理着空气传导来的声波压力,同时视觉系统分析着光子所形成的图案。脑功能最惊人的一点,是所有这些迥然相异的系统有办法无缝地共同工作,甚至还能互相协助。例如，当试图了解一个新的对象时，你会检视它，在手里翻来覆去地检查、摇动，闻闻味道，诸如此类——结合各种感觉以形成对这个对象的一个综合印象。大脑所面临的挑战是让完全不同的区域来执行各自不同的任务，同时还要一起共享信息。对于联觉的研究人员，问题归结为在联觉者的大脑中，这种网络之间的平衡是如何以不同（于非联觉者）的方式实现的，以及为什么会是这样。

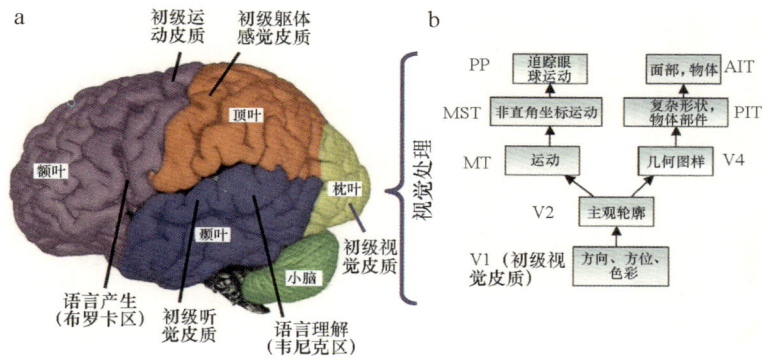

图 9.1　大脑中的分工。（a）大脑大致划分为数个专门区域，分管运动、感受肢体和内脏、语言的各个方面、视力、听力等。（b）在视觉感受中存在着许多专门化分工。当我们从初级视觉皮质（V1）进一步深入更高级的视觉领域，会遇到大脑中专门负责越来越复杂的刺激的区域，如感知运动、房屋或人脸。框图概括了在更大的视觉皮质范围内，由若干组细胞执行数据处理的庞大阵列。V1：初级视觉皮质；V2：次级视觉皮质；MT：内侧颞叶；MST，内侧上颞叶；PP：后顶叶；PIT：后下颞叶皮质；AIT：前下颞叶皮质

　　要理解联觉者的大脑，我们首先必须要问，正常人大脑中的分工是怎样来的。从进化的角度来看，人类的大脑需要回答各个政府和组织所面临的相同问题：专业分工到多细是效率最高的？分工太细会带来沟通问题，分工太粗则降低效率，又会

阻碍专长的形成。大脑设法取得平衡。一方面，它们必须区分传入的信号，如声音和视觉（譬如，咆哮声与菠萝的不同）；另一方面，大脑各个区域又不能使用完全不同的语言，因为有一项最主要的生存任务，需要把所有的信号集中起来，以期准确地诠释世界。大脑就是这样学会知道听到咆哮声之后，极有可能看到狮子，而菠萝的图像意味着甜美的香气和美味。

因此，大脑必须在过多与过少专业化分工之间做折中，这与美国大陆议会中关于联邦主义与州权之间的辩论类似。正如我们将看到的，联觉现象已经引起神经科学开始关注最有利于大脑提高效率的集中程度。过于集中意味着信号不能被区分。过少集中则使大脑无法从不同感觉维度中找出潜在的相似性。[注1、注2]

例如，要决定刚刚看到的意味着什么，接下来要做什么，或是当天晚些时候要做什么时，就必须把一系列信号富有成效地综合起来。这对大脑来说是一件难事，因为计算所需要考虑的相关因素包括你体内环境的状态（你饿吗、热吗、累吗？）以及记忆、对你自己技能与能力的了解，当然，还有各种感觉的输入。而这每一种又按顺序牵涉到各种集成步骤。举个例子，凝视着水中的游鱼，我们轻而易举地将它的形状和运动看作同一物体的不可分割的方面。这种集成能力通常对于预测和行动决策至关重要，比如说在你饥饿时想要抓鱼，或是躲避一条鲨鱼。虽然你可能听说过大脑以并行处理能力著称，它同样也以能够迅速停下所有并行进程，集中到单一的行动输出上而闻名。打个比方，一只飞奔的动物可以从左边或右边绕过一棵树，但它不能同时两边都跑。

因此，尽管大脑皮质广泛地存在分工（见图 9.1b），这种分配并不会被明显地感受到。相反地，我们享受到的是一个世界的统一图景，而不是分别体验到一个视觉世界、又一个听觉世界、第三个触觉世界，如此，等等。也就是说，如果你注意到一只向你抛来的苹果，就会将其看作一个物体，尽管实际上它是由许多种信息捆绑在一起的。你大脑的不同部分将这只苹果解读为"一个红色＋圆的＋可食用的＋正以某一速度向你靠近"。于是你看到了一只飞行中的苹果。在与各自单独处理，运行速度也各自不同的进程打交道时，大脑是如何对世界产生一个统一的印象的呢？这个问题叫作"绑定问题"。联觉为解答这个谜题提供了一条路径，向我们展示了绑定问题的相反面，即当超过正常数量的感知进程被绑定在一起时，会发生什么。

大脑是如何解决绑定问题的呢？理论上，它可能会使用几个可能的策略。首先，所有的子系统可以采用一种共用的协议来共享信息。虽然软件开发人员喜欢这种解决方案，这却不是大自然母亲解决问题时典型的办法。

另一种策略允许所有的子系统用他们自己的方式，就可用的数据做出应答。这种方式需要一套单独的机制，来协调结果的产生。例如，就像在军队里面一样，有一套层级结构，其中每一阶级都有自己的控制等级，并且能够汇集来自较低级别的数据。不过，哺乳动物大脑中发现的大量反馈并不适于用层级结构模型来解释，所以这也不太可能。

最有可能的协调子系统的方法是反馈连接迫使神经元群体在它们的行为模式上"达成共识"。毕竟，在我们那个苹果的例子里，大脑中并没有一个特定的解剖位置来汇集不同子系统所产生的"红色＋圆的＋可食用的＋运动信息"，产生一只飞行中的苹果的结论。相反地，分工区域之间互相紧密连接。连接有时是直接的，但更多的是经由其他区域，形成了一个存在大量循环重复的网络。正是在这样的一个全局网络之中出现了统一的感觉。循环重复的连接使得信息可以在各个区域之间同时正向和反向流动，解决不同分工的细胞对同一刺激做出反应时所发生的冲突。通过这种方式，不同子系统的行为无须一个管理者就可以得到协调。[注3] 在这个框架内，对于世界的统一印象产生于被激活的皮质结构的网络之中。它并非来自层级结构顶端的某个区域，而是来自数个子系统的同时活动——包括那些参与感知、期望、记忆和认知的部分。整个过程严重依赖于反馈。

丰富多彩的反馈线路使早期神经科学家的希望破灭了，他们原来以为大脑区域可以理解为传送带连接起来的连续的站点。相反地，它表明大脑中的区域依赖于它们之间同时交织着的连接交换。神经科学正在努力理解这些互相连接的动态循环。显然，想用单细胞的记录来总结出某个脑区的功能的想法具有误导性，就好比基于一个人的信用卡来研究全球经济一样。在物理学中，从某个系统中隔离出一部分，可以对其直接研究；但这一原则一般不适用于生物学，对大脑中的网络更是如此。

普通人脑中的交叉通话

在第 4 章（Chapter 4）和第 8 章（Chapter 8）中，我们检验了每个人都是潜在的联觉者的可能性。通过观察跨感官的错觉，我们确定，不同的感觉通道在普通人大脑中也密集地互相连接。

例如，在腹语者幻觉中，耳朵听到声音来自一个方向，而眼睛看到一张嘴在另一个位置动。大脑错误地认为声音来自嘴巴的位置，因为嘴唇动的图像干扰了我们对声音的定位。这说明大脑中自然存在的视觉和听觉部分的互相连接，使这些区域合作产生了单一和统一的感觉。[注4]

我们还提到过麦格克错觉，即当一个人听到/ba/的声音，同时看到嘴唇做出发/ga/的声音的动作图像，这个人就会以为听到了/da/的声音。麦格克效应再次表明视觉和听觉可能在信号处理的早期就已合并在一起，甚至早在对语音和词性做判断之前。[注5]使用功能磁共振成像的研究也确认了，在信号处理的极早期，看见他人说话的图像会影响所听到的语音。[注6]同样支持视觉与听觉迅速结合这一结论的现象还有所谓"听觉驱动的幻觉"，即一盏以固定频率闪烁的灯，当伴随着或快或慢的蜂鸣声时，闪烁速度看上去就会变快或变慢。广泛存在的交叉通话不依赖于意识：例如，面部表情能够影响一位讲话者的声音表情，即使面部表情并非在有意识的情况下被感觉到。[注7]而且连接起来的也不仅是视觉和听觉：在一个触觉与视觉连接的例子里，突然触碰一只手能够暂时性地提高你在这只手附近的视觉，这是由于多种感觉区域发来了反馈。[注8]

204

增生与修剪

未发育成熟的大脑中，区域之间和内部的连接要多于成人的大脑。这些连接有些后来被修剪掉了，有些则留了下来。例如，在猴子胎儿中，有约70%～90%与V4区域的连接来自初级听觉区域和更高级的区域，而在成年个体中，这个比例减少到20%～30%。[注9]

如果联觉基因导致这些出生前已存在的连接未能被修剪

掉，那么 V4 与大脑其他区域之间的投射关系就会保持到成年，在这个例子里就会导致色彩联觉。修剪越少，交叉连接通道越活跃，达到意识知觉水平的可能性越大。在这种通道被重度修剪的非联觉者实例中，剩余的活性有可能达到建立跨模式映射的程度，例如一个尖锐的形状与一个尖锐的声音之间，或是一个高音与亮光之间的概念联系——但都达不到联觉者那种意识层面的程度。这种交叉通话只有在特殊情况下，如脑损伤、药物使用，或疾病时才有可能达到意识水平。

嘉莉·阿梅尔(Carrie Armel)和维兰努亚·拉玛钱德朗就描述了这样一个例子，有一位患者从童年开始逐渐失去视力，直到 40 岁完全失明。[注10] 数年之后，他会感觉到触觉带有亮点。需要比较用力地触碰(要高于可感觉的阈值)才能产生联觉，而且这样的联觉阈值能够在数周的跨度上保持一致，这说明这一现象是真实的。一个可能的解释是视觉的丧失，使得触觉输入得以激活视觉区域，以允许两个区域之间业已存在的连接过度活跃的方式。连接性并不依赖于新连接的生成，这可以由在盲人和蒙眼的受试者身上所进行的快速变换的实验证明。[注11] 例如，当新近失明的人学习盲文时，负责手指的大脑区域会扩张，而没有用到的 V1 区域会改变功能，转为负责触摸和"阅读"盲文。[注12] 另一个证据是，当视力正常者被蒙住眼睛仅仅两天后，如果他们要用手指完成任务或是听到音调、词语时，他们的视觉皮质就会激活。两天的时间，要突触从触觉和听觉区域生长到 V1 区域是不够的。更重要的是，移去眼罩仅仅 12 个小时，V1 区域就能恢复到只管理视觉输入。因此，大脑突然能用手指和耳朵"看"的能力，可能依靠的是业已存在的与其他感觉区域的连接，但是只要眼睛还能输入信号，这些连接就不起作用。这些实验说明，我们都拥有未被开发的多感觉潜质。

最后，感觉替代实验[注13]证实，每个人的大脑里都有潜在的跨感觉连接。我们通常把舌头看作味觉器官，可是它上面长满了触觉受体，使之成为一个绝佳的脑—机界面，在舌头上放置一个刺痛电极组成的点阵，它能够学着"看见"点阵的形状。[注14]这个点阵将输入的视频信号翻译成触觉的图形，允许舌头分辨出通常属于视觉的特征，如距离、形状、运动的方向，以及大小等。这套实验装置提醒我们，我们不是用眼睛在看，而是用大脑在看。这项技术最初是为了帮助盲人而开发的；而一项最新的应用则是将红外或声纳信号输入舌面点阵，从而使潜水员可以在混浊的水中"看见"，使士兵在黑暗中获得360°的视觉。这些应用程序的含义就是，联觉是每个人都具有的潜在能力。[注15]

这些例子都有助于说明，正常的大脑也充满了交叉连线。因而联觉者与非联觉者的大脑之间的区别就不在于有没有交叉通话，而在于交叉通话程度是高还是低。

联觉者大脑中的交叉通话

关于为什么联觉者的大脑是不同于非联觉者的，最合理的假设是这个：联觉体现了在通常是分离的大脑区域之间以及它们所组成的网络内，较高的交叉通话程度。

但是我们又怎么知道联觉者不是反过来，交叉通话的水平正常，仅仅是降低了意识阈值呢？有没有一种方法来区分这些假说？如果实际上是联觉者的交叉通话现象更多，我们应该能从神经影像中找到证据。比如说，当一位词语-色彩联觉者听到"三"，假设这能触发洋红色的感觉，那么我们能够从大脑的彩色视觉区域测量到活动增多吗？2002年，朱莉娅·纳恩和同事着手解答这个问题。[注16]他们发现口说词语引发了大脑负责彩色视觉的区域V4的活动（见图9.2）。

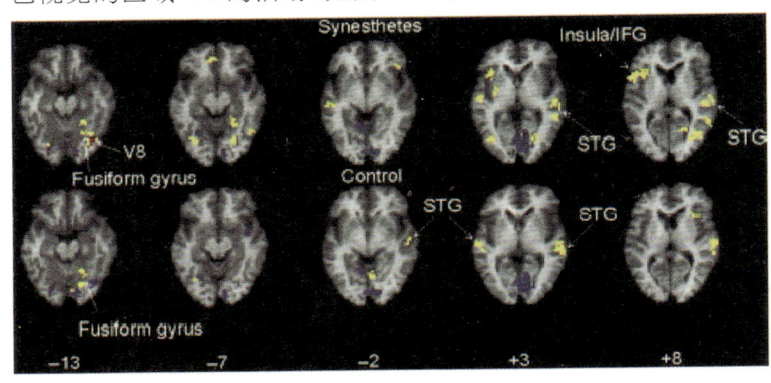

图 9.2　当一位联觉者听到能够触发颜色感觉的词语时，V4彩色区域被激活了［经授权引自纳恩等人（2002年）文献］

通常情况下，V4复合体只有在看到外部世界真实的颜色时才会被激活。在这项研究中，其他视觉区域都没有活跃的事实表明，仅仅V4激活就足以感知色彩。[注17]

然而，批评者可能会问，如果受试者只是想到一个词语-色彩联系，但并不感到任何联觉色彩，那会怎么样？会产生相同的磁共振成像结果吗？为了排除这种可能性，几位非联觉者用死记硬背的方法记住了词语-色彩的联系。当这几位受试者在扫描器中接受测试时，没有发现在联觉者脑中发现的色彩区域激活现象——因此想到联系的概念是不足以解释实验结果的。

最后，联觉者会不会仅仅是比对照组更善于想象色彩？例如只是想想洋红色就能激活色彩区域？为了回答这一点，实验者们进一步指导受试者想象颜色。按照较早时的研究所预期的，[注18]这样也不足以激活色彩区域。

总起来说，这些发现说明从大脑的角度来看，联觉的色彩感觉与想象色彩不一样，更接近真实的色彩感觉。纳恩的发现很重要，归于几个原因：除了向顽固的怀疑论者再次证实这一现象的真实性之外，它还显示了这一类联觉者的大脑中确实存在明显较多的交叉通话。

早前对词语-色彩联觉者的 PEF 扫描发现，联觉色彩体验更多地源自高级视觉区域，而非低级区域——换句话说，深深地进入了大脑负责思考的部分，而不是在初级的感觉层面。[注19]但是纳恩团队使用了更高级的 fMRI 技术的研究却得到了相反的发现，也就是说，联觉是大脑中负责基本功能（在这里就是色彩）的区域的低层次激活。

更进一步的研究证实了联觉体验激活了真实体验激活的相同大脑区域这一结论。另外，仅仅是想象并不足以激活大脑。[注20]也就是说，如果有人被要求仅仅想象一个颜色（例如，"金丝雀的黄色比香蕉的颜色深吗？"），则会激活另外一些区域。

趁着纳恩实验成功的势头，爱德·哈伯德和同事把他们的视线和扫描器转移到 6 位字形-色彩联觉者和 6 位非联觉参照者身上。[注21]他们推测，当联觉者看到字符的时候，他们的 V4 色彩辨识区域会被激活。为此，他们向受试者展示灰色背景上的白色数字和字母。他们还在其中加入了无法引起任何色彩联觉的非语言符号。和预测的一样，他们在联觉者的 V4 区域检测到了比非联觉对照者更多的活动（见图 9.3）。

哈伯德和他的同事们进一步发现了一位联觉者在感觉任务中的行为与 fMRI 信号大小之间的相关性。具体而言就是，他们发现若干个视觉区域 fMRI 信号的大小能够粗略地预测在纹理分离任务中（例如，从一个数字 5 组成的背景中分辨出一个由数字 2 组成的三角形），受试者的表现比对照者高出多少，以及他们从周边字母（即围绕着一个字母的数个字母）中识别出"密集"字母的表现是否有优势。换句话说，功能磁共振成像信号越强，联觉者就越容易利用自己的联觉色彩感来分辨字符。

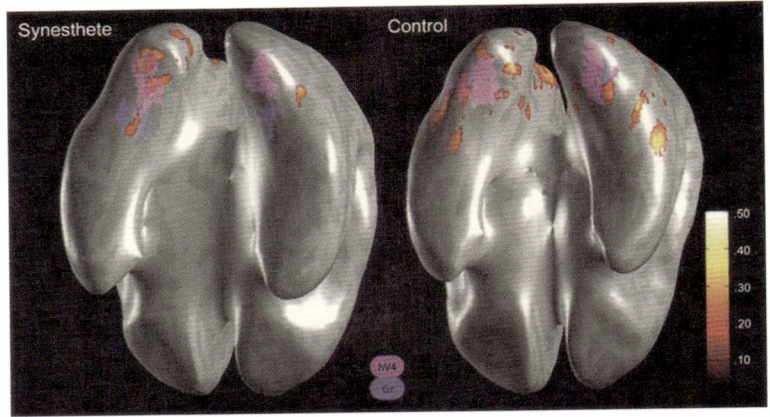

图 9.3　6 位字形-色彩联觉者的功能磁共振成像数据。在本图中，电脑将被扫描的大脑图像"膨胀"了起来，以便沟回中的活动能够容易地看到。图中将人类色彩感受区域 V4 标为紫色，对于字符产生反应的区域标为蓝色。红色表示当受试者看到字符时，活动增加的区域。联觉者与对照者在字符区域都显示活动，但是只有联觉者在 V4 区域显示出了额外的活动［引自哈伯德等人（2005 年）著作］

　　哈伯德和他的同事们能够找到这些个体差异，正是因为我们在整本书里始终强调的，联觉者是一个高度差异的群体。可是他们之间的差异意味着什么呢？功能磁共振成像信号的大小是否反映了联觉体验的强度，或是意味着这一研究中存在着多种联觉者？这仍然很难回答，因为这里的样本规模太小（6 例）。为了更好地理解这一现象的神经基础，未来的实验将不得不解决这个问题。而在此期间，我们不仅可以通过神经成像来确认联觉，而且所得到的影像还与行为相关，这确实令人鼓舞。

更多区域的参与

尽管上述研究集中在 V4 区域，但我们必须强调，V4 并非仅有的发生色彩联觉的位置。人们很容易因为大脑扫描的结果而感到兴奋，错误地下结论说最活跃的区域就能解释所研究的现象。V4 只能解释整个联觉体验的一部分，也就是色彩。

联觉所涉及的当然不止一种结构，至少我们都知道联觉通常是一种多方面的体验。在字形—色彩联觉的例子里，乍一看似乎有两个区域互相联系就已经足够了。然而即使是这最简单的实例也具有欺骗性——其实在单单感受色彩之外，还有更多需要体验的。毕竟，联觉体验包括意识到感觉，某一程度的情感，以及从此以后的记忆。因此，这一体验必须建立在注意、情感以及记忆这些元件所组成的电路之上。

最低限度的必要回路在诸如［声音→色彩、位置、运动］之类的联觉形式中起作用更多。这一体验所需要的部件有：

（1）听觉皮质；（2）彩色区域 V4；（3）负责空间感知的顶叶神经元；（4）负责运动的 V5 区域；（5）负责注意力的丘脑和扣带皮质；（6）负责情感的边缘系统组件。在现实中，作为持续的意识之流一部分的联觉体验，有更多的结构参与其中。因为联觉来了又去，只持续一两秒钟，整个大脑中各个区域暂时组成临时的合作网络。这样的协作在有刺激的时候出现，然后随着感受消退而消失。由于技术上的限制，我们目前的技术做不到在单次扫描中发现这些临时的网络。注22

利用多样性来了解大脑

联觉者中存在如此巨大的差异这个事实(有人听到彩色，有人尝到形状，诸如此类)允许我们得以着手绘制出大脑交叉通话网络所涉及的不同区域。通过这样的方式，我们开始了解哪些部分最有可能互相联系，而哪些部分从不参与。这一绘图方法使得我们能够把这些差异放到聚光灯下检视，而不是把各种差异隐藏起来，像很年轻时就已发生过的那样。我们来看看字形—色彩联觉中的两种差异，来探索联觉网络所涉及的大脑区域。

对页面上字母的敏感性

在第 3 章(Chapter 3) 我们介绍了哈伯德及其同事们对一位联觉者的发现，当字母以低对比度显示时，联觉色彩就会黯淡。[注23] 对于这位联觉者，白色背景上的黑色字母能够触发联觉色彩感，黑色背景上的白色字母也能够——但是浅灰色背景上的灰色字母就不能引发色彩感觉(或者至少不能引起同样强度的感觉；见图 9.4)。

对于这种罕见的字形-色彩联觉者，一个字母的概念并不足以引发色彩感觉。相反地，他们对于页面上所呈现的细节则是敏感的。哈伯德和他的同事将这一类受试者成为"低层"联觉者(表示其低层次的联系)，将更常见的情况相反的叫作"高层"联觉者，他们的色彩联系能够依靠概念，而非视觉刺激〔见第 3 章(Chapter 3) 〕。

210

低层和高层联觉者之间的区别启示了一种非常直接的假说，即两者的神经系统存在差异。我们首先考虑低层联觉者：在大脑的梭状回（fusiform gyrus），一个叫作视觉词形区（visual word formarea，VWFA；见图 9.5）的区域对于视觉呈现的词语、字母以及数字做出反应。[注24、25] 这一区域不处理口头词语，对于具备相似的视觉复杂性的假字符也没有反应。[注26] 有趣的是，这一区域对于低对比度的字母响应小于高对比度的字母。[注27、28] 因而，哈伯德及其同事们提出的假设就是，在低层联觉者中 VWFA 与 V4 直接互相作用。高层联觉者则不同，另一个区域与 V4 互相作用。多伦多的菲尔·梅里克尔（Phil Merikle）和同事提出，这个区域是前下颞叶（anterior inferior temporal，AIT）皮质，因为它负责解码词语、字母以及数字的概念呈现，而非其视觉外形。[注29] AIT 与 V4 区域交叉作用这一假设，与这一事实是一致的：大多数联觉者的色彩感觉都受到语境和含义的影响。

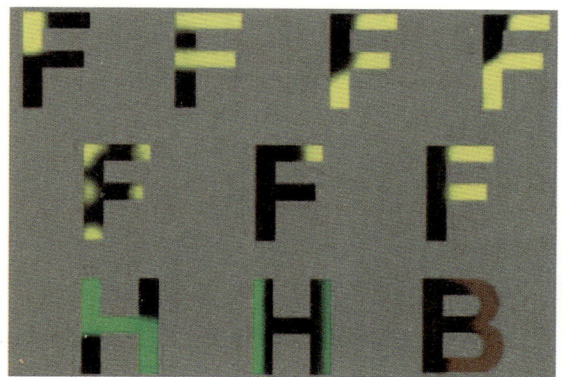

图 9.4　字形-色彩联觉者的色彩感觉在低对比度字符中消失的例子［引自哈伯德等人（2006 年）著作］字母 F 显示在 40％、30％、10％、10％（第二次）、5％、4％ 和 2％ 的对比度水平；字母 H 显示为 30％ 和 5％；字母 B 显示在 30％

211

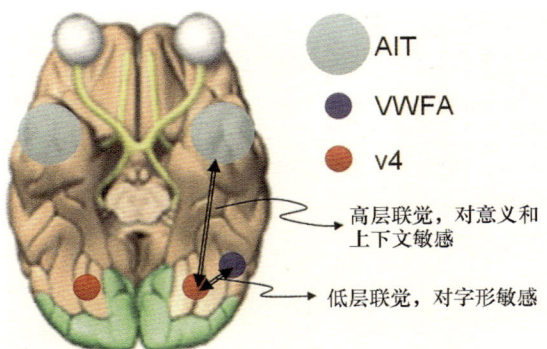

AIT

VWFA

v4

高层联觉，对意义和
上下文敏感

低层联觉，对字形敏感

图 9.5　从底部观察的大脑视图，为了视野清晰，
小脑已移除。绿色＝初级视觉皮质。箭头显示交
叉通话增加的区域。视觉词形区（VWFA）在大
多数人大脑中发现于左半球，因此在此仅在左侧
画出。AIT：前下颞叶皮质

换句话说，某些联觉由感知（页面上的字母，牵涉到 VW-FA）触发，另一些则由概念（想到字母就已足够，牵涉到 AIT 区域）触发。

这一假说做出了一些预测。它假设高层和低层联觉都对字母的大小写不敏感（即 j 和 J 都触发相同的色彩），因为 VWFA 和 AIT 区域的活动都对大小写不敏感。事实上，这一不敏感性在联觉者中普遍存在。然而从另一方面看，字体样式应该对低层联觉者有影响，因为 VWFA 可能对不规则字体反应较小。[注30] 两个研究小组曾经报告字体对于联觉色彩感觉有较小的影响，[注31、32]但还有待了解，他们的研究样本到底是低层还是高层联觉者。

上图中所描绘的假设，引发了一个重要的问题。既然 V4 和 VWFA 的位置如此接近，那么为什么不是低层联觉者比高层联觉者占更多比例呢？低层人数稀少的事实说明相邻并非理解交叉通话的关键。神经区域之间互相邻近，并不意味着它们之间更有可能联络较多。为什么相距遥远的区域（如 V4 和 AIT）更可能交叉通话较多，这个问题的答案仍然不明。

感觉的定位意味着什么？

　　我们现在把目光焦点转移到字形-色彩联觉者中的另一个差异上来。在第 3 章（Chapter 3）中，我们介绍了在某一个特定位置感受到色彩的联觉者（"定位型"）与色彩体验没有特定位置的联觉者（"非定位型"）之间的差异。这两种类型的色彩-字符联觉提供了一个很好的例子，说明不同的大脑区域是如何互相连接的。在定位型的大脑中，至少发生了三个方向的互联，即负责字符、颜色和空间的区域。这些区域相应地位于 VWFA 和/或 AIT、V4 区以及顶叶和海马区。非定位型则只有前两者发生了连接。

　　此外，［字形-色彩、位置］联觉并不是唯一与联觉位置感有关的现象。正如我们在第 5 章（Chapter 5）中所探讨过的，有一种常见的联觉形式就是数轴和其他序列的空间化。至于这一类型联觉的数字基础，我们把左角回看作一个重要的网络节点，因为角回在涉及数字和算术的任务中扮演着重要的角色。不过，我们现在先关注一下定位性的问题。

　　空间感觉在神经系统中的表现形式是一个由额叶、顶叶和海马区域组成的庞大网络。在顶叶内，顶内沟（intraparietal sulcus，IPS）在近来的神经成像中受到越来越多的关注（见图 9.6 中对绿色和黄色的条带）。IPS 细分成涉及空间表征的不同方面的几个区域。例如，外侧顶内沟（lateral intraparietal，

LIP）似乎是描述在一个以眼为中心的参考系中，某个物体的位置（见图 9.6 中的红线）。附近的腹侧顶内沟（ventral intraparietal，VIP）则表现目标在一个以头部为中心的参考系中的位置。VIP 神经元的接收区由触觉和视觉运动共同确定。LIP 区域负责较远的空间，而 VIP 区域则负责较近的空间。对于良好抓握至关重要的以手为中心的坐标系，在前顶内沟皮质中表现（见图 9.6 中的黄线）。最后，三维形状由尾顶内沟来计算。注33

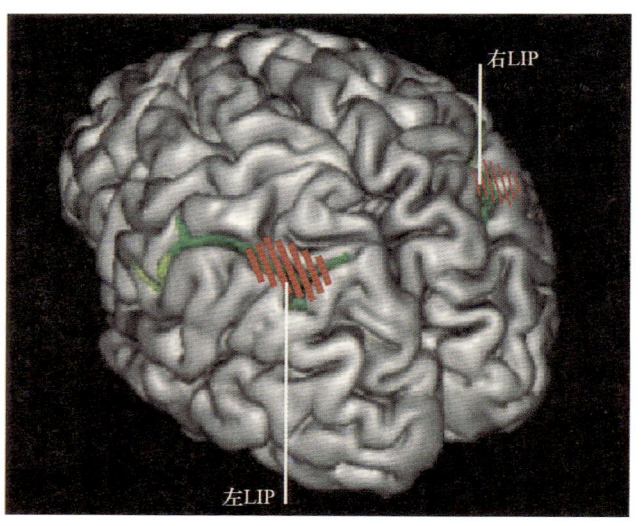

图 9.6　人类的外侧顶内沟（LIP）区域的近似位置由红色线条指出，后面的顶内沟（IPS）以绿色表示。前 IPS 以黄色表示［引自哈伯德等人（2005 年）著作］

　　列出这么一个大脑区域及其空间编码方式的清单，是为了说明空间编码并不是大脑中一件单一的事物。相反，空间感觉有许多的方面——相应地，也有许多种空间联觉。请注意在详细检验之下，字符-色彩定位型联觉者对于自己是如何定位这一点给出的答案并不是完全相同的。有些人说联觉色彩"在字

270

母上面，像一层透明的覆盖物"，其他人则说看到颜色在与字母不同的位置。未来的研究将从所涉及的神经网络方面来梳理出这些差异的原因。同样地在数字形体联觉中，也能找到关于定位的相去甚远的不同描述。有些联觉者声称能够"移动"他们所感受到的形体，其他人则说数字形体在一个以身体为中心的坐标系中是固定的。有些人能够把他们所感受到的形体拉近推远，有的却只能与之保持相对不变的距离。有些人的形体距离遥远，有些人的却很接近。我们期望未来的联觉研究能够根据所涉及的大脑区域的细节，改进我们对这些不同类型联觉的定义。正如我们所强调的，直到今天为止，大多数联觉研究忽略了个体差异，现在是时候解决这个问题了。

214

交叉激活的发展

我们已经看到神经影像学显示了联觉中所发生的交叉通话增加。接下来的问题就是交叉通话是如何发生的。基本上有两种理论：连接增加或抑制减少。我们还引进了第三个理论：某个关键期间内可塑性的减少。下面我们对其逐一论述。

过多的连接

胎儿每一秒产生 200 万个突触，使得新生儿的大脑区域之间存在过量的有效连接。联觉的过度连接假设认为这些多余连接没有得到足够的修剪。也就是说，联觉者的大脑就好像一个花园，其中的新芽没有得到妥善的修剪。[注34、35、36] 该假设认为成年人中仍然保存的这些过度连接导致了联觉。

这一理论还有一个变体，就是联觉者大脑中具有过度生长的神经元。就像一座花园中无处不在持续地长出新芽，尽管定期修剪，仍然杂草丛生。这两个假设（修剪不够和过度丛生）的共同点就是认为联觉者的大脑比普通人大脑仅仅是多了很多突触连接。［顺便提一下，麦克马斯特大学（McMaster University）新生儿学家达芙妮·莫勒 Daphne Maurer 提出，如果过多连接就是联觉的正确解释的话，那么有可能所有的新生儿都是联觉者，只是在 3 个月左右的时候失去了这一能力］注37

如果过度连接假说是正确的，我们就应该看到新生儿一出生就出现了联觉，但是这并没有发生。相反，联觉总是到了童年中期才出现。例如，基于字符的联觉在 3 岁之前不会出现，而情感影响的联觉则出现在 3～5 岁之间。注38

到目前为止，我们还没有遇到足够多的童年案例，足以确定各种联觉出现的最早年龄。在探讨了联觉与遗传的关系，以及先天与后天条件的相互影响之后，我们再对联觉出现的时间问题进一步讨论。

更少的抑制

虽然过度连线理论最获关注，但是也有另一种观点，由彼得·格罗森巴哈尔（Peter Grossenbacher）首次提出，注39 将大脑区域之间抑制失效看作联觉的起因。这个理论是指在普通的大脑中，兴奋被抑制所平衡，而在联觉大脑中，抑制作用减弱了。在这个机制中，所有人大脑中都存在同样多的跨感官连线，但是通常无法发挥较大作用，因为被抑制作用抵消掉了注40

（见图 9.7）。抑制可能来自附近的结构，也有可能来自较远的。真正起作用的是两者之间所存在的连接。

一项有利于去抑制假说的发现，就是联觉现象在某些情况下会在非联觉者身上发生——我们将之称为"后天的"联觉。例如，在冥想中、在高度集中的状态下，或是非联觉者入睡的过程中发生联觉体验并不罕见。有一位非联觉者帕特·C(Pat C) 声称，如果当她昏昏欲睡时有一扇门被重重关上，她的眼前就会出现一阵颜色的爆发。而平时她并没有声音-色彩联觉的体验。在她入睡时大脑中的某些现象使得现有的连接改变了它们的功能关系。另一个例子就是 LSD 之类的致幻剂能够在非联觉者身上诱导出联觉体验。[注41] 还有一个关于新近失明者和被蒙住眼睛的视力正常者学习盲文的例子，两者的视觉皮质都转而处理触觉和听觉信号。这些例子均表明每个人都有交叉连接，但是正常情况下，由于兴奋与抑制处于平衡，因此一个区域的活动并不会激发另一个区域的活动。

216

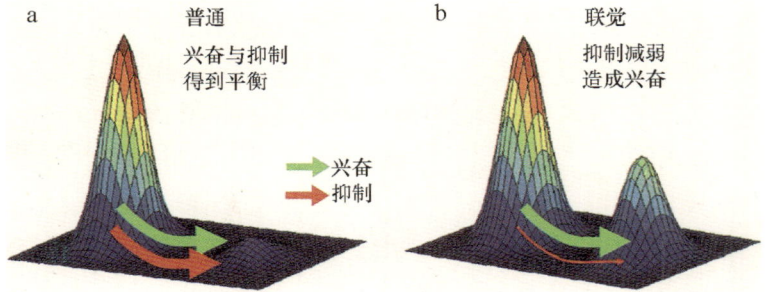

图 9.7 在这幅关于神经连接性的彩图中，绿色代表兴奋性连接，红色代表抑制性连接。（a）当抑制功能正常时，一个区域发生活动的隆起图形并不会向外传播，因为兴奋与抑制互相平衡。（b）当抑制作用减少时，一个区域发生活动就会引起另一区域的活动

彼得·格罗森巴哈尔和克里斯·洛夫莱斯(Chris Lovelace)

273

声称如果这个理论是正确的，那么"联觉就完全依靠普通人大脑中都存在的神经连接"[注42]。这些连接从解剖学上来说在每个人脑中都有，但不一定起作用。

更少可塑性

我们设想一下一个年幼的小孩看到了一个红色的字母J——或许是一个磁铁冰箱贴、小学墙上的一个标志，又或者是自己从一盒蜡笔中挑了一支画出来的。神经元调整其连接强度时所遵循的一条基本规则就是：那些在同一时间活跃的神经元（比如说那些负责字母J和红色的）会加强它们之间的连接。这条"战斗在一起，连接在一起"的规则用唐纳德·赫布博士（Dr. Donald Hebb）的名字命名为"赫布定律（Hebbian rule）"。对于大多数人来说，每次看见不同颜色的字母J，J和颜色之间的连接就会被修改。因此，当看到了绿色的J，J和绿色之间的联系得到加强，J和红色之间的连接则被削弱。在看到了足够多颜色的J之后，字母与颜色之间的配对就被平均掉了，留不下特定的关联。

在这样的背景下，联觉有一种可能的来源就是可塑性较低。[注43]"可塑性"是指能够修改已然设定的连接。换言之，一旦一种字母——颜色配对初次建立起来，它就持续下去。请注意这一理论的一个后果就是在任何一个儿童的大脑中，暴露于各种字母——颜色配对都应该能够引起联觉。在比较了各种不同的联觉理论——过多连接、过少抑制以及可塑性降低——之后，我们下一步来看看一些奇怪的在后天获得联觉能力的案例。

后天的联觉：相同或不同？

许多后天的联觉涉及声音-视觉的对应。诱导剂包括 LSD、感官剥夺所造成的幻觉、冥想状态、闭合性颅脑外伤，以及颞叶癫痫(TLE)。我们将更详细地探讨每一种。

迷幻剂诱导的联觉

LSD、龙舌兰酒和其他抗血清素类致幻剂有时会产生联觉，尤其是声音-视觉类型的联觉。几乎所有的彩色视觉联觉形式在注射 LSD 的志愿者身上都出现了。鉴于这种药物起效迅速，我们认为它必然是通过已有途径发生作用的。LSD 被认为有两个主要功能：在早期增加主要感官输入的强度，同时在大脑皮质则起抑制通道的作用。[注44]

一般情况下，血清素抑制对各种内部和外部刺激过度兴奋的神经元。由于血清素是主要的抑制性神经递质，而 LSD 阻断了其受体，所造成的去抑制效应使得神经系统中的目标更加容易被异常输入激活，也就形成了联觉。血清素受体高度集中在海马体、丘脑核、基底神经节和大脑皮质中。[注45] 在使用 LSD 的动物和人类身上深处植入的电极，发现了皮质中非同步的，以及海马体和杏仁核中同步的、阵发性的放电。这意味着这些人受到了激发，但是无法分辨其来自哪个感官通道。在人体中，这些皮质下的放电现象，与强烈感情期间以及毒品导致的兴奋中所发生的感觉失真，在表现上是一致的。[注46]

LSD 所导致的联觉与自然发生的联觉有多少相似性？摄入 LSD 的志愿者在细节的注重、感受的生动性、对记忆力的增强以及感觉充满情感，都与联觉相似。但是，有五位使用过 LSD 的联觉者表示，其体验与联觉不同。其中四位并没有体验到联觉，但有一位（MM）感觉自己的自然联觉被加强了。此外，迈克尔·华生在服用 LSD 之后有一种非常不舒服的"感觉超载"，但没有出现联觉。

有可能是因为这些受试者能够自然地体验到联觉，因此 LSD 并不能有所帮助。可以解决自然的联觉和药物诱发的联觉之间关系的研究，可能将是这样的：非联觉志愿者在服用 LSD 和不使用 LSD 这两种情况下分别将所听到的声音与颜色进行配对。受试者将接受第 3 章（Chapter 3）中所描述的同样的一致性试验，我们就能分析其结果，来确定究竟是不是他们所做的声音-颜色配对在用药的情况下是一致的，而在未用药的情况下则不一致。然后再过 6 个月，同样的受试者再次接受药物测试。如果他们的声音-颜色配对与第一次相同，那么这就将是一项有力的证据，证明每个人在潜意识层面都存在着这样的联系，而且能够被 LSD 导致的抑制作用揭示出来。而如果结果是相反的，那么就表示自然发生的联觉与药物导致的联觉从根本上就截然不同。

感官剥夺与释放性幻觉

一个感官被剥夺的大脑会开始为自己投射一个现实世界，会感觉到一些实际上不存在的东西。这种现象并不像一眼看上去那么罕见。一个常见的例子就是当你的听觉被淋浴的水声剥

218

夺的时候：在这种情况下，你有多少次产生电话铃响，或者有人在叫你的名字的幻觉？

类似的情况也发生在听觉、触觉或视觉损失时，甚至仅仅是无聊就可以产生幻觉。[注47] 随着输入或感官剥夺的损伤程度加剧，幻觉的严重程度也会加剧。一开始，视觉的幻觉是简单而一致的〔几何图案、马赛克、线条、排成行的点；请参见第8章（Chapter 8）中的克卢弗的形状常量〕，逐渐变得复杂和梦幻，并开始与奇异的人和物共同出现。

失明者"看见"、失聪者"听见"，或是在失去知觉的部位"感觉到"，都称为"释放性幻觉"，因为这就好像是某一感官的皮质被从其平时所负责的正常传输工作中释放出来，回到其原始的感觉工作上去一样。[注48] 例如，某人由于大脑损伤造成左半边视场出现了三种释放性幻觉：普通联觉，看到相互垂直的红-绿色直线、红-蓝色点，以及黑-白色的脉动；视物畸变症，看到人脸的右半部分都有些融化并染上黄色或紫色；重影，视觉图像发生重叠、重复，或者带有尾迹。[注49]

正如前文提到的，阿梅尔和拉玛钱德朗曾报告一位视网膜色素变性患者从童年开始逐渐失去视力，直到40岁完全失明。[注50] 数年之后他开始体验到触觉-视觉联觉。而要获得联觉，所需的按压力或触碰要大于仅仅获得触觉所需要的。同样地，逐渐损失听力的人也会体验到音乐和人声的幻觉。[注51]

视神经或视神经束病变的患者会在失明的视场中看到声音引起的幻视，这经常吓到他们。[注52] 声音来源常常是日常生活，包括散热片的咣当声、墙体在夜间冷却收缩的噼啪声、火炉点着火的嗖嗖声、狗叫以及关门声（见表9.1）。幻视从简单的白色闪光到类似火焰、变形虫、摆动的花瓣、一束喷射的亮点，或万花筒图案的彩色形状。所有的幻视都只持续"一刹那"，有些患者看到多个图像，其他的患者则只看到一个。

表 9.1　　　　　　　　声音引发幻视的特征

序号	幻视形状	颜色	位置	声音
1	火焰、闪光灯	橙红色、白色	（视网膜）盲点内	不确定（尖锐的）
2	喷射状、蝌蚪、万花筒	白色、粉色、红色、黑色、绿色	盲点内外	掌声、CT 扫描声
3	闪光	白—黄色	盲点内	墙体噼啪声、数字钟声、电视噼啪声
4	灯泡	白—蓝色	盲点内	不确定（柔和的）
5	闪光	白色	盲点内外	引擎声、响的声音
6	闪光灯	白色	盲点内	电热毯、数字钟声
7	花瓣、变形虫、金鱼	粉色、白色、黄色	盲点内外	炉子声、狗叫、人声、马蹄声
8	花瓣	绿色	盲点内	书或拳头砸在桌上，大声地
9	闪光灯	粉色	盲点内外	炉子声、关门声、电视声、电台声

［经授权引自雅各布斯（Jacobs）等（1981 年）著作］

注：盲点是视场中的一个无视觉的点

特别有意思的是，幻视只在一个眼睛里出现，也就是与听到诱发的声音的那只耳朵同侧。这与我们通常所理解的视觉与听觉的解剖并不一致。我们无法分辨是哪只眼睛看到的物体，除非先遮住一只眼睛，然后再遮住另一只，这样才能确定实际上是哪一只眼看到了某个物体（即当鼻子挡住了部分视线，或是当物体位于侧面远端非重合视场中的时候）。同样地，物体的声源定位有赖于声音到达两只耳朵时出现的差异。然而，在一个由雅各布斯及其同事们描述的案例中：

> ……电热毯恒温器的咔嗒声能够在 6 号患者的右眼诱发闪光灯式的幻视，但仅有位于她右侧的恒温器的咔嗒声才能诱发；患者丈夫的恒温器所发出的同样声响从来不会引发这一现象。当护士朝着 7 号患者的右耳说话时，他的右眼能够感受到一个花瓣形的幻视。但是当护士朝他的左耳说话时，却从来没有幻视出现。[注53]

这种自发的视觉体验颇为常见，在 60% 的视觉传输路径受损的患者中都存在。[注54] 医生通常需要专门询问这样的感受，因为患者对这种"疯狂"的症状难以启齿。

连接眼睛与视觉系统的神经受到损伤的患者，其下游结构通常最后会变得非常敏感，包括综合数种感觉的部位（"多感官"区域）。而这些区域的敏感，或者甚至是这些部位的直接损伤，将会导致类似于联觉的现象。在一个案例中，一个脑干的肿瘤侵入了左内侧颞叶，使患者获得了［声音-色彩、形状、位置、运动］联觉，而一旦肿瘤摘除，联觉就消失了。[注55] 这种联觉依赖刺激，而且可被操纵：加快咔嗒声的速度，保持音量不变，就能改变患者幻视的密度和运动幻觉。

冥想状态

正式的冥想状态，如发生在禅修或是瑜伽时的，就是减少输入的状态，因此从性质上类似于感官剥夺。为了解答联觉是否能够培养而获得这个问题，加州大学的精神病学家罗杰·沃尔什（Roger Walsh）询问了 3 个佛教冥想者团体，他们修炼的时间各不相同。三个团体分别为：藏传佛教隐修者，内观冥想团体中的医生，以及 3 个佛学院（上座部、藏传，以及禅宗）中的资深教师。

沃尔什称，在各个团体中，分别有 35％、63％和 86％的冥想者体验到联觉。冥想训练的时间长短与联觉体验的增加密切相关。例如，隐修者整体的经验是最少的；但在他们中，有联觉体验者的训练时间大致达到无联觉者的两倍，而训练时间上的差异才有显著的影响，而非隐居的时间。与平时的联觉发生率基准线 4％相比，冥想中发生联觉的比例是 10 倍以上。所以，如果你想要体验联觉，用不着服 LSD，学习冥想吧。顺便说一下，在最有经验的教师团体中，有 57％的联觉体验是多感官的。

沃尔什指出，冥想已被实验证明能够增强感觉的敏感程度。[注56] 在《尝得出形状的人》一书中，理查德认为"联觉实际上是我们每个人大脑的一项正常功能，但是只有在少数人那里，这项功能达到了意识水平之上"[注57]。沃尔什争辩说，基于他的观察经验，冥想这一类意识增强技术就有可能将原先始终存在的联觉感觉揭示出来。

沃尔什最有趣的观察就是，最有经验的冥想者声称具备基于概念的或是范畴的感官融合。也就是说，情感、思想以及图像之类的认知，可以像声音、味道或是触觉的感觉形式来体验。例如，情感最常见地被体验为一种联觉触觉，较少地被体验为味道或声音。一位修行者"尝到思想"，另一位则体验为颤抖的"振动"，第三位则说"一位朋友的思想带有鸡蛋花的香气"。不过这些报告是否可以认定为属于本书所讨论的联觉，仍是个悬而未决的问题。

颞叶癫痫 （TLE）

源自颞叶的癫痫通常叫作颞源性或精神运动型癫痫。（首先对术语做个澄清："痉挛"是一种强力的肌肉收缩，而"癫痫"则指大脑突发的放电。并不是所有的癫痫发作都导致肌肉痉挛）

与全身性癫痫大发作这种波及整个大脑的电流风暴（以及因此导致的全身性的肌肉痉挛）不同，TLE 中所发生的癫痫放电区域有限。由于所有与知觉与感受的相关区域都投射到颞叶，因此这些与情感紧密联系的影响就有可能是这种癫痫的唯一表现。在很多情况下，患者根本没有任何痉挛或异常的运动方面的症状；癫痫发作可能仅仅表现为感知、思想或感情的改变。因此 TLE 的另一个名称就是"精神癫痫"。

有一位患者被描述为具有一种视觉、听觉和痛觉三向的癫痫联觉。当他双耳都听见单词"五"（five）时，能看见一个灰色的背景上投影了一个数字 5，同时感到脸上一阵刺痛。[58] 他的脑电图显示左颞区棘波。一位经历相似者体验到"视觉的疼痛和视觉的声音"[59]。即使并没有癫痫，联觉者的表现也与闭合性颅脑损伤接近。理查德报道，有 1.4% 的脑震荡患者会经历联觉的疼痛，疼痛能够持续几个月之久，一遇到明亮的光或强烈的噪声，就会在头部、颈部和手臂发生。[60]

颞叶癫痫患者中，有 4% 左右会出现口味和气味的感觉。味道通常都不会得到详细描述，而只是一般性的说法，如"苦味""令人不快"或只是"有一种味道"，除非癫痫发作超出颞叶的范围。在这种情况下，味道变得更具体（"铁锈味""牡蛎味" 223

"洋蓟味"），类似于字符—味觉联觉的形式。源自颞叶的癫痫总与许多主观症状混杂在一起，这一发现使得前颞叶皮质和下层边缘系统结构牵涉进了这些联觉体验之中。

以下的癫痫联觉症状来自一系列病例，显示了癫痫发作是如何激活不同功能的：[注61]

> 病例 21　胆汁的苦味，左手腕感到刺痛，左侧嘴角抽搐，身体左半边剧烈收缩。
> 病例 24　胃部疼痛，颤抖，尝到苦味，恶心。
> 病例 25　咽喉有一块肿块的感觉，口腔运动的感觉，右上方有幻视，尝到苦味。
> 病例 28　一股强烈的热流从胃里上升到嘴里，伴随着令人厌恶的味道。
> 病例 30　苦味，大量分泌唾液，吞咽，吐痰（有时会呕吐），暴怒并喊叫。

还有一个与上述病例无关的例子：一位 23 岁的男士嘴里有一种"粗糙、苦涩的感觉"，伴随着一种"古怪的感觉沿着右臂到达手中，又沿着脊柱从肩膀的高度到达头部，最终以一种寒冷的感觉散布到头骨的后部"。在癫痫发作期间他常常颤抖，并且一再看到自己童年时的一个场景。他被发现长有一个大型垂体肿瘤，破坏了颞叶后部的 3/4。

联觉者理查德·N（Richard N）最多一天会癫痫发作 20 次，如此频繁发作也并不罕见。他说"所有的事物都有自己的颜色、质地，有时还有气味"，他描述了普通联觉与更加详细的癫痫幻觉是如何结合起来的：

> 整个过程中最重要的是色彩和音乐。但我在听到音乐的同时也看到人，听到说话声，看到一些地方。除了我的

大脑展示的灯光与声响的美丽演出，身体的感觉也令人着迷。这是我唯一能用来描述它的词汇。

一切都结束后，我开始汗如雨下，我的心脏急速跳动，就好像刚刚完成了激烈运动一样……我总是迫不及待想要再来一次。

至于癫痫联觉与自然发生的联觉之间是否显示相同的一致性，并且是由相同的神经机制所引起，仍然有待研究确定。

化学品与联觉

如果联觉是由抑制造成的，那么我们就期望有某种能够影响大脑的特殊化学物质，可以用来以某些特定方式调节联觉。实际上我们已经在这么做了，我们在第6章谈到迈克尔·华生，他使用了酒精、右旋安非他命和亚硝酸异戊酯（请参阅表6.3）。声称自己受到影响的人，经常发现自己的联觉被酒精、疲劳、高涨的情绪以及大麻增强，以及被咖啡因、香烟或抗抑郁药减弱。尽管这一对应关系在所有的联觉者中并不一致，但在总体上是与减少抑制会导致联觉体验增加的假设吻合的。

联觉的遗传学

在一本写于1883年的书中，弗朗西斯·高尔顿爵士指出联觉是家族性的，[注62]并表示相关条件可能是遗传的。一个世纪以后的1989年，在《联觉：感觉的联合》的第一版中，理查德·西托维奇检验了8个家庭的遗传模式，并提出联觉是作为一个显性特征遗传的。支持显性的最主要特征就是这一性状不但在代际之间出现，同样也在同代的不同家庭成员身上显现。

2005 年，沃德和西姆纳研究了 72 个家庭（其大小不一）的遗传模式，并推测这一性状可能是在 X 染色体上遗传的。[注63] 这是因为这一性状看起来是以 X 染色体特征的模式遗传的：它从母亲（XX）遗传到儿子（XY）或女儿（XX），或是从父亲遗传到女儿——但是不从父亲遗传到儿子。

然而随着时间的推移，又发现了父亲向儿子的遗传，这就向 X 染色体理论提出了质疑，因为有一个真实案例能够反驳它。但是，这样的结果本身并不足以推翻 X 染色体遗传理论，原因有两个：第一，有可能这一性状实际上是母亲遗传来的，而母亲是这个基因的隐性携带者，在自己身上没有表现出来；第二，罕见的自发突变产生了联觉基因。（顺便说一下，这两种解释也适用于一个父母都没有联觉能力的联觉者的实例。在这里，这一性状既有可能是隐性遗传而来，也有可能是自发突变形成的新变种）

对 X 染色体遗传假说更具毁灭力量的是初步遗传数据。正在本书撰写的时候，戴维·伊戈曼的实验室已经从来自数个不同联觉者家族的超过 100 位成员中收集了 DNA。家系连锁分析，一种在基因组某一区域中标识出携带有重要变化的遗传分析结果表明，16 号染色体上一个对于联觉至关重要的区域，并不在 X 染色体上。[注64]

无论哪个（或哪几个）染色体携带着联觉的基因，其传递中出现了一种叫作"不完全外显"的现象。"外显"就是一种基因在生物体内产生影响的相对能力。在联觉中，这一影响可以用一对同卵双胞胎来解释：其中一位是联觉者，而另一位不是。[注65] 既然我们已经掌握证据，表明这一性状是通过基因遗传的，这一发现再次强调了并不是每个基因携带者都会表达。这种现象在多种遗传条件下都会发生。例如，如果你来自一个左撇子家庭，你是左

225

226

撇子的可能性要大于不是的可能性，但这并不是绝对的。同样地，如果你有左撇子的同卵双胞胎孩子，这也不意味着你必然是左撇子。[注66] 携带某个基因，并不意味着一定能表达出来，或是可以影响某个相关的生理特性。这就是所谓"不完全外显"的含义。

多亏朱莉娅·西姆纳及其同事们的随机人口调查[注67]，我们现在知道了男性和女性联觉者的数量实际上大致相同。因此，过去关于联觉基因是否会致死男性胚胎的辩论[注68] 已经过时了。

谁还有可能藏匿了基因？

到目前为止，我们看到了如果联觉基因的本地表达导致了，比如说听觉和色彩区域之间加强的联络，那么一个人就会具有声音-色彩联觉。然而，我们从前文中了解到，联觉基因可以在 3 个、4 个或 5 个位置上同时表达。如果这个基因只在非感觉区域表达，或许只能增强额叶中各个区域之间的联系，这样这个人就不符合我们当前的联觉定义，也通不过感觉测试。在这样的人体内，诸如听觉和视觉这样的不同感觉性状并不会交叉激活。相反，涉及推理、规划、决策等的领域将被交叉激活。这样表型的人将是什么样子的？一位天才、一位艺术家，还是个疯子？我们还不知道，不过我们在第 8 章（Chapter 8），在拉玛钱德朗和哈伯德的研究结果之后提出，关于隐喻的神经学基础和高度创造力的人看到似乎无关的事物之间联系的能力的神经学基础，基因是个富有吸引力的备选答案。

因此，当我们想到关于外显率（即那些带有联觉基因的人有多大比例表现出了这一性状），就会发现至少有两种方式可以隐性地携带这种基因。一个人可以不表达这个基因（或许通

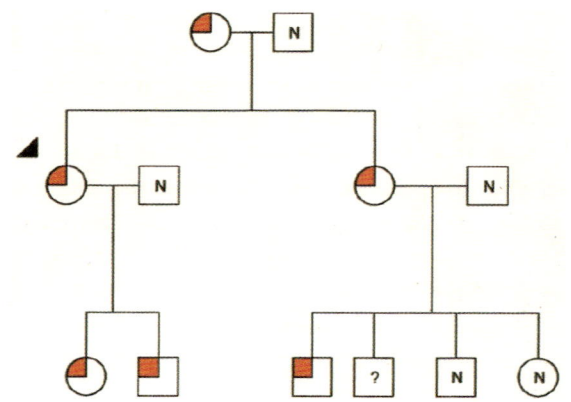

图 9.8　一株具有代表性的家庭树，显示了联觉的代际遗传，以及遗传到同代人中的多人身上。1/4的红色块表示联觉者，N 代表"未受影响"，问号表示未接受测试。数据来自戴维·伊戈曼的实验室

过使两条染色体中相关的那条失活），也可以仅在大脑中某个区域表达，使得只能寻找感官表现的联觉研究者无法探测到。如果我们能够成功地找到与联觉相关的基因，接下来的任务将是找出普通人群中谁还携带这个基因，并确定他们可能拥有什么意想不到的认知或感情特点。

　　在本书中，我们使用"联觉基因"这一术语。但是我们只是为了简洁才这么说。这样的简略做法并不排除联觉由多个基因引起的可能性，以及在不同的家族中，是不同的基因在起作用的可能性。这些遗传学细节正是戴维的实验室当前研究的课题。

227

为什么会有这么多形式的联觉？

然而，许多基因被发现与联觉对应，一种可能性是其所表达的部位引起了许多种不同的联觉。(这或许也可以解释为什么某一个家族里面会出现几种不同的联觉形式)

例如，弗拉基米尔·纳博科夫对说话声能够体验到颜色，而他的母亲对音乐能够体验到颜色。在一个色彩更加丰富的例子是，艾米·P(Amy P)的每一位具有联觉的亲戚，其联觉都是一个不同的类型：

> 我爸爸对于数字和年份能够感觉到形状，对于字母和星期能够感受到颜色。一个姐妹只有几种形状的感觉（星期和年份）以及……字母的色彩。我不感觉到色彩，但是感觉到的形状比他们都多（数字、日期、星期、年份、年龄、世纪、字母表），我的数字还有个性和性别。还有一位姐妹（曾经）对字母感受到色彩，对数字感受到性格……以及彩色的嗅觉。

当大脑中受影响的只有颜色和文字区域时，联觉者就感受到字形-色彩联觉。当负责空间的区域也被牵涉进来时，联觉形式就变成［字形-色彩、位置］。随着功能性的连接越来越多，可能的联觉形式也越来越丰富——例如，［字形-色彩、位置、性格、性别］，等等。鉴于大脑专业化和大量网络互连可能性的组合，显然联觉的表达会有非常丰富的多样性。美国联觉协会 2004 年度会议报告了 152 种联觉形式的记录。如果一个人有心继续编目其品种，这个数字肯定会进一步上升。这完全取决于这个基因在大脑中哪些地方以及在多么广泛的区域发挥作用。

先天与后天

联觉既由先天产生，也由后天培育，这一点我们在第 2 章（Chapter 2）讨论婴儿天然获得的能力的发展时已经指出过。但是环境不能影响所有的遗传性状。例如，无论你的父母如何对待你，或者他们将你置于什么样的文化之中，你的眼睛和头发的颜色总是固定的。然而确实有许多遗传的生理性状与环境交互作用。比如说身高与体重。虽然你来到这个世界时就已带有一个给定的身高和体重的遗传倾向，但是环境是你最终长到多高、身材如何的主要决定者。同样的交互作用可能也适用于联觉。

如表 2.2 所示，婴儿的学习是一个循序渐进的过程，学会音素、单词片段、他们吃的东西的名字、原色与合成色、如何报时、如何区分星期几，等等。婴儿的大脑体验着世界，随之不停地变化，并认识自己，这就叫作学习。学习表现为一种生理上的改变。源自基因编码和来自独有体验的两种大脑整理过程都稳健地进行着，直到大约 11 岁，到了青春期又有一次冲刺，然后到了 20 岁至 25 岁左右逐渐消失。自此以后，大脑主要只是在执行和综合区域做些绝缘和突触细枝的修补工作。（大脑的可塑性在整个成年时期仍然存在，只是速度慢得多）注69

婴儿学习技能的固定顺序自然而然地带来了一个研究的问题，也就是，是不是存在一个时间窗口，让联觉有关的基因在其中发挥作用呢？我们可以通过查看是否在具有多重联觉的人士身上，某些种类成群出现的机会高于偶然，来回答这个疑问。也就是说，某位对于字符能够尝到味道的联觉者是否也能对颜色尝到味道，或者某位对字符赋予性格的联觉者是否也趋向于具有情感传导的联觉？如果这样的成群情况出现，那么就表示在联觉者身上存在一个关键时间，在其中基因以减少所影响的大脑区域中的反馈抑制的形式表达出来。目前我们认为，联觉看上去并不在一出生时就打开，但很明显，这主要是因为儿童需要习得各种技术，如了解颜色、字母、数字的名字，以及学习琴键、星期几这些时间单位的称谓等。任何一种联觉理论都需要考虑这样的学习过程。

联觉在生物学上是基于基因和大脑，但几乎总是需要在幼年时期暴露于文化学习的构件，如字母、颜色、食品类别和时间单位之中，这实在令人着迷。即使是在彩色听觉的实例中，包括那些表面看来并不需要什么学习的实例中，如〔环境声音-色彩、形状等〕，这仍然可以被认为是正确的。我们之所以这么说，是因为，例如，总有那么一个幼年的时刻，一个人还从来没有注意过下雨的声音，而需要学习到下雨的声音是什么样的以后才了解。也就是说，他或她给雨声打上了标签，有了标签才有了含义。在心理学中我们知道标签不需要言语（例如，不能说话的人和还没有学会说话的幼儿都显示出能够理解多种声音的意义）。尽管在联觉者这里，这个问题可以认为还没有答案，或许当他们在认知上为某个事物打上标签时，这个过程或是阻止了新生的抑制，或是防止其产生效果，因而也就产生了联觉。

我们提到过极少数联觉者存在印记现象。也就是幼年时期接触的颜色和图案会直接塑造联觉体验，随后会被锁定下来，随着时间流逝仍然稳固。在一个显著的案例中，研究对象的母亲保存了他的字母形状的冰箱贴，其颜色与研究对象的字符色彩直接对应。[注70] 在其他案例中，一位儿童钢琴上的彩色标签决

229

定了她对于数字和音高的联觉色彩，而在约瑟夫·朗的案例中〔我们曾在第 4 章（Chapter 4）中讨论〕，无论钢琴的"中央 C"实际音高是多少，它总是被标记为蓝色，这主要取决于一台钢琴调弦是否准确。

最令大脑研究人员发狂的是，没有哪个单一理论是最有道理的、能够脱颖而出的。当然也没有某一理论能够解释每一种联觉。然而，许多接触了联觉的人会这么想："了解联觉有这么难吗？不就是交叉通话吗？"正如我们所看到的那样，答案要微妙得多。

在科学研究中往往是这样，对一个现象的研究会带来更多问题——而且是更加基本的问题——比研究所能解答的还要多。这自然也是我们在自己研究联觉的职业生涯所遭遇到的。在过去的 10 年中，一组科学家解释了大量的联觉中的迷人行为，同时也揭露出了关于人类的大脑是如何组织的一些非常基本的问题。

未决的问题

我们从一个大脑结构的正统观点开始，在这个理论中，联觉者大脑比普通人的大脑拥有更多的交叉激活。现在正在进行的研究，以及正统理论都未能充分解释联觉，显然这幅图景需要改进。首要的问题就是我们怀疑大脑真的是由模块组成的。因为这种流行的见解认为大脑里互相独立的通道中，各自独立的功能互不干扰，而联觉现象迫使这一范式做出改变。

在神经科学的正统观点中，大脑被基因决定为由一些模块构成，集中了在探测世界的信息过程中所演化出的技术。1908

年，德国解剖学家科尔比尼安·布罗德曼（Korbinian Brodmann）首次尝试根据某一区域中细胞的组织方式上的细微区别，来把大脑皮质分成一个个模块。这种方法的技术术语是"细胞构筑"。早期的脑功能研究受到这种工业化的隐喻启发，即大脑像流水线一样接受输入，进行处理，然后吐出结果，交给流水线的下一站。[注71]

　　20 世纪中叶，神经生理学已采纳了这一观点，根据布罗德曼的分布图，将大脑勾画为重要的处理脸部、颜色、运动、运动规划、执行动作、意图等有关的不同领域。到了 20 世纪 90 年代，在功能磁共振成像研究中，执行特殊任务的人确实在特定大脑区域中显示出了活跃迹象。通常情况下，对同一地区的脑损伤会导致执行这些任务的缺陷。然而在这里我们要强调，影像学检查有时具有误导性，因为它突出了最活跃的区域，但是不能捕获执行某一功能的整个网络中所有参与的实体。换言之，扫描充其量也只能向我们展示部分功能的景观，并没有描述出参与了活动但低于阈值的构造。

　　还有一种传输信息到整个大脑的方式，与传输到整个身体一样，这叫作"容积传递"（volume transmission）。它依靠荷尔蒙、肽以及气体等小分子来传递信息，在各种不同距离和速度上传输。如果把传统的神经元与突触连线的方式看作轨道上的火车的话，那么容积传递就是离开了轨道的火车。正统的观点极少考虑到容积传递。

　　然而在许多神经科学家看来，模块化大脑的想法看上去是自然而然的——也就是说，模块由基因确定，与其他模块分离（用科学术语表达就是封装），并且是经过演化选择的。然而，模块化的理论因为几个理由而露出马脚。首先，很明显，大脑中所谓的不同模块之间互相发送和接受大量信息——而根据封

231

装的模块的定义，这是不允许的。例如，听觉皮质接受视觉信息，以及负责运动的皮质区也对色彩有反应。甚至初级视觉皮质也深受生物体的目的影响。[注72] 也就是说，在某个特定时间点上，所谓模块的行为随着环境和任务性质的不同而改变。例如，许多顶叶皮质的神经元似乎专门处理视觉对象，如果任务需要的话——可是一旦任务需要听觉专长，同样的这批神经元又会像听觉神经元一样工作。

这并不意味着初级视觉皮质的神经元不是视觉神经元，它们只是并不纯粹负责视觉。这些区域不但不孤立，而且也不专注于一个固定的功能。相反，它们随着分配到的任务而适应。[注73] 所谓的运动区域（叫作 MT，即中颞叶 middle temporal）看似专门负责运动探测，但是当解决问题需要识别色彩时，其中的细胞也能对色彩输入做出响应。甚至在初级视觉皮质，有细胞会被眼球运动的准备激活，而长期以来一直被认为是一种纯粹的视觉结构的外侧膝状体中的细胞，却会被注意力、身体感受和任务特异性所调节。我们目前还不知道皮质神经元是如何适应行为需求，并做出改变的。

我们想要强调，既然一个大脑区域在刺激下活跃起来这一点，从演化角度来看并不是其成为一个模块的理论基础，那么在功能磁共振成像下显示活跃，显然不是其成为一个模块的证据。例如，如果功能磁共振成像研究显示，某些大脑区域在展示可发音的无意义词汇甚至是无头的尸体时被激活，那么很难用演化的理由来证明这些区域存在的意义，因此这促使我们放弃下列观念，即每个在功能磁共振成像下显示活跃的点，都是一个遗传分化出的功能模块。

我们认为正确看待大脑的方式，是将其看作一个与丰富的外界交互相配合的发展过程，这些交互作用导致了神经系统的专业化。劳动分工是由皮质分布的局部争夺之中发展而来，而非基因指定的各个专门模块。我们将在下一章探讨这些观点如何改变我们对于联觉的概念。

结 论

联觉并未局限于大脑中的某一个地方。相反，我们需要考虑连接数个大脑结构的神经网络，每个结构都为联觉体验做出贡献。因此，不同于经典神经学中局域性的观念，我们认为，联觉在某一特定时间内是其分布网络中的主导进程。普通的人脑是高度分工的，各个专业区域之间持续存在的交叉通话允许它们相互协作。联觉与非联觉大脑之间的差异并不是有无交叉通话，而是其程度不同。

联觉的大脑为什么有更多交叉通话？联觉到底是源自增加的连接（例如缺乏修剪），还是仅仅因为抑制的平衡不足所导致的人人都有的通道中更多的交叉通话，仍然有待确定。目前尚不清楚，为什么联觉在儿童中更为常见，有时却随着大脑成熟而逐渐消失。最糟糕的是，学习的作用还没有被纳入任何理论。

取决于遗传学和终身学习的情况，大脑区域的互相关联存在大量的可能组合。而根据互连的细节，一个人可以显示出不同形式的联觉。有时这些差异是细微的，如字形-色彩与［字形-色彩、位置］。在这种情况下，必须用仔细的询问来梳理出差异。有些情况下，差异是显而易见的，如气味-色彩与数字-性格。直到现在为止，大多数的联觉研究忽略了个体差异，但我们建议利用差异的细节来确切地辨别哪些联觉可能涉及哪些大脑区域。虽然联觉表达的形式就像个人的性格一样多种多样，但仍然有可能，在联觉形式丰富多样的表面之下，只有一种基因在起作用。这是因为联觉尽管以不同的面目出现，但在沿着家族的谱系传递时仍然遵循特定的模式。就在笔者撰写本书之时，联觉基因的搜寻正在如火如荼地进行。

Chapter 10

摆在面前的问题

在过去 10 年里，联觉已经从令人起疑的奇闻异事转变为神经科学、心理学和遗传学认真研究的课题。这一改变来自两种因素的共同作用。首先，新技术的引入，第一次使联觉现象能够得到严格的验证。这其中包括功能磁共振成像 fMRI、计算机行为测试(测量一致性、反应时间，记忆力)，以及人类遗传学的革命。研究的步伐也被互联网促进，因为信息的传播得到了加速，还出现了新的工具，如肖恩·戴的邮件名单，以及 www. synesthete. org 上的在线测试功能。[注1] 就在本书撰写期间，synesthete. org 已经开始了数种语言的翻译工作，将研究的范围扩展到其他语言乃至其他种类的字符。

新兴技术与第二个因素联手造就了联觉进入科学研究的关注中心：对于私人的主观体验，即意识的兴趣再次兴起。直到不久前，意识仍是神经技术的禁区。数十年来，这一领域始终被行为主义学派的思想统治，其领袖是美国心理学家 B. F. 斯金纳(B. F. Skinner)。行为主义断言，在一个刺激—反应机制中，意识只是一种次要的幻觉。科学家们不得不搬出弗朗西斯·克里克(Francis Crick) 和克里斯托弗·科赫(Christof Koch) 等人，来证明意识是个真正的科学问题。[注2] 毕竟意识这东西看起来好像是种能够感觉到痛苦的东西，也好像是种能够看到靛青色的东西，又好像是种能够品尝出菲达(feta) 奶酪的东西。

这些意识感受是被神经活动以某种方式支撑着的——到了 20 世纪 90 年代，探询这种支撑关系的方式、位置和原因的工作开始得到承认。这一思潮促使科学家们开始考虑意识体验的哪个方面是能够描述、讨论以及测量的。起初好像假设个人的主观体验都是相近似的，可以简化问题——但是大家很快就发觉联觉现象提供了一个无法忽略的反例。这样，对于个人体验的兴趣突然使得联觉成了一个严肃的问题：人类真的有另一种体验吗？这种体验如何测量？这体现了大脑的哪一种功能？在行为主义的机械观点统治的年代，对内心体验的认可导致联觉被推到聚光灯下。

在 21 世纪的开端，对意识的兴趣再度复兴，与新的技术一起共同使联觉成为一个独立的学科。本书的宗旨，正是将本学科所有的令人兴奋的进展综合在一处。在本书的最后一章里，我们将目光聚焦于这个学科将要前行的方向。

联觉的未来

科学界最近才开始利用现有技术来研究联觉。在上一章中，我们已经看到了 fMRI 是如何揭示出在一位字形-色彩联觉者看到一个字母时，大脑负责颜色的区域活动增强了。这一技术的未来发展空间巨大。例如，可以用 fMRI 来检查一位字形-人格联觉者大脑中与情感表现和认识人有关的区域（这里叫作压后皮质 retrosplenial cortex）是否特别活跃。这些测试可以在生理上证实，一些人对字母和数字的大脑反应与其他人不同。其他技术也很有用。例如，脑电图（EEG）记录（使用头皮上的电极）或者皮肤电阻测量（这是测谎仪中使用的技术）可以用来测量字形-人格联觉者在看到一个数字时的情感表现。测量结果可以与同一受试者观看情感联系较弱的数字或者没有什么情感内涵的标点符号时的反应进行比较。

未来，专业研究人员将开展前瞻性的（潜在）研究，跟踪一大批婴儿在成长过程中的数据。这样一来，我们就可以最终证实我们的猜测，即联觉源自在一个特定的时间窗口内，基因表达与环境互动恰好造成神经互相交叉通话，又粘连在一起，不再分开。

按照这个方法，我们希望对于遗传学的了解在不远的将来能够得到指数级的增长。如果发生交叉通话的大脑区域正好是负责感觉的，那么联觉现象就会由于异常的感觉表现暴露出来。但是，一旦我们识别出一个（联觉的）基因或者脑部区域，接下来一个重要的问题就是，是否人群中其他的人也会发生同样的突变，却在大脑的另一部分表现出来。而如果发生交叉通话的大脑区域不是负责感觉的——比如说，发生在额叶区有关认知或者道德思考的区域，会有什么后果呢？如果有关记忆与计划的区域之间的互动特别强烈，会怎么样呢？这是不是更多的创造性、更高的智力或者更疯狂的原因呢？我们未来对于联觉机制的了解，或许有助于更深入地理解心智、认知以及感情潜力与障碍。

在我们推进新技术的同时，找对未解之谜，并通过实验直接将其解决，将是至关重要的。接下来我们就将谈及其中的几个问题。

我们想要多好的一致性？

对于本书中讨论的所有联觉形式，一致性测试都是黄金标准。[注3] 其核心思想就是一名可验证的联觉者，对于相同的触发刺激源，必然能够给出相同的联觉反应，无论各次测试之间相隔数月还是数年之久。非联觉者就无法做到始终一致，很容易被辨别出来。

尽管一致性测试能够成功地区别对照组与联觉者，但是仍然存在未有定论的问题（或许是因为讨论得太少）：到底多好的一致性才算好呢？稍许偏差是正常的吗？戴维就曾在艾丽卡·F（Erica F）的多次测试中惊奇地发现，她在一次测试中三次将字母 G 标成绿色，在重测中却三次标成褐色。两次测试间隔只有 6

237 在左侧

星期三是靛蓝色的蓝·第六日译丛

298

个月多一点，而当艾丽卡·F看到她前一次的色彩选择时，她显得惊讶，并表示："我发誓我的字母G一直都是褐色的。"我们希望在仔细地量化考察其他的色彩选择随时间而漂移的案例之后，科学家能够明确地定义长时间间隔前后的一致性应该是多高。

我们也能预期词语色彩联觉的感觉存在漂移现象，因为这里的色彩感觉常常受到词语含义的影响。例如，请回忆一下卡西迪·C在了解到"酞菁"一词是一种蓝——绿色染料的名称之后（见图3.5），感受到的颜色就变了。具有字母色彩联觉的孩子不停地接触新词汇，在终身学习词汇含义的过程中，积极或消极的含义也逐渐渗透到意识之中，因而由字母主导的色彩联觉向词义主导的色彩联觉的转变也是巨大的。上述的事实表示，神经科学、神经语言学与联觉之间必然有着密切的关系。

238

数字形体中也存在着非常明显的随时间而漂移的现象。让我们回忆一下科琳·席尔瓦所感受到的变化的形状，她说随着自己年龄的增长，她的年龄数字的数轴也在改变（见图5.10）。年份数字的形状也是如此，是随时间而变动的：对于大多数联觉者来说，未来年份（例如2020年）的位置是模糊不清的，可是等到2020年真的来到的时候，这个年份的位置就清晰得多了。

为什么字形-色彩联觉有差异？

对字母色彩联觉的详细考察，结合测试后访谈，使我们清楚地知道，许多字形-色彩联觉者并不是对所有字母都能感受到颜色，至少是联系的强度不一致。例如，图3.3中第一位联觉者对数字9没有色彩联觉，第二位则对字母I、O、Q没有色彩感觉，第三位则对C没有色彩联觉。这样的差异确实不寻常。即使是声称对所有字母都有色彩联觉的联觉者也只是对一部分有把握，另一部分把握就小一点。这就为神经成像的对比研究打开了一扇门，我们可以向受试者出示能够引发色彩感觉的字母（或是感觉最强烈的），将其反应与看到不引发色彩感觉的字母（或是感觉弱的）时的成像进行对比——在同一位受试者身上做比较。[注4]

不过这种差异对于理解联觉有什么意义呢？首先，这意味着我们关于大脑不同区域之间交叉通话的基础理论过于简单了。尽管 fMRI 测试结果支持这一理论，但并不是说所有的字符都能强烈地激活色彩感受区域——不同的字符，交叉通话的力度是不同的。

总的来看，可以把高低不同的联觉程度比喻成一幅崎岖不平的山地景观，在这幅图景中，不同程度的跨区域连接的活跃程度各不相同，达到某种程度的知觉阈值的可能性也各不相同（见图 10.1）。尽管这一比喻式模型仍属猜测，但为未来的研究方向提供了一个立足点。

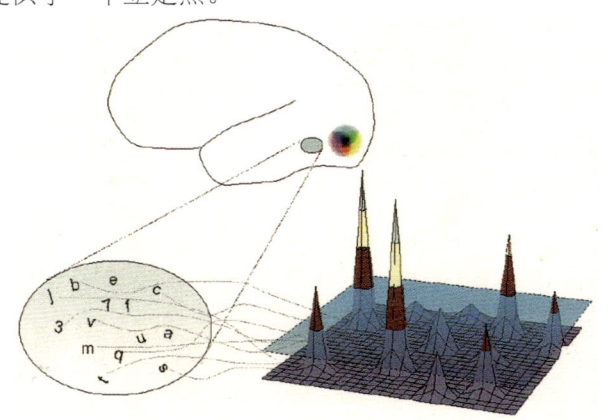

图 10.1　本图中，负责字符的神经元和负责色彩的神经元以不同的力度互相连接。因而某些字符得以将其对应的大脑色彩区域的活性推至知觉阈值之上（用蓝色表示），其余的则低于能够感知的程度

联觉的类型是有规律的吗？

为什么色彩是最常被刺激源触发的联觉感受？请看表 2.1，显然，色彩占据了大多数的联觉体验。可是为什么其他看上去同样合理的联觉类型——比如看到一个字母就会听到一个音符——不常出现呢？这个问题用大脑结构位置接近的说法恐怕无法解答，例如，AIT 区是大脑与词语含义相关的区域，就更靠近包含了一整套音高识别功能的初级听觉皮质，与负责色彩识别的 V4 区域反而远一些（见第 9 章）。因此，如果说相近区域比相隔较远的区域更有可能发生交叉通话，那么字母和词语就更有可能触发音高感觉，而不是色彩。

这些观察提高了联觉来自演化的可能性。具体地说，表 2.1 中感觉配对的排列绝非随机。这一由多至少的排列可能反映了演化选择压力对某些类型正向或反向的作用。设想一种联觉，其中某些概念能够引起幻听。由于听觉只有单一的通道，这种联觉将会干扰对于真实环境声音的感知。而相反地，视觉则有多种维度：形状、运动、位置、对比度，等等。色彩只是这许多维度之一，而且无疑并非必要（想想这么多色盲人士，他们过得都还行）。因而，一种与色彩视觉有关的联觉，会比与更加性命攸关的感觉，如触觉或听觉相关的联觉更少地造成破坏性的干扰。相应地，后者的类型就变得罕见了。从演化观点出发来检验联觉类型的统计数据的工作刚刚开始，但很有希望最终为了解这一现象的许多方面提供一个框架。

为什么联觉是单向的？

联觉通常是单向的，也就是说如果字母 J 能引起蓝色的感觉，那么蓝色并不能引起字母 J 的感觉。[注5] 当我们使用大脑不同区域发生交叉通话或者高度互联这种通俗的解释时，必须注意强调这些连接是有方向性的：通常都是单行道。可是神经的交叉通话为什么不能逆行呢？有一个可能性是，这种作用其实是双向的，但是由于某种原因，另一方向的作用低于知觉的阈值。

最近，罗伊·科恩·卡多什（Roi Cohen Kadosh）与他的同事们开始着手测试单向性的假设。他们找到了几位数字-色彩联觉者，这些联觉者都声称在自己的日常体验中，色彩并不能引起数字的感觉。研究者给他们布置了一种经过修改的尺寸——一致性任务，以检验色彩是否能够在潜意识层次触发任何与数字有关的感觉。为了达到这一目的，他们利用经典的尺寸一致性模型，其中数字的外形大小与其自身数值的大小不成比例地变化。尽管受试者被要求关注数值本身的大小，忽略外形大小，但实际上外形大小会被自动地处理，并且影响受试者的识别能力。[注6] 以一对数字 3 和 6 为例，如果数值大的数字，其外形也较大的话（也就是说如果 6 的外形比 3 大），对数值的处理（如"哪个数字大？"）就能得到促进。反之，如果数值小的数字外形大的话（也就是说如果 3 的外形比 6 大），就会发生干扰，对数字的处理速度也会变慢。科恩·卡多什运用一种改进版的尺寸一致性任务，发现联觉的色彩能够引发隐藏的数值感觉。举例来说，想象一位联觉者看到一个蓝色的小数字（假设是 1），和一个绿色的大数字（假设是 9）。当她看到相当有一致性的蓝色的 3 和绿色的 6 时，更有可能对数值问题的反应快而且准确。相反地，当看到绿色的 3 和蓝色的 6 时，就会反应更慢，准确率低。这似乎正是因为色彩在潜意识中触发了数值感受，这一感受（如上述的形式）干扰了对数值的判断。

色彩能够引发数值感受这一简单的发现，质疑了单向性的假设——即只是数字触发了色彩感——也迫使业界仔细考虑，在显微解剖的研究中，应该期望找到什么结果。类似科恩·卡多什这样的更多证据表明，单向的神经回路可能不是我们应该寻找的答案。

自闭症是联觉的反面吗？

许多人都从电影《雨人》（*Rain Man*）里了解到，自闭症是一种遗传性疾病，会损害社交与沟通能力的发展，并限制兴趣与活动。然而在这些缺陷以外，自闭症常常与数学、绘画，以及音乐方面的奇才共同出现。与正常的对照组相比，自闭症患者还在视觉空间能力和机械记忆的测试中胜出。例如，某些通常能够骗过其他所有人的视觉幻象，就逃不过他们的眼睛。

自闭症的缺陷与才华特征使得一些研究者提出，自闭症患者的认知方式有可能只涉及大脑局部的信息处理，而非整个大脑。这个理论被称为"弱中央信息整合"。[7,8] 大意是说，自闭症患者在需要注意细节（即零碎处理）时表现良好，但是当需要不止关注单独的树木，而要把握整片森林的时候却表现奇差。这一观察到的区别与自闭症患者的自述相吻合，他们常常描述感觉的某一局部。[9]

与这一假说相一致地，自闭症研究者弗兰西斯卡·海佩（Francesca Happé）发现自闭症患者不能感受到某些视觉幻觉。[注10] 例如，在艾宾浩斯错觉（Ebbinghaus illusion）中，受试者需要比较两个被不同大小的圆形包围的圆形（见图10.2）。[注11] 虽然中间的两个圆形是一样大小的，但是大脑经常被愚弄，认为右边的圆形较大。这一错觉的形成完全依靠周围的条件——一旦周围的圆形被移走，中间的圆形必然是一样大的。而根据弱中央信息整合理论的预测，自闭症患者就不太可能被这一错觉愚弄。按照本书中一直在讨论的说法，这一现象有可能是因为正常大脑中所发生的神经交叉通话（在这里是发生于感受事物及其周边环境的区域中），在自闭症患者的脑中减弱了。

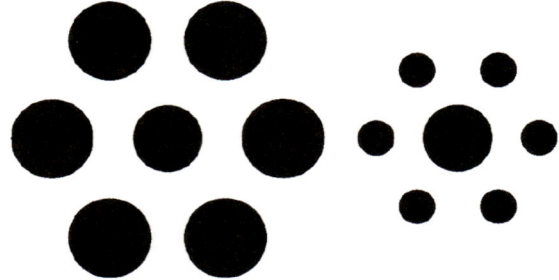

图 10.2　虽然中央的两个圆形是一样大小的，但是大多数人看来，右边的圆更大。这一错觉是由局部环境条件造成的

还有其他发现也支持对于自闭症的这种观点。比如，当正常受试者被要求数点数时，数数的过程经常得到点排列成的总体形状的帮助。自闭症患者则不是这样。[注12] 同样地，自闭症患者也不容易发生视觉导致的运动。[注13] 举例来说，如果你眼前壁纸上的条纹突然向右移动，你就会不由自主地向右走，因为以为自己向左倒了。而视觉与听觉之间的联系也存在相似的现

象。我们曾论述麦格克效应，即看到嘴唇的动作会影响所听到的声音。自闭症患者的麦格克效应非常弱，再次显示了他们的视觉与听觉系统之间的联系没有正常人那么紧密。

尽管弱中央信息整合仍是一个争议话题，但是从联觉的角度来考虑其相反的性质也颇能吸引人。神经交叉通话在自闭症患者中减弱了，在联觉者身上却加强了。我们在大自然中发现的任意方向的改变，通常都会存在一个完全反方向的改变。关于自闭症与联觉之间关系的看法目前仍然纯属猜测，当然，未来的数据一定能给出一个确切的答案。不过我们仍然相信有必要考虑大脑中正常的交叉通话现象，可以将其作为研究的出发点。

联觉对感知有反作用吗？

243

联觉者通常喜欢自己特殊的感知能力，即使是不快的感觉，或者遭遇尴尬。前文已经提及联觉是如何提高生活质量的：不仅带来令人愉快的感觉，同时也改善了记忆力。

然而另一方面，联觉带来负担或是困扰的情况也并不鲜见——比如在各种感觉堆积在一起，形成排山倒海的超负荷感觉时，或者在罕见情况下，双向联觉造成了感觉上的反馈循环。还有一些细微的认知困难可能是伴随联觉出现的，如计算、手指识别、左右区分，以及方向感方面的问题，这一现象刚刚才开始得到深入研究。我们接下来简单描述一下。

相当一部分（高达 76%）联觉者声称自己不擅长算术，尽管对数字的记忆力极佳。在正式测试之下，有一小部分人的计算能力会低于一个阈值，达到临床诊断的障碍缺陷程度，叫作

"计算障碍（dyscalculia）"。问题发生在处理算术符号的过程中。更多的人则显示出一些比较微小的毛病，如将书面的或口头的数字词语转换为数字（比如看到"五"，然后要写出"5"），或者反向转换时出现困难。[注15]

正如我们曾在第 5 章（Chapter 5）中指出的那样，大脑顶叶的左角回对于数字能力至关重要。我们测试了若干位联觉者，其中就有迈克尔·华生和丹尼·西蒙，他们的角回还显示出一种显著的现象，叫作"手指失认"（finger agnosia）。这是神经学上著名的临床奇异症状之一：患者奇怪地无法分辨一个人的各个手指。通常，无法辨认手指的症状无关紧要，然而这一症状绝对只是由于左角回的损伤造成的，因此在临床实践中是一种有用的线索。

由于不是每个人都能轻而易举地叫出每个手指的学名（"食指""无名指""中指"之类），因此本测试简单地给手指标上了一至十的号码。受试者会得到诸如"请伸出第二个手指"之类的指示。而手指失认看起来是患者无法将手指与词汇标签联系起来。另外还有一种不需要词语标签的测试方法，即需要依靠触觉、主体感觉，以及全身架构。在这项测试中，受试者闭上眼睛，把手掌放在桌子上。测试者则触碰受试者的任意两个手指，并询问在被触碰的两个手指之间有多少个手指。在这个感觉测试中出错的联觉者人数出奇得多，这个结果指向角回这个部位的异常。

另一部分联觉者则显示左—右混淆的缺点，学名叫作"异侧感觉"（allochiria）。到目前为止，我们所发现的这一缺陷都不局限于单一类型的联觉者之中，而是遍及各种类型。有人用要求受试者叫出或指出身体部位的方法来检测，还要求测试者的双手交叉摆放。这一缺陷的神经系统病灶也位于角回附近，具体在左颞顶结。

还有一项相关的涉及左顶叶的测试，有些联觉者也无法顺利通过，就是在食指指尖上写字符，通过触觉来识别写的是什么。这种缺陷叫作"指尖识别不能"（fingertip agraphesthesia）。我们遇见过这样的联觉者，在他们左手食指上写的字母和数字都能准确地识别出来（说明右顶叶是健全的）。然而当要用右手食指做相同的任务时，相同的受试者就会错将 9 辨认成 0，或者把 6 辨认成 3。这一症状与左顶叶异常的患者的症状是一致的。

最后一种可能与联觉有关的认知障碍是方向感的缺乏。这一现象再一次遍及各种联觉类型，而非专发于单一类型。理查德·西托维奇最初在 42 位受试者之中发现 69％的人都自称方向感奇差。即使到了像纽约和华盛顿特区这样完全是方格式布局的城市里，这些人所走的弯路都特别长。例如，丽塔·布什（Rita Bush）悲叹道：

> 我完全没有方向感，这让我很是苦恼。我无法形象化地想象一个地点与另一个地点之间的关系，即使两个地方我都很熟悉。
>
> 当你告诉我，这在联觉者中间很常见的时候，我的宽慰感真是无法形容。我丈夫说走进一个旋转门的时候，我是唯一反着走的人。如果开车走进一条死路，我是无法折返到一条平行的路上去的，于是就彻底迷路了。我在同一幢写字楼里工作了 10 年，却仍然找不到朋友们的办公室。

穆里尔·诺兰（Muriel Nolan）也有相同的烦恼： 245

> 我没有方向感。我看不懂地图。想要开车去个新地址，我必须得到非常详尽的指引［今年夏天我在找工作，

每周得（去不同地方）面试好几次，真是要了我的命]。大部分时间，为了去一个新地点，我都得提前一天先"排练"一遍，然后不得不用自己的语言词汇，详细地记录下来。发现我看不懂地图的人，都觉得我是个白痴。

在到理查德·西托维奇所住的宾馆接受访问时，苏珊·德·M（Suzanne deM）为了找到电梯，就询问了两次，尽管电梯的位置非常明显：

> 不管去哪里我都需要地图。我完全没有方向感，即使在自己的城市里也不行。从地铁站里出来，我也得停下来研究自己到底在街道的哪一边。走在路上总是得掉头。到现在我已经在波士顿住了 8 年了，还是会迷路。我家里所有的亲戚都不这样。他们都不需要地图。

解释这个现象涉及几个方面的内容。联觉者所谓的"好记性"并不是全方位的，找寻方位的能力就不在其中。与神乎其神地轻松回忆时间久远的对话、与人谈话时无须笔记，或是记忆参考资料能够详细到书中页码数这些能力相比，一部分联觉者的空间记忆如此糟糕，实在令人好奇。联觉者的空间能力障碍听上去很矛盾，因为联觉能力往往与数字形式等空间关系方面的概念紧密联系在一起。

地理知识与地图识读是空间能力的一部分，这种能力主要依靠右顶叶（right parietal）区域。当我们在自己家里漫步、给陌生人指路，或是在心中想象午餐时去哪家商店逛逛，逛的时候哪条路线最高效的时候，我们就是在运用所谓的地形知识，或者叫"认知图"。请不要把认知图误解为与实体地图相似的东西。它们并不能被读取和记忆，而是通过理解世界的过程学习而来。视觉只有一个视角，认知图则是由多个视角的直接体验构成。

对于联觉者认知能力不均衡现象的充分研究，还有待于对足够大的样本人群进行后续跟进观察。到目前为止，有一项针对 192 位词汇-色彩联觉者的大型研究已经确定了数学学习和左右区分的障碍，以及方向感差和识读地图能力低下等问题的存在。注16

未来的研究方向也包括回答联觉是否会影响一个人的性格气质的问题——例如，是否与爱好艺术、擅长艺术表现有关。在《记忆大师的心灵》一书中，鲁利亚深入分析了联觉对个性的影响：注17

> 认为联觉所带来的异乎寻常的形象记忆，不会影响一个人的人格结构，这合理吗？如果一个人能够"看见"一切；如果一个人必须通过让一个事物的印象"渗透"过所有感觉器官，才能理解这件事物；如果一个人必须用舌尖去感觉一个电话号码，才能记住这个号码——他可能会像其他人一样成长吗？……他确实很难说哪一个世界对他来说才是真实存在的：是他身处其中的那个想象中的世界，还是这个他在其中只是匆匆过客的真实世界呢？

无论联觉最终是有利还是有弊，无论它为感知带来的是福音还是厄运，大多数联觉者自己的看法是积极的。大多数人都说，如果得到一个再来一次的机会，他们还是不会放弃联觉能力。

现实不是一刀切

在科学上有一条规则：大自然总是通过例外来揭露自己的

真相。因此，联觉也绝非仅是稀奇的玩物，而是一扇观察窗，透过它我们能够更广泛地看清思维和大脑的运转，以及对现实的构成，我们自己高度个人化的观点。我们所有人，无论联觉者还是非联觉者，都只感受到了现实世界的一小部分。例如，我们感受不到整个电磁波谱，只能看到（可见光的）极小的一段。电磁波其余的频段——承载着电视剧、电台信号，以及手机对话——不被察觉地穿过我们的身体。对其我们完全视而不见。我们的大脑在对外界进行建构时，只取样很小一部分。这

一现实与常识的看法，即人类的眼睛、耳朵和手指对于外界的有形世界，只是被动地接受"客观的"信息的看法截然不同。

几十种的联觉形式，凸显了每个人在主观地看待世界时所存在的惊人差异，也提醒我们，每个人的大脑在感受的第一时间是以多么独特的方式过滤信息的。世界绝不是客观的，而是相当主观的。

本书的第一页曾介绍了我们的一位联觉受试者艾瑞卡·博登，她具有多种联觉。她在初次出现时，并不知道她感知世界的方式与她的朋友阿维娃不同。艾瑞卡如今会以不同的方式欣赏自己的感觉。她现在知道，有一个极其微小的基因变异导致她的大脑发生了更多的交叉通话。她还没有搞清楚：这是因为更多的连接呢？还是因为较少的抑制？突触连接无法断开？我们现在还不能回答这个问题，也不知道这个变异基因会对她的感知和性格造成其他什么影响。我们也不知道在未来 10 年里，艾瑞卡还会在实验室里见到什么新式测试手段：能够更加准确地捕捉受试者体验的计算机测试，能够详尽展示她的神经连接的显微解剖脑部扫描，抑或是能够精确指出她的联觉基因所在位置和表达时间的分子筛技术。时间会告诉我们一切。

而与此同时，艾瑞卡将在这样一个世界里继续成长：人们

不会把她当成疯子，也不会把她当作撒谎者开除，这里的脑科学将得益于观察她的大脑所获得的宝贵数据。因而，当艾瑞卡观看天气预报图像时，体验着皮肤上的巧克力味葡萄干的美味时，观看着彩色的声音时，她能够从科学家那里学习到关于自身的知识，正如科学家们能够从她那里获取关于她的体验的经验，而所有的人都能够得到更多关于大脑的知识，并体验到她与众不同的联觉体验。

后 记

　　那是 1937 年或 1938 年的一个浸透雨水的夜晚，在巴黎的一条人行道上，我扯着母亲的手，凝视着一家商店橱窗里某个特别迷人的事物：橱窗展示的细节我早已遗忘，只记得它笼罩在一片华丽、闪亮的红光之中。和许多小孩子一样，我喜欢给特别吸引自己的东西起名字。有一个描述"红色"的古俄语单词，也许是我在听故事的时候得来的。这个词含有两个用英语很难翻译的字母，因此我也不应该用这个来困扰读者。还是重点介绍实质内容吧：这个单词的发音在我的头脑中与一种红色牢固地联系在一起——这是一种浓烈的、明亮的深红色——这个形容词又在我幼儿时期的词汇表中产生了一个名词"*alochki* [ah-loch-ki]"，表示那种色彩丰富的微型的盛会。红色在我的头脑中，也与音符"la"联系了起来，直到我学到在英语记谱法中，这个音符叫作"A"。在其他语境中，红色仍然与这个字符保持联系，又随着各种语言之间发音的细微差别而有着各种各样的不同色调。在音乐中，这一联系不仅出于音符的名称，也与其声音有关，而且更进一步地深入到了需要受过音乐训练的耳朵才能分辨的程度。一部作品谱写、演奏或者演唱时所使用的调会赋予乐曲一个整体的色彩。例如，舒伯特的歌曲《化身》(*Doppelgänger*)，在以降 e 小调演唱时是深黄色的，以 e 小调表演时则变成了白色。之所以从音乐谈起，是因为我在这个领域投入了人生的大部分时间。然而，对于我而言，数字、事件的集合、个人或者是一系列思想，皆有其色彩，而且并不止于这些。我不算是个虔诚的教徒，因为我既不依仪轨行事，也不定时祈祷。但是，在许多年里，每当我衷心祈愿某事时——比如说一位至爱亲朋的健康——我的渴望就会与一种巨大空腔的感觉结合在一起，其中有一个深紫色的数字4。这种感觉越鲜明，我就越觉得能够得遂心愿。而且，在更普遍的意义上来说，我越是专注地期望我的至亲能够康复，或是其他心愿——比如一场歌剧或者一场体育赛事能够按照我心中所想的进行，那么这个想法就越会发生在某个特定色彩的背景之上，这种色彩通常位于色谱中红紫色的区域。

250

各位读者在上面这段简述中一定注意到了，我专注在个人和家中亲人的体验，而并没有复述那些有的来自严格的科学文本，有的来自街头小报的可靠性参差不齐的二手信息。下文中，我将继续遵循这条规则，不过也间或有些题外话。后者的一个例子，来自当下日益关注联觉话题的媒体，那是《种子》（*Seed*）杂志上一篇名为《你听到过的最美丽的油画》的文章，内容有关一位名叫玛西亚·斯密拉克的艺术家的感觉体验。她的神经系统与众不同，能够混合所有的感官：

> 女性的嗓音看上去就像一片弯曲的金属薄片，而一座钓鱼小屋的景象则具有那不勒斯冰激凌的简单味道——不过还有许多其他联觉者和她在艺术上的倾向接近。科学家估计在诗人、小说家以及艺术家之中，联觉者的比例是在普通人中的七倍之高。［其中最著名的例子有艺术家大卫·霍克尼（David Hockney）和瓦西里·康定斯基，以及小说家弗拉基米尔·纳博科夫（Vladimir Nabokov）］

还有一个虚构的例子，可以称之为梦想联觉，或者叫作诗联觉，来自时间长河中遥远的一段。这是来自亚历山大·普希金（Aleksandr Pushkin）的戏剧《鲍里斯·戈都诺夫》（*Boris Godunov*）。我把这个例子归为虚构类，是因为普希金这部根据历史学家卡拉姆津（Karamzin）的叙述所改编的作品，其剧情与原著相去甚远。鲍里斯实际上并没有为了图谋帝位而谋杀年轻的伪德米特里（Dmitri the Pretender），但是在普希金的剧中，以及后来穆索尔斯基（Mussorgsky）所改编的歌剧中，他的良心和双手都浸满了这位少年的鲜血。东正教牧首（The Orthodox Patriarch）被召唤到鲍里斯驾前，为沙皇讲述一个遭遇类似灾祸的古代牧羊人的故事。老牧首说，那个牧羊人年老病重，他的梦境已不再有画面，只有声音。而蒙特利尔麦吉尔大学（McGill University in Montreal）的认知心理学家和音乐神经科学专家丹尼尔·列维京（Daniel Levitin）最近发现的联觉的一个意想不到的特性，则将我们的目光引向了完全相反的方向：从坟墓转向摇篮。这位著名科学家令人惊奇的科学发现之一就是婴儿可能在出生时都具有联觉能力。当一个人成长时，大脑中存在的交叉连接通常会被清理掉，而那些仍然受到五向联觉影响的人，要么学会运用这些不同寻常的连接所产生的超级记忆优势，否则就会被大脑获得的过量信息干扰和分心。

我父亲有时会提及他所熟知的一个色彩联觉的小小领域，他称之为彩色听觉或彩色视觉，是由字母引发的。他有一个久远的不快回忆，是关于一套他母亲作为礼物送给他的积木——就是那种每个平面都有个字母的那种。"可是所有的颜色都错了！"他一拆开礼物就开始抱怨，因为这些颜色与他心目中那个字母的颜色都对不上。这里离题说一句：我父亲在童年的早期是个数学神童，能够用令人难以置信的一长串数字进行复杂运算。这是不是可以与 R·鲁利亚所描述的史洛歇夫斯基在某些联觉中"记住无穷无尽的事物"的能力相提并论呢？有一次，年幼的纳博科夫病了，而烧退之后，他这种天赋表面看上去消失了。猜想一下这种异状是否与联觉有关联，却也颇有意思。而猜想一下纳博科夫对于鳞翅类昆虫学非常严肃的兴趣，以及整个昆虫学所富有的色彩，是否与联觉有关联，则是更加有意思的事。我能确定的则是我父亲对神经现象着了迷，无论是彩色梦境、似曾相识感（déjà vu）还是彩色听觉。他若地下有知，一定非常欢迎联觉现象进入科学界的视野，以及得到理查德·西托维奇及戴维·伊戈曼等年轻同事广泛传播的相关的认真研究。而巧合的是，正好在我和西托维奇博士都出现在 BBC 纪录片《香橙雪葩之吻》之前不久，我收到了他的著作《尝得出形状的人》。我此前接受过多次各种主题的访问，这次本指望有机会好好聊聊我个人的联觉体验。可到了现场，却有人塞给我一份讲稿，其中的内容了无新意，无非是记住了一些无论是否联觉者都能轻松记忆的东西。却也可叹，一个本应为非专业观众提供真正的知识的节目，却沦为一场真人秀，其中最出彩的是一位鼻音浓重的美国女士，以及她每次看到一支摇滚乐队的演出场景，都保证能达到性高潮。

　　或许联觉对弗拉基米尔·纳博科夫最大的影响，在于隐喻方面。每当他形容一项事物时，无论是随手拾来的物件，还是不可或缺的中心焦点，往往不仅带有奇思妙想，同时还带有某种色彩。为了不让这篇后记充斥着引人入胜但篇幅冗长的实例，我还是简单举几个例子好了。例如，短剧《爷爷》（*The Grand-Dad*）里法国大革命时期的场景中，为什么绞刑架必须是蓝色的？我的父母都是联觉者。探究我的色彩感觉是否融合了我父母的感觉，倒也不失为一件有趣的事，可惜除了字母 f

252

的一个非常模糊的变形以外，并无任何迹象。现在已经证实，一位联觉者的色彩联系，通常终其一生都是一致的。在我们家的例子里，很大程度上确实如此。我父亲曾在我 8 岁时给我做测试，当我 30 多岁时又测了一次。字母表里的字母我都能感觉到颜色，而且都没有改变。同样的情况发生在我所有与色彩有关的感觉上，以及身处某一特定场景中，或者回忆起某一事物时所出现的光环。

在弗拉基米尔·纳博科夫的作品中偶尔会有意外的色彩呈现，从较早的时期就开始出现，但我发现在他的例子里很难建立一个始终一致的色彩路径。我刚刚把他的一篇非常早期，实际上有可能是他的处女作从俄语翻译成英语和意大利语（目前我在等待国会图书馆的一份彩色扫描件，或许能够帮助辨认出手稿中一个极难分辨的日期）。小说的女主人公，娜塔莎（Natasha），在与一位追求者漫步经过一家空无一人的湖滨咖啡馆时，想象一支管乐队正在空空如也的演奏台上奏着一曲"橙色"的乐曲，乐曲是"橙色的"——白纸黑字清楚无误地在手稿上写着。而追求者自己的头部被描述为浅蓝色，而且随着羞怯的小伙子的爱意越来越明显，其频率也越来越高。联觉现象在纳博科夫的作品中一再出现，也显示在他的两部主要的英语作品《洛丽塔》(*Lolita*) 和《阿达》(*Ada*) 中的人物身上。我父亲作品的这一特征使我对于其他作家作品中的联觉现象也比较敏感。以我父亲翻译和叙述过的俄罗斯大诗人秋切夫（Fyodor Tyutchev）为例，在秋切夫的诗《前夜，陶醉之中的遐想……》(*Vchera v mechtakh obvorozhennykh . . .*) 中，就提到了一个"*红色的，鲜活的感叹*（斜体强调是我加的）。"

文学作品中描述过各种各样的可能的联觉形式，或是清晰确凿的，或是不那么清晰确凿的，有些存在于著名诗人、艺术家，以及音乐家身上，有些则显现在籍籍无名者身上。由于我已经通过理查德·西托维奇、戴维·伊戈曼等人对于这一现象的描述，熟悉了联觉的分类，我暗自相信自己的联觉属于在查阅过的所有文献中都没有记载的类型。

首先，如果说人的发育成熟会使"扮演健谈的媒人的脑细胞"衰退，那么可以认为联觉也会随着年龄增长而衰退。但从我73年的经历来看，这对我并不成立。

其次，我曾在研究联觉的意义和用处上投入的大量心思，结出了一些有趣的创意果实。如何将原著美丽的文字语言转换成视觉形式，这个与生俱来的难题始终困扰着电影业者，也是横亘在改编拍摄纳博科夫著作的道路上一道看似难以逾越的障碍，对于其他作者而言也是如此，例如乔伊斯（Joyce），除了有时过于啰唆以外，语言和意象在他的作品中也起着至关重要的作用。这就是为什么两部《洛丽塔》电影和其他根据我父亲作品改编的影片，尽管都是实力佳作，却都没有达到应有的效果。如今，我正面对着《阿达》这本纳博科夫最复杂、最色彩斑斓的书，有没有可能改编成电影的问题。我不愿删减其富有诗意的描述文本，将其丰满的语言简化为普通电视连续剧里那种言简意赅的陈词滥调，也不愿认同美文无法用视觉呈现的所谓公理，我的构想——实际上确实会拍成一个系列——是一系列由凡（Van）、阿达，以及其他人物所感知到的图像，每个系列都有自己的色彩和形状的变化，每个都是通过各自的变形镜头，将作者故意拆散的原作构想的美丽碎片拼接和调整成为一个整体。调色板是无限的，创意只受到创作者自身想象力的限制。一个角色会看到另一个人被与其感情相对应的光环环绕，或者是表示厌恶的尖刺，或者是一种难以想象的蓝色，就像我们通过娜塔莎的眼睛去看伍尔夫（Wolfe）那样。至于强烈的性

254

高潮，则不但能产生头脑中几何形状的变形，更能够产生，比如说，一个看似无限长度的快感隧道，主人公在其中跑过时，感受越来越强烈，直至最终的释放。而随着我们对联觉感受越来越认可，或许将会有一种全新的电影脱颖而出。

迪米特里·纳博科夫，2008 年 2 月于蒙特勒（Montreux）

注 释

Chapter 1 星期二是什么颜色的?

1 Broadcast August 31, 1993, "Book Talk" on WNYC, New York.

2 Bowers H, Bowers JE. 1961. *Arithmetical Excursions*. New York: Dover, pp. 244—247.

3 Correspondence to Dr. Cytowic, November 11, 1986.

4 Luria AR. 1968. *The Mind of a Mnemonist*. New York: Basic Books, p. 81.

5 他眼中对较短波长敏感的短波视锥细胞(S-cones) 不正常,造成分辨蓝色和紫色的困难。该实例来自 V. S. 拉玛钱德朗、E. M. 哈伯德,2001 年《联觉——观察感知、思维与语言的一扇窗》(*Synaesthesia—A window into perception, thought and language*),载《意识研究期刊》(*Journal of Consciousness Studies*) 8 (12): 3-34, P. 24.

6 Ramachandran VS, Hubbard EM. 2001. Synaesthesia—A window into perception, thought and language. *Journal of Consciousness Studies* 8 (12): 3—34, p. 2.

7 Galton F. 1880. Visualized numerals. *Nature* 22: 494—495.

8 Simner et al. 2005. Non‐random associations of graphemes to colors in synaesthetic and normal populations. *Cognitive Neuropsychology* 22 (8): 1069—1085.

9 Cytowic RE. 2002. *Synesthesia: A Union of the Senses*, 2nd ed. Cambridge: MIT Press, p. 55.

10 Baron-Cohen S, Burt L, Smith-Laittan F, et al. 1996. Synaesthesia: Prevalence and familiarity. *Perception* 25: 1073—1079.

11 Emrich HM, Schneider U, Zeidler M. 2000. *Welche Farbe hat der Montag?* Stuttgart: Hirzel Verlag.

12 Ramachandran VS, Hubbard EM. 2001. Synaesthesia—A window into perception, thought, and language. *Journal of Consciousness Studies* 8 (12): 3—34.

13 Mattingley JB, Ward J (eds.). 2006. *Cognitive Neuroscience Perspectives on Synaesthesia* (Special Issue). *Cortex* 42: 129—320.

14 Harrison's observations agree with ours. Harrison J. 2001. *Synaesthesia: The Strangest Thing*. New York: Oxford University Press.

15 Galton F. 1883. *Enquiries into Human Faculty and Its Development*. London: Macmillian and Co.

16   Nabokov V. 1949. Portrait of my mother. *New Yorker* April 9, pp. 33—37. See also chapter 2 of *Speak，Memory：An Autobiography Revisited* (1966). New York：Dover (first published in 1951 as *Conclusive Evidence*).

17   As discussed in the BBC *Horizon* documentary "Orange Sherbet Kisses," broadcast December 13, 1994.

18   For example，English HB. 1923. Colored hearing. *Science* 57：444；Riggs LA，Karwoski T. 1934. Synaesthesia. *British Journal of Psychology* 25：29—41；Werner H. 1940. *Comparative Psychology of Mental Development*. New York：Harper.

19   Hall GS. 1883. The contents of children's minds. *Princeton Review* 11 (4th serial)：249—272.

20   Marks LE. 1975. On colored—hearing synesthesia：Cross-modal translations of sensory dimensions. *Psychological Bulletin* 82 (3)：303—331.

21   Simner J，Ward J，Lanz M，et al. 2005. Non-random associations of graphemes to colors in synaesthetic and normal populations. *Cognitive Neuropsychology* 22 (8)：1069—1085；Simner J，Mulvenna C，Sagiv N，Tsakanikos E，Witherby SA，Fraser C，Scott K，Ward J. 2006. Synaesthesia：The prevalence of atypical cross-modal experiences. *Perception* 35 (8)：1024—1033.

22   As discussed in the BBC *Horizon* documentary "Orange Sherbet Kisses," broadcast December 13, 1994.

23   Jordan DS. 1917. The color of letters (letter). *Science* 46 (1187)：311—312；see also Riggs and Karwoski (1934)，who present four children whose color associations changed over time.

24   Cytowic RE. 2002. *Synesthesia：A Union of the Senses*，2nd ed. Cambridge：MIT Press，p. 292 (table 7.2).

25   For example，her 1919 "Music—Pink and Blue II."

26   斯克里亚宾的音乐调性——色彩对应关系是基于常规的五度圈的，而他的色彩体系看来是直接取自著名的神智学者布拉瓦茨基夫人。他的《普罗米修斯，火之诗》要求使用一种"光的键盘"，这是一套无声的键盘，以光束、云朵，以及其他各种效果来控制一场彩色光线的演出。更多关于光之风琴的信息，可参见 K. 皮科克 1988 年，《演奏色彩音乐的乐器：技术性配器的两个世纪》（*Instruments to perform color-music：Two centuries of technological instrumentation*）。载《列奥纳多期刊》（*Leonardo*）21：397—406。

27   See "Concepts of Mind," pp. 25—54，and "Concepts of Neural Tissue," pp. 55—136，in Cytowic RE. 1996. *The Neurological Side of Neuropsychology*. Cam-

bridge: MIT Press.

28　Mesulam M.-M. 2000. *Principles of Behavioral and Cognitive Neurology*, 2nd ed., pp. 1—120. New York: Oxford University Press.

29　Churchland P. 1979. *Scientific Realism and the Plasticity of Mind*. Cambridge: Cambridge University Press. See also Cytowic RE. 2003. The clinician's paradox: Believing those you must not trust. *Journal of Consciousness Studies* 10 (9—10): 157—166.

30　Cytowic RE. 2003. The clinician's paradox: Believing those you must not trust. *Journal of Consciousness Studies* 10 (9—10): 157—166, p. 160.

31　Cytowic RE. 1997, p. 24 in S Baron—Cohen, JE Harrison (eds.), *Synaesthesia: Classic and Contemporary Readings*. Oxford: Blackwell.

32　Cytowic RE. 2002. *Synesthesia: A Union of the Senses*, 2nd ed. Cambridge: MIT Press, pp. 67—69.

33　Nagel T. 1986. *The View from Nowhere*. New York: Oxford University Press.

Chapter 2　万花筒般的世界

1　Available at http://home. comcast. net/～sean. day/html/the_synesthesia_list. html. Given how rapidly URLs change, check either http: //Cytowic. net or www. eaglemanlab. net/synesthesia for up-to-date links to The Synesthesia List.

2　Simner J, Ward J, Lanz M, et al. 2005. Non-random associations of graphemes to colors in synaesthetic and normal populations. *Cognitive Neuropsychology* 22 (8): 1069—1085; Simner J, Mulvenna C, Sagiv N, Tsakanikos E, Witherby SA, Fraser C, Scott K, Ward J. 2006. Synaesthesia: The prevalence of atypical cross-modal experi- ences. *Perception* 35 (8): 1024—1033.

3　Suarez de Mendoza, 1890; Holden, 1891; Flournoy, T. (1893). Des Phénomènes de Synopsie, On the Phenomena of Synopsia, Charles Eggimann & Co., Genève (1893); Calkins, M. W. (1893). A Statistical Study of Pseudo-chromesthesia and of Mental-forms, *American Journal of Psychology* 5: 439—464; Bos, MC. (1929). über echte und unechte audition coloreé. *Zeitschrift für Psychologie*; 111: 321—401; Wellek, Albert (1931). Zur Geschichte und Kritik der Synästhesie-Forschung. *Archiv für die gesamte Psychologie* 79, S. 325—384; Kloos, Gerhard (1931). Synästhesien bei psychisch Abnormen. Eine Studie über das Wesen der Synästhesie und der synästhetischen Anlage. *Archiv für Psychiatrie und Nervenkrankheiten* 94, 418—469.

4　高尔顿首先在1880年发表在《自然》(*Nature* 21: 252—256) 上一篇名为《可

见的数字》（*Visualized Numerals*）的论文中记录下了这些轨迹。后来又写进了1883 年和 1907 年版的《探询人类官能及其发展》（*Enquiries into Human Faculty and Its Development*）。

5　Galton F. 1883. *Enquiries into Human Faculty and Its Development*. London：Macmillian and Co.，pp. 80—81.

6　Feynman RP. 1988. *What Do You Care What Other People Think?* New York：Harper Collins，p. 59.

7　通常幼儿最初学到的字母是自己名字中的那些。他们在 3 岁时可能认识了几个字母，但是可能一年之内都无法将其与音节对应起来。学习数字和字母序列时，在理解字母和数字的概念之前，幼儿可能仅仅是死记硬背的。参见 K. 韦恩（Wynn）1990 年的《儿童对计数的理解》（*Chidren's understanding of counting*）。载《认知》（*Cognition*）期刊 36（2）：155—193。

8　For a good general review of the concepts and fallacies，see Baily DB，Bruer JT，Symons FJ，Lichtman JW. 2001. *Critical Thinking about Critical Periods*. Baltimore：Brookes Publishing Co.

9　Paulesu E，Harrison J，Baron-Cohen S，et al. 1995. The physiology of coulored hearing：A PET activation study of coulored-word synaesthesia. *Brain* 118：661— 676.

10　Patterson KE，Morton J. 1985. From orthography to phonology：An attempt at an old interpretation，pp. 335—359 in KE Patterson，JC Marshall，M Coltheart（eds.），*Surface Dyslexia*. Hillsdale，NJ：Lawrence Erlbaum.

11　Nabokov V. 1966. *Speak，Memory：An Autobiography Revisited*. New York：Dover（first published in 1951 as *Conclusive Evidence*）.

12　Ward J，Simner J. 2003. Lexical—gustatory synaesthesia：Linguistic and conceptual factors. *Cognition* 89：237—261.

13　Correspondence to Dr. Cytowic of May 1，1987.

14　Correspondence to Dr. Cytowic of September 2，1985.

15　Flournoy，T. 1893. Des Phénomènes de Synopsie，written at Geneva and Paris. Alcan.；Calkins MW. 1895. Synesthesia. *American Journal of Psychology* 7：90— 107.

16　Devereaux G. 1966. An unusual audio—motor synesthesia in an adolescent. *Psychiatric Quarterly* 40（3）：459—471.

17　Interview of October 19，1984.

18　Starr F. 1893. Note on colored hearing. *American Journal of Psychology* 51：416— 418.

19　Stroop JR. 1935. Studies of interference in serial verbal reactions. *Journal of Experimental Psychology* 28：643—662.

20　MacLeod CM. 1991. Half a century of research on the Stroop effect：An integrative review. *Psychological Bulletin* 109：163—203.

21　Dixon MJ, Smilek D, Cudahy C, Merikle PM. 2000. Five plus two equals yellow：Mental arithmetic in people with synaesthesia is not coloured by visual experience. *Nature* 406 (6794)：365.

22　Ward J, Huckstep B, Tsakanikos E. 2006. Sound-colour synaesthesia：To what extent does it use cross-modal mechanisms common to us all? *Cortex* 42：264 – 280.

23　Edquist J, Rich AN, Brinkman C, Mattingley JB. 2006. Do synaesthetic colours act as unique features in visual search? *Cortex* 42：222—231.

24　Palmeri TJ, Blake R, Marois R, et al. 2002. The perceptual reality of synesthetic colors. *Proceedings of the National Academy of Sciences*, USA 99：4127—4131. See also Blake R, Palmeri T, Marois R, Kim C-O. 2004. On the perceptual reality of synesthesia, pp. 47—73 in LC Robertson, N Sagiv (eds.), *Synesthesia：Perspectives from Cognitive Neuroscience*. New York：Oxford University Press.

25　Paulsen HG, Laeng B. 2005. Pupillometry of grapheme-color synaesthesia. *Cortex* 42：290—294.

26　这一说法由西蒙·拜伦—科恩提出。

27　Cytowic RE. 2002. *Synesthesia：A Union of the Senses*, 2nd ed. Cambridge：MIT Press, pp. 84—98.

28　Galton F. 1883. *Enquiries into Human Faculty and Its Development*. London：Macmillian and Co., p. 107.

29　Simner JA, Ward JA, Lanz MA, Jansari AA, Noonan KA, et al. 2005. Non-random associations of graphemes to colours in synaesthetic and non-synaeasthetic populations. *Cognitive Neuropsychology* 22 (8)：1069—1085.

30　Luria AR. 1968. *The Mind of a Mnemonist*. New York：Basic Books, p. 28.

31　Haber RN, Haber RB. 1964. Eidetic imagery. I：Frequency. *Perceptual and Motor Skills* 19：131—138；Haber RN. 1969. Eidetic images. *Scientific American* 22：36—44；Haber RN. 1979. Twenty years of haunting eidetic imagery：Where's the ghost? *Behavioral and Brain Sciences* 2：583—629.

32　Jaensch ER. 1930. *Eidetic Imagery and Typological Methods of Investigation*, 2nd ed. (O Oeser, trans.). New York：Harcourt Brace.

33　Cytowic RE. 2002. *Synesthesia：A Union of the Senses*, 2nd ed. Cambridge：MIT Press, pp. 103—110.

34 Haber RN, Haber RB. 1964. Eidetic imagery. I: Frequency. *Perceptual and Motor Skills* 19: 131—138.

35 Stromeyer CF, Psotka J. 1970. The detailed texture of eidetic images. *Nature* 225: 346—349.

36 Dann KT. 1999. *Bright Colors Falsely Seen: Synesthesia and the Search for Transcendental Knowledge*. New Haven: Yale University Press; Johnson DB. 1985. *Worlds in Regression: Some Novels of Vladimir Nabokov*. Ann Arbor: Ardis.

37 Nabokov V. 1969. *Ada or Ardor: A Family Chronicle*. New York: McGraw-Hill, p. 584.

38 Nabokov V. 1962. *Pale Fire*. New York: Putnam, p. 34.

39 Correspondence of October 10, 1985.

40 Correspondence to Dr. Cytowic of May 6, 2001.

41 Posting to The Synesthesia List of 2/14/06.

42 Klüver H. 1966. *Mescal and Mechanisms of Hallucinations*. Chicago: University of Chicago Press, p. 22.

43 Siegel RK. 1977. Hallucinations. *Scientific American* 237 (4): 132—140; Siegel RK, Jarvik ME. 1975. Drug-induced hallucinations in animals and man, pp. 81—162 in RK Siegel, LJ West (eds.), *Hallucinations: Behavior, Experience, and Theory*. New York: Wiley.

44 Horowitz MJ. 1975. Hallucinations: An information processing approach, in RK Siegel, LJ West (eds.), *Hallucinations: Behavior, Experience and Theory*. New York: Wiley.

45 Cytowic, RE. 2002. Simple synesthesia and deafferentation, pp. 114—120 in *Synesthesia: A Union of the Senses*, 2nd ed. Cambridge: MIT Press.

46 McKellar P. 1957. *Imagination and Thinking*. New York: Basic Books.

47 Downey J. 1911. A case of colored gestation. *American Journal of Psychology* 22: 528—539.

48 Siegel RK, Jarvik ME. 1975. Drug-induced hallucinations in animals and man, pp. 81—162 in RK Siegel, LJ West (eds.), *Hallucinations: Behavior, Experience, and Theory*. New York: Wiley.

Chapter 3　岂不让我棕色的自我变得蓝调?

1 Jordan DS. 1917. The colors of letters. *Science* 46 (1187): 311—312.

2 Baron-Cohen S, Burt L, Smith-Laittan F, et al. 1996. Synaesthesia: Prevalence and familiality. *Perception* 25 (9): 1073—1079.

3 Eagleman DM, et al. 2006. A standardized test for synesthesia.

4 Simner J, Glover L, Mowat A. 2006. Linguistic determinants of word colouring in grapheme-colour synaesthesia. *Cortex* 42: 281—289.

5 Dixon MJ, Smilek D, Merikle PM. 2004. Not all synaesthetes are created equal: Projector versus associator synaesthetes. *Cognitive, Affective and Behavioral Neuroscience* 4 (3): 335—343.

6 Maurer D. 1997. Neonatal synesthesia: Implications for the processing of speech and faces, pp. 224—242 in S Baron-Cohen, JE Harrison (eds.), *Synaesthesia: Classic and Contemporary Readings*. Cambridge: Blackwell Publishers; also see Ramachandran and Hubbard, 2001.

7 Nunn JA, Gregory LJ, Brammer M, et al. 2002. Functional magnetic resonance imaging of synesthesia: Activation of V4/V8 by spoken words. *Nature Neuroscience* 5: 371—375.

8 Ramachandran, VS & Hubbard, EM. (2001). Psychophysical investigations into the neural basis of synaestehsia. Proceedings of the Royal Society of London B, 268: 979—983.

9 Myles KM, Dixon MJ, et al. 2003. Seeing double: The role of meaning in alphanumeric-colour synaesthesia. *Brain and Cognition* 53 (2): 342—345.

10 Dixon MJ, Smilek D, Cudahy C, Merikle PM. 2000. Five plus two equals yellow. *Nature* 406 (6794): 365.

11 Smilek D, Dixon MJ, Cudahy C, Merikle PM. 2002. Concept driven color experiences in digit - color synesthesia. *Brain and Cognition* 48 (2—3): 570—573.

12 Hubbard EM, Manohar S, Ramachandran VS. 2006. Contrast affects the strength of synesthetic colors. *Cortex* 42: 184—194.

13 Baron-Cohen S, Harrison J, et al. 1993. Coloured speech perception: Is synaesthesia what happens when modularity breaks down? *Perception* 22 (4): 419—426.

14 Day S. 2005. Some demographic and socio-cultural aspects of synesthesia, pp. 11—33 in LC Robertson, N Sagiv (eds.), *Synesthesia: Perspectives from Cognitive Neuroscience*. New York: Oxford University Press.

15 Simner J et al. 2005. Non-random associations of graphemes to colors in synaesthetic and normal populations. *Cognitive Neuropsychology* 22 (8): 1069—1085.

16 Berlin B, Kay P. 1969. *Basic Color Terms: Their Universality and Evolution*. Berkeley: University of California Press.

17 Shanon B. 1982. Colour associates to semantic linear orders. *Psychological Research* 44: 75—83.

18 Witthoft N, Winawer J. 2006. Synesthetic colors determined by having colored refrigerator magnets in childhood. *Cortex* 42: 175—183.

19 Rich AN, Bradshaw JL, Mattingley JB. 2005. A systematic large-scale study of synaesthesia: Implications for the role of early experience in lexical-color associations. *Cognition* 98: 53—84.

20 Simner J, Glover L, Mowat A. 2006. Linguistic determinants of word colouring in grapheme-colour synaesthesia. *Cortex* 42: 281—289; Simner J et al. 2005. Non-random associations of graphemes to colors in synaesthetic and normal populations. *Cognitive Neuropsychology* 22 (8): 1069—1085.

21 Smilek D, Dixon MJ, Cudahy C, Merikle PM. 2002. Synesthetic color experiences influence memory. *Psychological Science* 13 (6): 548—552.

22 Simner J, Holenstein E. 2007. Ordinal linguistic personification as a variant of synesthesia. *Journal of Cognitive Neuroscience* 19 (4): 694—703; Simner J, Hubbard EM. 2006. Variants of synesthesia interact in cognitive tasks: Evidence for implicit associations and late connectivity in cross-talk theories. *Neuroscience* 143 (3): 805—814.

23 Day S. 2005. Some demographic and socio-cultural aspects of synaesthesia. In LC Robertson, N Sagiv (eds.), *Synaesthesia: Perspectives from Cognitive Neuroscience*. Oxford: Oxford University Press.

24 Noam Sagiv, Olufemi Olu-Lafe, Maina Amin, and Jamie Ward (2006). Grapheme personification: A profile. *UK Synaesthesia Association 2nd Annual Meeting* (April 22— 23). London, UK.

25 Brumbaugh RS. 1981. *ThePhilosophers of Greece*. Albany: State University of New York Press.

26 Calkins MW. 1895. Synaesthesia. *American Journal of Psychology* 7, 90—107.

27 请注意，法国科学家 T. 弗卢努瓦（Flournoy）1893 年就已发表了关于字形人格化现象的研究：卡尔金斯是否知晓他的文章这一点无法确定。

28 Calkins MW. 1895. Synaesthesia. *American Journal of Psychology* 7, 90—107, p. 100.

29 Simner, J, Holenstein E. (2007). Ordinal linguistic personification as a variant of synesthesia. *Journal of Cognitive Neuroscience*. 19 (4): 694—703.

30 Noam Sagiv, Olufemi Olu-Lafe, Maina Amin, and Jamie Ward (2006). Grapheme personification: A profile. *UK Synaesthesia Association 2nd Annual Meeting*. April 22—23. London, UK.

Chapter 4 通过耳朵看世界

1 Cytowic，interview of October 21，1983.

2 English H. 1923. Colored hearing. *Science* 57：444；Helson H. 1933. A child's spontaneous reports of imagery. *American Journal of Psychology* 45：360—361.

3 Riggs L，Karwoski T. 1934. Synesthesia. *British Journal of Psychology* 25：29—41；Simpson R，Quinn M，Ausubel D. 1956. Synesthesia in children：Associations of colors with pure tone frequencies. *Journal of Genetic Psychology* 89：95—103.

4 Whitchurch AK. 1922. Synesthesia in a child of three and a half years. *American Journal of Psychology* 33：302—303.

5 Cytowic，correspondence of July 6，2001.

6 Ziegler MJ. 1930. Tone shapes：A novel type of synesthesia. *Journal of General Psychology* 3：227—287.

7 Eagleman，personal communication with Laurel Smith，October 18，2005.

8 Quoted from an anonymous article in the *Neuen Berliner Musikzeitung*（August 29，1895）；also quoted in Mahling F. 1926. Das Problem der "Audition colorée"：Eine historische-kritische Untersuchung. *Archiv für Gesamte Psychologie* 57：165— 301.

9 Cytowic RE. 2002. *Synesthesia：A Union of the Senses*. 2nd ed. Cambridge：MIT Press，pp. 208—312.

10 Samuel C. 1976. *Conversations with Olivier Messiaen*（F Aprahamian，trans.）. London：Stainer and Bell，p. 93.

11 Messiaen O. 1977. *Aux canyons des etoiles*. Liner notes，Erato STU70974/975（recording）. Paris：Alphonse Leduc.

12 Bernard JW. 1986. Messiaen's synaesthesia：The correspondence between color and sound structure in his music. *Music Perception* 4（1）：41—68.

13 Messiaen O. 1944. *The Technique of My Musical Language*，vol. 1（J Satterfield，trans.）. Paris：Alphonse Leduc，p. 51.

14 Samuel C. 1976. *Conversations with Olivier Messiaen*（F Aprahamian，trans.）. London：Stainer and Bell；Goléa A. 1960. *Rencontres avec Olivier Messiaen*. Paris：Julliard.

15 Amoore JE. 1977. Specific anosmia and the concept of primary odors. *Chemical Senses and Flavor* 2：267—281.

16 Profitta J，Bidder H. 1988. Perfect pitch. *Journal of Musical Genetics* 29（4）：

763—771.

17　Schlaug G, Jancke L, Huang Y, Steinmetz H. 1995. In vivo evidence of structural brain asymmetry in musicians. *Science* 267: 699—701.

18　über das Geistige in der Kunst (1912; Bern, 1952); trans. and ed. Kenneth C Lindsay and Peter Vergo, under the title *On the Spiritual in Art*. *Kandinsky: Complete Writings on Art*, 2 vols. (Boston, 1982).

19　She was featured in the BBC *Horizon* documentary, "Orange Sherbet Kisses," broadcast December 13, 1994.

20　Marks LE. 1974. On associations of light and sound: The mediation of brightness, pitch, and loudness. *American Journal of Psychology* 87: 173—188; Marks LE, Hammeal RJ, Bornstein MH. 1987. Perceiving similarity and comprehending metaphor. *Monographs of the Society for Research in Child Development* 52: 1—93; Marks LE. 2004. Cross-modal interactions in speeded classification, pp. 85—106 in G Calvert, C Spence, BE Stein (eds.), *Handbook of Multisensory Processes*. Cambridge: MIT Press.

21　Hubbardd TL. 1996. Synesthesia-like mappings of lightness, pitch, and melodic interval. *American Journal of Psychology* 109: 219—238.

22　Ward J, Huckstep B, Tsakanikos E. 2005. Sound-colour synaesthesia: To what extent does it use cross-modal mechanisms common to us all? *Cortex* 42: 264— 280.

23　Rizzo MR, Esslinger PJ. 1989. Colored hearing synesthesia: Investigation of neural factors in a single subject. *Neurology* 39: 781—784.

24　Maurer D, Mondlach CJ. 2005. Neonatal synesthesia: A reevaluation, pp. 193—213 in LC Robertson, N Sagiv (eds.), *Synesthesia: Perspectives from Cognitive Science*. New York: Oxford University Press; Cytowic RE. 2002. *Synesthesia: A Union of the Senses*, 2nd ed., pp. 271—293.

25　Stein BE, Meredith MA. 1993. *The Merging of the Senses*. Cambridge: MIT Press.

26　Vroomen J, De Gelder B. 2004. Perceptual effects of cross-modal stimulation: Ventriloquism and the freezing phenomenon, pp. 141—150 in G Calvert, C Spence, BE Stein (eds.), *Handbook of Multisensory Processes*. Cambridge: MIT Press.

27　McGurk G, MacDonald J. 1976. Hearing lips and seeing voices. *Nature* 264: 746—748.

28　Schwartz J, Robert-Ribes J, Escudier JP. 1998, p. 319 in R Campbell, B Dodd, DK Burnham (eds.), *Hearing by Eye*. East Sussex: Hove.

29　Shams L, Kamitani Y, Shimojo S. 2000. Illusions: What you see is what you hear. *Nature* 408 (6814): 788.

30 Gebhard and Mowbray, 1959; Shipley, 1964; Welch, Duttonhurt, and Warren, 1986.

31 Eagleman DM. 2001. Visual illusions and neurobiology. *Nature Reviews Neuroscience* 2 (12): 920—926.

32 Loe PR, Benevento LA. 1969. Auditory-visual interaction in single units in the orbito-insular cortex of the cat. *Electroencephalography and Clinical Neurophysiology* 26: 395—398; Benevento LA, Fallon J, Davis BJ, Rezak M. 1977. Auditory-visual interaction in single cells in the cortex of the superior temporal sulcus and the orbital frontal cortex of the macaque monkey. *Experimental Neurology* 57: 849—872; Meredith MA, Nemitz JW, Stein BE. 1987. Determinants of multisensory integration in superior colliculus neurons. I: Temporal factors. *Journal of Neuroscience* 7: 3215— 3229; Eagleman, 2008 *Cortex* (in Press).

33 Calvert GA et al. 1997. Activation of auditory cortex during silent lipreading. *Science* 276: 593—596.

34 Macaluso E, Frith CD, Driver J. 2000. Modulation of human visual cortex by crossmodal spatial attention. *Science* 289: 1206—1208.

35 de Gelder B, Bocker KB, Tuomainen J. et al. 1999. The combined perception of emotion from voice and face: Early interaction revealed by human electric brain responses. *Neuroscience Letter* 260: 133—136.

36 Lewkowicz D, Turkewitz G. 1980. Cross-modal equivalence in infancy: Auditory- visual intensity matching. *Developmental Psychology* 16: 597—607.

37 Marks LE. 2004. Cross-modal interactions in speeded classification, pp. 85—106 in G Calvert, C Spence, BE Stein (eds.), *Handbook of Multisensory Processes*. Cam- bridge: MIT Press.

38 Wallace MT. 2004. The development of multisensory integration, pp. 625—642 in G Calvert, C Spence, BE Stein (eds.), *Handbook of Multisensory Processes*. Cam- bridge: MIT Press.

39 Eagleman DM. In press. *Ten Unsolved Questions of Neuroscience*. New York: Oxford University Press.

40 Neville HJ. 1995. Developmental specificity in neurocognitive development in humans. In M Gazzaniga (ed.), *The Cognitive Neurosciences*. Cambridge: MIT Press.

41 Falchier A, Clavagnier S, Barone P, Kennedy H. 2002. Anatomical evidence of multimodal integration in primate striate cortex. *Journal of Neuroscience* 22: 5749— 5759.

42 Innocenti et al., 1988.

43 Lickliter R, Bahrick LE. 2004. Perceptual development and the origins of multi-sensory responsiveness, pp. 643—654 in G Calvert, C Spence, BE Stein (eds.), Hand- book of Multisensory Processes. Cambridge: MIT Press.

Chapter 5 十一月悬挂在我的左上方

1 Galton F. 1880. Visualized numerals. *Nature* 22: 494—495; Smilek D, Callejas A, Merikle P, Dixon M. 2006. Ovals of time: Space—time synesthesia. *Consciousness and Cognition* 16 (2): 507—519.

2 Wheeler RH, Cutsforth TD. 1921. The number forms of a blind subject. *American Journal of Psychology* 32: 21—25.

3 Piazza M, Pinel P, Dehaene S. 2006. Objective correlates of a peculiar subjective experience: A single-case study of number-form synaesthesia. *Cognitive Neuropsy-chol- ogy* 23 (8): 1081—1082.

4 Dehaene S, Molko N, Cohen L, Wilson A. 2004. Arithmetic and the brain. *Current Opinion in Neurobiology* 14: 218—224; Dehaene S. 2001. Précis of the number sense. *Mind & Language* 16: 16—36; Dehaene S, Dehaene-Lambertz G, Cohen L. 1998. Abstract representations of numbers in the animal and human brain. *Trends in Neuroscience* 21: 355—361.

5 Sagiv N, Simner J, Collins J, Butterworth B, Ward, J. 2006. What is the relation- ship between synaesthesia and visuo-spatial number forms? *Cognition* 101 (1): 114—128.

6 Shanon B. 1982. Color associates to semantic linear orders. *Psychological Research* 44: 75—83 (4.5% figure); Seron X, Peseenti M, Noel M-P, et al. 1992. Images of numbers or "when 98 is upper left and 6 is sky blue." *Cognition* 44: 159—196 (12% figure).

7 See Piazza et al., 2006; Sagiv et al., 2006b; Smilek et al., 2006.

8 McKelvie SJ, Rohrberg MM. 1978. Individual differences in reported visual imagery and cognitive performance. *Perceptual and Motor Skills* 46 (2): 451—458.

9 Dehaene S, Bossini S, Giraux P. 1993. The mental representation of parity and numerical magnitude. *Journal of Experimental Psychology: General* 122: 371—396; Fias W, Brysbaert M, Geypens F, D'ydewalle G. 1996. The importance of magnitude information in numerical processing: Evidence from the SNARC effect. *Mathematical Cognition* 2: 95—110; Hubbard EM, Piazza M, Pinel P, Dehaene S. 2005. Interactions between number and space in parietal cortex. *Nature Reviews Neuroscience* 6 (6): 435—448.

10 Hubbard EM, Piazza M, Pinel P, Dehaene S. 2005. Interactions between number and space in parietal cortex. *Nature Reviews Neuroscience* 6 (6): 435—448.

11 Plodowski A, Swainson R, Jackson GM, Rorden C, Jackson SR. 2003. Mental representation of number in different numerical forms. *Current Biology* 13 (23): 2045—2050.

12 See Hubbard et al. 2005.

13 McTaggart JME. 1908. The unreality of time. *Mind* 18: 457—484; Russell B. 1915. On the experience of time. *The Monist* 25: 212—233; Callender C. 2000. Shedding light on time. *Philosophy of Science* 67 (Proceedings): S587—S599.

14 想要进一步了解时间的哲学,请参见麦克塔加特的 B 理论（Mc Taggart's B-properties），以及克雷格・卡伦德（Craig Callender）的论文。无时态哲学家们说时间里的事件是相对的,就像"在某某的北边"是相对的一样——也就是强调事物之间的关系。

Chapter 6　味觉？品味？

1 许多人都不熟悉第五种基础味觉,它名为鲜味（umami）或"肉味",以谷氨酸钠（即味精——译注）为代表。另外四种基础味觉的典型刺激源是蔗糖（甜）、氯化钠（咸）、柠檬酸（酸）,以及奎宁（苦）。

2 Pritchard TC, Macaluso DA, Eslinger PJ. 1999. Taste perception in patients with insular cortex lesions. *Behavioral Neuroscience* 113: 663—671.

3 Royet JP, Koenig O, Gregoire MC, et al. 1999. Functional anatomy of perceptual and semantic processing for odors. *Journal of Cognitive Science* 11 (1): 94—109.

4 In a keynote speech at the United Kingdom Synaesthesia Association, Charles Spence suggested that it might not be reasonable to talk about independent senses of taste and smell but rather to refer to the composite "flavor" sense.

5 Stevenson RJ, Boakes RA. 2004, pp. 69—84 in G Calvert, C Spence, BE Stein (eds.), *Handbook of Multisensory Processes*. Cambridge: MIT Press.

6 Dravnieks A. 1985. *Atlas of Odor Character Profiles*. ASTM Data Series DS61. Philadelphia: AASTM.

7 Baeyens F, Eelen P, van den Bergh O, Crombez G. 1990. Flavor—flavor and color— flavor conditioning in humans. *Learning and Motivation* 21: 434—455.

8 Stevenson RJ, Boakes RA. 2004, pp. 69—84 in G Calvert, C Spence, BE Stein (eds.), *Handbook of Multisensory Processes*. Cambridge: MIT Press.

9 Interview of May 9, 1981.

10 Liu H, Hockenberry M, Selker T. 2005. http://web.media.mit.edu/~hugo/

publications/papers/SIGGRAPH2005-SynaestheticRecipes. pdf.

11 Interview of March 1981.

12 For statistical results, see Cytowic RE. 2002. *Synesthesia: A Union of the Senses*, 2nd ed. Cambridge: MIT Press, pp. 91—97.

13 Cytowic RE. 2002. *Synesthesia: A Union of the Senses*, 2nd ed. Cambridge: MIT Press, pp. 86—98.

14 Harrison JE. 2001. *Synaesthesia: The Strangest Thing*. New York: Oxford University Press, pp. 170—174.

15 R. L. 多蒂、P. 沙曼 (Shaman)、M. 丹恩 (Dann)，1984 年，《宾大嗅觉测试——一种标准化微胶囊嗅觉功能测试——的研制》(*Development of the University of Pennsylvania Smell Identification Test: A standardized microencapsulatded test of olfactory function*)。载《生理与行为》(专著) [*Physiology&Behavior* (Monograph)] 32: 489—502。这是目前世界上使用最广泛的嗅觉测试。正是通过这种测试，首次发现了嗅觉丧失是阿尔兹海默氏症、帕金森氏症，以及其他数种神经退化性疾病的最初迹象。

16 Cytowic RE. 2002. *Synesthesia: A Union of the Senses*, 2nd ed. Cambridge: MIT Press, pp. 138—144.

17 For detailed data, see Cytowic RE. 2002. *Synesthesia: A Union of the Senses*, 2nd ed. Cambridge: MIT Press, pp. 143—144.

18 For details, see Cytowic RE. 2002. *Synesthesia: A Union of the Senses*, 2nd ed. Cambridge: MIT Press, pp. 133—167.

19 See Sean Day and Dr. Eagleman in the Discovery Channel documentary *One Step Beyond*. http://youtube. com/watch? v=DvwTSEwVBfc.

20 Downey JE. 1911. A case of colored gustation. *American Journal of Psychology* 22: 528—539.

21 Luria AR. 1968. *The Mind of a Mnemonist*. New York: Basic Books, p. 82.

22 Luria AR. 1968. *The Mind of a Mnemonist*. New York: Basic Books, p. 23.

23 Luria AR. 1968. *The Mind of a Mnemonist*. New York: Basic Books, p. 134.

24 Luria AR. 1968. *The Mind of a Mnemonist*. New York: Basic Books, p. 82.

25 Schultze E. 1912. Krankhafter Wandertrieb, rumlich beschrnkte Taubheit für bestimmte Tne und "tertiare" Empfindungen bei einem Psychopathen. *Zeitschrift für die gesamte Neurologie und Psychiatrie* 10: 399.

26 Beeli G, Esslen M, Jancke L. 2005. Synaesthesia: When coloured sounds taste sweet. *Nature* 434 (7029): 38.

27 Ward J, Simner J, Auyeung V. 2005. A comparison of lexical—gustatory and

grapheme—colour synaesthesia. *Cognitive Neuropsychology* 22（1）：28—41.

28　Ward J，Simner J. 2003. Lexical—gustatory synaesthesia：Linguistic and conceptual factors. *Cognition* 89：237—261.

29　Broadcast of October 8，2004.

30　Luria AR. 1968. *The Mind of a Mnemonist*. New York：Basic Books，p. 82.

31　Pierce AH. 1907. Gustatory audition：A hitherto undescribed variety of synaesthesia. *American Journal of Psychology* 18：341—352.

32　Van Orden GC. 1987. A rows is a rose：Spelling，sound，and reading. *Memory and Cognition* 14：371—386.

33　Gray JA，Chopping S，Nunn J，et al. 2002. Implication of synaesthesia for functionalism. *Journal of Consciousness Studies* 9：5—31.

34　Ward J，Collins J，Auyeung V. 2003. Word—taste synaesthesia is an automatic and perceptual phenomenon. *Journal of Cognitive Neuroscience* 15（suppl）：51.

35　Hubbard EH，Ramachandran VS. 2005. Individual differences among grapheme—color synesthetes：Brain—behavior correlations. *Neuron* 45：1—11.

36　这样的区域包括岛叶(insula)，一个叫作屏状核（claustrum）的深层部位，以及顶叶盖（parietal operculum），还有大脑底面眶额叶（orbitofrontal）一个味觉敏感区域，这里也对色彩、气味，以及可食用性判断敏感。J. P. 罗耶特（Royet）、J. 于德里（Hudry）、J. H. 扎尔德（Zald）等，2001 年，《不同嗅觉判断的功能性神经解剖学》（*Functional neuroanatomy of different olfactory judgments*），载《神经影像》（*Neuroimage*）13：506—519；E. T. 罗尔斯（Rolls）、L. L. 贝里斯（Bayliss），1944 年，《灵长类动物眶额叶皮层中的味觉、嗅觉和视觉聚集》（*Gustatory，olfactory and visual convergence within the primate orbitofrontal cortex*），载《神经科学期刊》（*Journal of Neuroscience*）14：5437—5452。

Chapter 7　光环、高潮和紧张的桃子

1　Correspondence of April 2，1986.

2　Posting to The Synesthesia List，September 2，2005.

3　Riggs LA，Karwoski T. 1934. Synaesthesia. *British Journal of Psychology* 25：29—41.

4　Posting to The Synesthesia List，September 6，2005.

5　Posting to The Synesthesia List，September 1，2005.

6　Correspondence of July 25，2005. Her synesthesias are（［emotion．color，shape］＋［pain．color］［music．shaped touch］）.

7　Ward J. 2004. Emotionally mediated synaesthesia. *Cognitive Neuropsychology* 21

（7）：761—772.

8　Ramachandran VS, Hubbard EM. 2001. Psychophysical investigations into the neural basis of synaesthesia. *Proceedings of the Royal Society of London B* 268：979— 983.

9　D'Andrade R, Egan M. 1975. The colors of emotion. *American Ethnologist* 1：49—63.

10　Shah NJ, Marshall JC, Safiris O, et al. 2001. The neural correlates of person familiarity：A functional MRI imaging study with clinical applications. *Brain* 124：804—815；Maddock RJ, Buonocore MH. 1997. Activation of the left posterior cingulate gyrus by the auditory presentation of threat related words：An fMRI study. *Psychiatry Research* 75：1—14.

11　Maddock JR. 1999. The retrosplenial cortex and emotion：New insights from functional neuroimaging of the human brain. *Trends in Neuroscience* 22：310—316.

12　Weiss PH, Shah NJ, Toni I, Zilles K, Fink GR. 2001. Associating colours with people：A case of chromatic—lexical synaesthesia. *Cortex* 37：750—753.

13　性高潮触发自主神经系统的活动（包括交感神经和副交感神经），同时也引发大脑边缘系统的剧烈活动。参见 B. R. 可米萨鲁克（Komisaruk）、B. 惠普尔（Whipple），2005 年，《女性性高潮期间的脑部功能性磁共振成像》（*Functional MRI of the brain during orgasm in women*）。载《性学研究年度评论》（*Annual Review of Sex Research*）16：62—86。

14　Account of May 9, 1981.

15　Ramachandran VS, Hubbard EM. 2001. Psychophysical investigations into the neural basis of synaesthesia. *Proceedings of the Royal Society of London B* 268：979—983.

16　Swinkels WAM, Kuyk J, van Dyck J, Spinhoven PH. 2005. Psychiatric comorbid- ity in epilepsy. *Epilepsy and Behavior* 7：37—50.

17　Gloor P, Olivier A, Quesney LF, et al. 1982. The role of the limbic system in experiential phenomena of temporal lobe epilepsy. *Annals of Neurology* 12：129—144.

18　Schomer DL, O'Coonnor M, Spiers P, et al. 2000. Temporolimbic epilepsy and behavior, pp. 377—388 in M-M Mesulam（ed.），*Principles of Behavioral and Cognitive Neurology*. New York：Oxford University Press.

19　Persinger MA. 1983. Religious and mystical experiences as artifacts of temporal lobe function：A general hypothesis. *Perceptual and Motor Skills* 57：1255—1262；Persinger MA. 1989. The "visitor" experience and the personality：The temporal lobe factor. *Archaeus* 5：157—171.

20　Gloor P. 1972. Temporal lobe epilepsy：Its possible contribution to the under- standing of the significance of the amygdala and its interaction with neocortical— temporal mechanisms，pp. 423—457 in BE Eleftheriou（ed.），*The Neurobiology of the Amygdala*. New York：Plenum Press；Gloor P. 1986. Role of the human limbic system in perception，memory，and affect：Lesions from temporal lobe epilepsy，pp. 159—169 in BK Doane，KE Livingston（eds.），*The Limbic System：Functional Or- ganization and Clinical Disorders*. New York：Raven Press.

21　Cytowic RE. 1996. *The Neurological Side of Neuropsychology*. Cambridge：MIT Press，pp. 402—404.

22　Ramachandran VS，Hirstein WS，Armel KC，et al. 1997. The neural basis of reli- gious experience. *Society for Neuroscience Abstracts* 23：1316.

23　Bear D. 1979. Temporal lobe epilepsy：A syndrome of sensory limbic hypercon- nectionism. *Cortex* 15：357—384.

24　这种解释的机制可能是所谓的"左脑翻译者"理论；参见 M. S. 加扎尼加（Gazzaniga）、J. C. 埃利亚森（Eliassen）、L. 尼桑森（Nisenson）、C. M. 韦辛格（Wessinger）、K. B. 贝恩斯（Baynes），1996 年，《一位胼胝体切开术患者脑半球之间的协作：新兴的右半球说话，左半球翻译理论》（*Collaboration between the hemispheres of a callosotomy patient：Emerging right hemisphere speech and the left brain interpret- er*），载《大脑》（*Brain*）119：1255—1262；另请参见 R. E. 西托维奇，2008 年，《我的自我神经成像：一部关于理智、情感与超脱的回忆录》　（*My Auto- Neurography：A Memoir of Intellect，Emotion，and Detachment*）第二章。

Chapter 8　隐喻、艺术与创造力

1　Ramachandran VS，Hubbard EM. 2001. Synaesthesia—A window into perception，thought，and language. *Journal of Consciousness Studies* 8（12）：3—34.

2　Marks LE. 1989. On cross-modal similarity：The perceptual structure of pitch，loudness，and brightness. *Journal of Experimental Psychology：Human Perception and Performance* 15：586—602. See also Simpson L，Quinn M，Ausubel DT. 1956. Synes- thesia in children：Association of color with pure tone frequencies. *The Journal of Genetic Psychology* 89：95—103.

3　食物的颜色除了会改变对葡萄酒的味觉之外，其甚至能够在可察觉的程度上改变大脑的反应；参见乌斯特鲍尔（Osterbauer）等，2005 年，《气味的色彩：色彩刺激调节人类大脑对气味的反应》（*Color of scents：Chromatic stimuli modulate* odor responses in the human brain).载《神经生理学期刊》（*Journal of Neuro-physiology*）93（6）：3434—3441。

4 See also Seitz JA. 2005. The neural, evolutionary, developmental, and bodily basis of metaphor. *New Ideas in Psychology* 23：74—95.

5 Kohler W. 1929/1947. *Gestalt Psychology*, 2nd ed. New York：Liveright；Ramach- andran and Hubbard called our attention to this work in their 2001 paper, Synesthesia—A window into perception, thoughts, and language. *Journal of Consciousness Studies* 8（12）：3—34.

6 许多例子来自 G. 拉科夫、M. H. 约翰逊（Johnson），1980 年，《我们赖以生存的隐喻》（*Metaphors We Live By*），芝加哥：芝加哥大学出版社（University of Chicago Pross）。我们的论述与他们的非常接近。

7 Marks LE，Hammeal RJ，Bornstein MH. 1987. Perceiving similarity and comprehending metaphor. *Monographs of the Society for Research in Child Development* 52：1—93；Marks LE，Bornstein MH. 1987. Sensory similarities：Classes, character- istics, and cognitive consequences, pp. 49—65, in RE Haskell（ed.），*Cognition and Symbolic Structures：The Psychology of Metaphoric Transformation*. Norwood, NJ：Ablex.

8 Morgan GA, Goodson FE, Jones T. 1975. Age differences in the associations between felt temperatures and color choices. *American Journal of Psychology* 88（1）：125—130.

9 The psychologist Charles Osgood proposed there was a natural human tendency to think in terms of opposites. Osgood CE. 1952. The nature and measurement of meaning. *Psychological Bulletin* 49：197—237.

10 Marks LE. 1974. On associations of light and sound：The mediation of brightness, pitch, and loudness. *American Journal of Psychology* 87：173—188.

11 Marks LE. 1989. On cross-modal similarity：The perceptual structure of pitch, loudness, and brightness. *Journal of Experimental Psychology：Human Perception and Performance* 15：586—602.

12 Day S. 1996. Synesthesia and synesthetic metaphors. *PSYCHE：An Interdisciplin- ary Journal of Research on Consciousness* 2（32）. http：//psyche. cs. monash. edu. au/v2/ psyche-2-32-day. html

13 Bruner J. 1964. The course of cognitive growth. *American Psychologist* 19：1—15.

14 Vygotsky L. 1965. *Thought and Language*. Cambridge：MIT Press.

15 James W. 1890. *The Principles of Psychology*. New York：Dover.

16 Meltzoff A, Moore M. 1992. Early imitation within a functional framework. *Infant Behavior and Development* 15: 479—505.

17 Tzourio-Mazoyer N, De Schonen S, Crivello F, et al. 2002. Neural correlates of woman face processing by 2-month-old infants. *Neuroimage* 15: 454—461.

18 Tellegen A, Atkinson G. 1978. Openness to absorbing and self altering experiences ("absorption"): A trait related to hypnotic susceptibility. *Journal of Abnormal Psychology* 83: 268—277.

19 Unpublished dissertation.

20 Domino G. 1989. Synesthesia and creativity in fine art students: An empirical look. *Creativity Research Journal* 2 (1—2): 17—29; Ternaux JP. 2003. Synesthesia: A mul- timodal combination of senses. *Leonardo* 36: 321—322.

21 Interview with Dr. Cytowic on NBC's "Sightings."

22 Samuel C. 1976. *Conversations with Olivier Messaien* (F Aprahamian, trans.). London: Stainer and Bell, p. 125.

23 Samuel C. 1976. *Conversations with Olivier Messaien* (F Aprahamian, trans.). London: Stainer and Bell, p. 91.

24 Samuel C. 1976. *Conversations with Olivier Messaien* (F Aprahamian, trans.). London: Stainer and Bell.

25 Interview on "The Infinite Mind," National Public Radio, broadcast of January 12, 2005. Available at http: //www. cafepress. com/lcmedia/350315.

26 Correspondence of August 10, 1981.

27 Duchting HJ. 1997. *Painting Music*. New York: Prestel, pp. 17, 65.

28 Dann K. 1998. *Bright Colors, Falsely Seen: Synesthesia and the Search for Transcen- dental Knowledge*. New Haven: Yale University Press.

29 Translation for the author by American poet Edwin Honig.

30 Berlin B, Kay P. 1969. *Basic Color Terms*. Berkeley and Los Angeles: University of California Press.

31 Myers CS. 1914—1915. Two cases of synaesthesia. *British Journal of Psychology* 7: 112—117.

32 这一术语(synesthesia euphoria)要归功于音乐学家约尔格·伊万斯基 (Jörg Jewanski)。

33 Blavatsky HP. 1888/1999. *The Secret Doctrine: The Synthesis of Science, Religion and Philosophy*. Pasadena: Theosophical University Press.

34 Plummer HC. 1915. Color music—A new art created with the aid of science. The color organ used in Scriabin's symphony "Prometheus." *Scientific American* (April

10）；Sullivan JWN. 1914. An organ on which color compositions are played：The new art of color music and its mechanism. *Scientific American* （February 21）.

35　Fischinger O. 1949. "True Creation," Knokke-le-Zoute Film Festival notes, reprinted in W Moritz, 2004. *Optical Poetry：The Life and Work of Oskar Fischinger*. London：John Libbey, p. 192.

36　Disney W, quoted in W Moritz, 2004. *Optical Poetry：The Life and Work of Oskar Fischinger*. London：John Libbey, p. 84.

37　带有双份镰状红细胞基因的人将患上严重疾病。但是只带有单份基因的人能因为具有疟疾抵抗力而获益。

38　Hunt HT. 2005. Synaesthesia, metaphor, and consciousness. *Journal of Consciou- isness Studies* 12 （12）：26—45.

39　Wild T, Kuiken D, Schopflocher D. 1995. The role of absorption in experiential involvement. *Journal of Personality and Social Psychology* 69：569—579.

40　Root-Bernstein R, Root-Bernstein M. 1999. *Sparks of Genius：The Thirteen Thinking Tools of the World's Most Creative People*. Boston：Houghton Mifflin.

41　Daily A, Martindale C, Borkum J. 1997. Creativity：Synesthesia and physiognomic perception. *Creativity Research Journal* 10：1—8.

42　Ramachandran VS. 2004. *A Brief Tour of Human Consciousness*. New York：Pi Press, p. 74.

43　Ramachandran and Hubbard, 2001.

44　Geschwind N. 1964, p. 155 in CJJM Stuart （ed.）, *Monograph Series on Language and Linguistics*, No. 17. Washington, DC：Georgetown University.

45　Popper KR, Eccles JC. 1977. *The Self and Its Brain*. New York：Springer Verlag, p. 469.

46　Flechsig P. 1901. *Lancet* 2：1027；Yakovlev P. 1962. Morpholological criteria of growth and maturation of the nervous system in man. *Research Publications of the Association for Nervous and Mental Disorders* 39：3—46；Yakovlev PI, Lecours AR. 1967. The myelogenetic cycles of regional maturation of the brain, pp. 3—70 in A Minkowski （ed.）, *Regional Development of the Brain in Early Life*. Oxford：Blackwell.

47　Pepperberg I. 1999. *The Alex Studies：Cognitive and Communicative Abilities of Grey Parrots*. Cambridge：Harvard University Press；Herman L, Richards D, Wolz J. 1984. Comprehension of sentences by bottle nosed dolphins. *Cognition* 16：129— 219.

48　Geschwind N. 1965. Disconnection syndromes in animals and man, Part I （p.

275). *Brain* 88：237—294.

49   The phrase comes from Hans-Lucas Teuber. 1961. Sensory deprivation，sensory suppression and agnosia：Notes for neurologic theory. *Journal of Nervous and Mental Diseases* 132：32—40.

50   Domino G. 1989. Synesthesia and creativity in fine art students：An empirical look. *Creativity Research Journal* 2（1—2）：17—29.

51   瑞文氏标准推理测验是一种非语文智力测验，与标准智商测验和韦克斯勒成人智力量表修订版（Wechsler Adult Intelligence Scale—Revised），以及类似的语文智商和操作智商测试都关联得很好。J. C. 瑞文，1956 年，《瑞文氏标准推理测验操作指南》（*Guide to Using the Raven's Progressive Matrices*）。伦敦：HE Lewis。

52   Torrance JP. 1966. *Thinking Creatively with Words*. Princeton：Personnel Press.

53   Steen CJ. 2001. Visions shared：A firsthand look into synesthesia and art. *Leonardo* 34：203—208；Ternaux JP. 2003. Synesthesia：A multimodal combination of senses. *Leonardo* 36：321—322；Berman G. 1999. Synesthesia and the arts. *Leonardo* 32：15—22.

Chapter 9   通感者的大脑深处

1   Eagleman，DM. 2007. Ten Unsolved Mysteries of the Brain. *Discover Magazine*. August 2007 issue.

2   Ramachandran VS，Hubbard EM. 2001. Psychophysical investigations into the neural basis of synaesthesia. *Proceedings of the Royal Society of London B* 268（1470）：979—983.

3   Edelman G. 1992. *Bright Air*，*Brilliant Fire*. New York：Basic Books；Zeki S. 1993. *A Vision of the Brain*. Oxford：Blackwell；Choo CW. 1998. *Information Management for the Intelligent Organization*. Medford，NJ：Information Today.

4   Eagleman DM. 2001. Visual illusions and neurobiology. *Nature Reviews Neuroscience* 2（12）：920—926.

5   McGurk H，MacDonald J. 1976. Hearing lips and seeing voices. *Nature* 264：746—748；Schwartz J，Robert—Ribes J，Escudier JP. 1998, p. 319 in R Campbell，B Dodd，DK Burnham（eds.），*Hearing by Eye*. East Sussex：Hove；Van Wassenhove V，Grant KW，Poeppel D. 2007. Temporal window of integration in auditory—visual speech perception. *Neuropsychologia* 45（3）：598—607.

6   Calvert GA et al. 1997. Activation of auditory cortex during silent lipreading. *Science* 276：593—596.

7 de Gelder B, Bocker KB, Tuomainen J, Hensen M, Vroomen J. 1999. The combined perception of emotion from voice and face: Early interaction revealed by human electric brain responses. *Neuroscience Letters* 260: 133—136.

8 Macaluso E, Frith CD, Driver J. 2000. Modulation of human visual cortex by crossmodal spatial attention. *Science* 289: 1206—1208.

9 Kennedy H, Batardiere A, Dehay C, Barone P. 1997. Synesthesia: Implications for developmental neurobiology, pp. 243—258 in S Baron-Cohen, JE Harrison (eds.), *Synaesthesia: Classic and Contemporary Readings*. Cambridge, Massachusetts: Blackwell.

10 Armel KC, Ramachandran VS. 1999. Acquired synesthesia in retinitis pigmentosa. *Neurocase* 5 (4): 293—296.

11 Pascual-Leone A, Amedi A, Fregni F, Merabet LB. 2005. The plastic human brain cortex. *Annual Review of Neuroscience* 28: 377—401.

12 这一现象首次记录于 N. 贞任（Sadato）、A. 帕斯夸尔——利昂（Pascuall-Leone）、丁. 格拉夫曼（Grafman）等人 1996、1998 年的文献。

13 Lenay C, Gapenne O, Hanneton S, Marque C, Genouel C. 2003. Sensory substitution: Limits and perspectives, in *Touching for Knowing*, *Cognitive Psychology of Haptic Manual Perception*. Amsterdam/Philadelphia: John Benjamins, pp. 275— 292.

14 Bach-y Rita P, Collins CC, Saunders F, White B, Scadden L. 1969. Vision substitu- tion by tactile image projection. *Nature* 221: 963—964; Bach-y-Rita P. 2004. Tactile sensory substitution studies. *Annals of the New York Academy of Sciences* 1013: 83—91.

15 Cytowic RE. 1993. *The Man Who Tasted Shapes*. New York: Putnam.

16 Nunn JA, Gregory LJ, Brammer M, Williams SCR, Parslow DM, Morgan MJ, Morris RG, Bullmore ET, Baron-Cohen S, Gray JA. 2002. Functional magnetic resonance imaging of synesthesia: Activation of V4/V8 by spoken words. *Nature Neurosci- ence* 5: 371—375.

17 出人意料的是,这组联觉者真的观看色彩时, V4 区域并没有激活。也就是说,左侧 V4 区域参与了联觉色彩体验,因而就不参与正常色觉感知了。换言之,在本例中,联觉似乎劫持了大脑一项已有的功能。此外,只有左测发生的不对称激活似乎与语言方面的刺激有关,因为语言通常是属于左脑的功能。总之,这些问题的解释上还需要谨慎一些,因为仅有 7 名受试者,样本量实在太小。

18 Howard RJ et al. 1998. The functional anatomy of imagining and perceiving colour. *NeuroReport* 9: 1019—1023.

19 Paulesu E et al. 1995. The physiology of coloured-hearing: A PET activation study of colour? word synaesthesia. *Brain* 118: 661—676.

20 Rich AN, Mattingley JB. 2002. Anomalous perception in synaesthesia: A cognitive neuroscience perspective. *Nature Reviews Neuroscience* 3 (1): 43—52.

21 Hubbard EM, Arman AC, Ramachandran VS, Boynton GM. 2005. Individual differences among grapheme—color synesthetes: Brain—behavior correlations. *Neuron* 45 (6): 975—985.

22 技术原因包括 fMRI 的空间和时间分辨率。更重要的是，fMRI 只能探测到一个区域内血流的变化。而神经系统的重要改变往往并不引起血流的相应变化，使得这些信号无法被脑部扫描探测到。

23 Hubbard EM, Manohar S, Ramachandran VS. 2006. Contrast affects the strength of synesthetic colors. *Cortex* 42: 184—194.

24 Cohen L et al. 2000. The visual word form area: Spatial and temporal characterization of an initial stage of reading in normal subjects and posterior split-brain patients. *Brain* 123: 291—307.

25 Cohen L, Dehaene S. 2004. Specialization within the ventral stream: The case for the visual word form area. *NeuroImage* 22: 466—476.

26 Petersen SE, Fox PT, Snyder AZ, Raichle ME. 1990. Activation of extrastriate and frontal cortical areas by visual words and word-like stimuli. *Science* 249: 1041—1044.

27 Mechelli A et al. 2000. Differential effects of word length and visual contrast in the fusiform and lingual gyri during reading. *Proceedings of the Royal Society of London B* 267: 1909—1913.

28 Avidan G et al. 2002. Contrast sensitivity in human visual areas and its relationship to object recognition. *Journal of Neurophysiology* 87: 3102—3116.

29 Dixon MJ, Smilek D, Merikle PM. 2004. Not all synaesthetes are created equal: Projector vs. associator synaesthetes. *Cognitive, Affective and Behavioral Neuroscience* 4: 335—343.

30 Cohen et al., 2000.

31 Ramachandran VS, Hubbard EM. 2003. The phenomenology of synaesthesia. *Journal of Consciousness Studies* 10: 49—57.

32 Witthoft N, Winawer J. 2006. Synesthetic colors determined by having colored refrigerator magnets in childhood. *Cortex* 42: 175—183.

33 Hubbard EM, Piazza M, Pinel P, Dehaene S. 2005. Interactions between numbers and space in parietal cortex. *Nature Reviews Neuroscience* 6 (6): 435—448.

34　Maurer, 1997; Ramachandran and Hubbard, 2001.

35　S Baron-Cohen et al. 1993. Coloured speech perception: Is synaesthesia what happens when modularity breaks down? *Perception* 22: 419—426.

36　Maurer D. 1997. Neonatal synaesthesia: Implications for the processing of speech and faces. In S Baron-Cohen, JE Harrison (eds.), *Synaesthesia: Classic and Contemporary Readings*. Cambridge, Massachusetts: Blackwell, pp. 224—242.

37　Maurer D. 1997. Neonatal synesthesia: Implications for the processing of speech and faces, pp. 224—242 in S Baron-Cohen, JE Harrison (eds.), *Synaesthesia: Classic and Contemporary Readings*. Cambridge: Blackwell.

38　当然,这也可能反映了在婴儿身上测量联觉的困难。

39　Grossenbacher PG. 1997. Perception and sensory information in synesthetic experience. In S Baron-Cohen, JE Harrison (eds.), *Synaesthesia: Classic and Contemporary Readings*. Cambridge, Massachusetts: Blackwell, pp. 148—172.

40　Grossenbacher PG, Lovelace CT. 2001. Mechanisms of synesthesia: Cognitive and physiological constraints. *Trends in Cognitive Sciences* 5 (1): 36—41.

41　Grossenbacher, 1997.

42　Grossenbacher and Lovelace, 2001.

43　Eagleman DM. 2009. *Plasticity: How the brain rewires itself on the fly*. New York: Oxford University Press.

44　Purpura DP. 1956a. Electrophysiological analysis of psychotogenic drug action. I: Effect of lysergic acid diethylamide (LSD) on specific afferent systems in the cat. *Archives of Neurology and Psychiatry* 75: 122—131; Purpura DP. 1956b. Electrophysio- logical analysis of psychotogenic drug action. II: General nature of lysergic acid diethylamide (LSD) action on central synapses. *Archives of Neurology and Psychiatry* 75: 132—143; Purpura DP. 1957. Experimental analysis of the inhibitory action of LSD on cortical dendritic activity. *Annals of the New York Academy of Sciences* 66: 515—536.

45　Renkel M. 1957. Pharmacodynamics of LSD and mescaline. *Journal of Nervous and Mental Diseases* 125: 424—427.

46　Cytowic RE. 2002. *Synesthesia: A Union of the Senses*, 2nd ed. Cambridge: MIT Press, p. 102.

47　Heron W. 1957. The pathology of boredom. *Scientific American* 196: 52—56.

48　Cytowic RE. 2002. *Synesthesia: A Union of the Senses*, 2nd ed. Cambridge: MIT Press, pp. 111—113.

49　Brust and Behrens, 1977.

50 Ramachandran VS, Armel C, 1999; discussed in Ramachandran VS, Hubbard EM, Butcher PA. 2004. Synesthesia, cross-activation, and the foundations of neuro-epistemology, pp. 867—883 in G Calvert, C Spence, BE Stein (eds.), *Handbook of Multisensory Processes*. Cambridge: MIT Press.

51 Miller and Crosby, 1979.

52 Jacobs L, Karpik A, Bozian D, G? thgen S. 1981. Auditory—visual synesthesia: Sound-induced photisms. *Archives of Neurology* 38 (4): 211—216; Cytowic RE. 2002, pp. 114—120.

53 Jacobs et al., 1981.

54 Lepore F. 1990. Spontaneous visual phenomena with visual loss: 104 patients with lesions of retinal and neural afferent pathways. *Neurology* 40: 444— 447.

55 Vike J, Jabbari B, Maitland CG. 1984. Auditory—visual synesthesia: Report of a case with intact visual pathways. *Archives of Neurology* 41: 680—681.

56 Walsh R. 2005. Can synaesthesia be cultivated: Indications from surveys of meditators. *Journal of Consciousness Studies* 12 (4—5): 5—17. Note that the synesthetes in this study were not rigorously verified.

57 Cytowic RE. 1993. *The Man Who Tasted Shapes*. New York: Putnam, p. 166.

58 Jacome and Gumnit, 1979.

59 Dudycha GJ, Dudycha MM. 1935. A case of synesthesia: Visual-pain and visual-audition. *Journal of Abnormal and Social Psychology* 30: 57—69.

60 Cytowic RE. 2002. *Synesthesia: A Union of the Senses*, 2nd ed. Cambridge: MIT Press, p. 124.

61 Hausser-Hauw C, Bancaud J. 1987. Gustatory hallucinations in epileptic seizures: Electrophysiological, clinical and anatomical correlates. *Brain* 110 (Pt. 2): 339—359.

62 Galton F. 1883. *Enquiries into Human Faculty and Its Development*. London: Macmillian and Co.

63 Ward J, Simner J. 2005. Is synaesthesia an X-linked trait with lethality in males? *Perception* 34: 611—623.

64 Eagleman DM, Nelson S, Sarma SK. 2007. The neuroscience, behavior, and genetics of synesthesia. Presentation, Society for Neuroscience.

65 Smilek et al. 2002. Synaesthesia: A case study of discordant monozygotic twins. *Neurocase* 8: 338—342.

66 感谢爱德·哈伯德对这一问题的透彻分析,并请参见 M. C. 克尔巴利斯 (Corballis),1997 年, 《左右偏手的遗传学与演化》 (*The genetics and evolution of*

handedness），载《心理学评论》（*Psychological Review*）105：714—777。

67　See the Simner et al. 2005 population studies.

68　Bailey MES, Johnson KJ. 1997. Synaesthesia: Is a genetic analysis feasible? pp. 182—207 in S Baron-Cohen, JE Harrison（eds.），*Synaesthesia: Classic and Contemporary Readings*. Cambridge: Blackwell.

69　Pascual-Leone A, Amedi A, Fregni F, Merabet LB. 2005. The plastic human brain cortex. *Annual Review of Neuroscience* 28: 377—401.

70　Witthoft and Winawer, 2006.

71　Cytowic RE. 1996. The standard hierarchical model, pp. 55—60 in *The Neurologi- cal Side of Neuropsychology*. Cambridge: MIT Press.

72　Shuler MG, Bear MF. 2006. Reward timing in the primary visual cortex. *Science* 311 (5767): 1606—1609.

73　Toth LJ, Assad JA. 2002. Dynamic coding of behaviourally relevant stimuli in parietal cortex. *Nature* 415 (6868): 165—168.

Chapter 10　摆在面前的问题

1　Eagleman DM et al. 2007. A standardized test battery for the study of Synesthesia. *Journal of Neuroscience Methods* 159: 139—145.

2　Eagleman DM. 2005. Obituary: Francis H. C. Crick (1916—2004). *Vision Research* 45: 391—393.

3　Asher et al., 2006; Baron-Cohen and Harrison, 1997; Jordan, 1917; Eagleman et al., 2007.

4　Sperling JM, Prvulovic D, Linden DEJ, et al. 2006. Neuronal correlates of colour—graphemic syaesthesia: A fMRI study. *Cortex* 42: 295—303; Weiss PH, Zilles K, Fink GR. 2005. When visual perception causes feeling: Enhanced cross-modal processing in grapheme—color synesthesia. *NeuroImage* 28: 859—868; Rouw R, Scholte HS. 2007. Increased structural connectivity in grapheme—color synesthesia. *Nature Neuroscience* 10: 792—797.

5　Mills CB, Boteler EH, Oliver GK. 1999. Digit synaesthesia: A case study using a Stroop-type test. *Cognitive Neuropsychology* 16: 181—191.

6　Henik A, Tzelgov J. 1982. Is three greater than five: The relation between physical and semantic size in comparison tasks. *Memory and Cognition* 10: 389—395.

7　Frith U. 1989. *Autism: Explaining the Enigma*. Oxford: Blackwell.

8　Happé F. 1999. Autism: Cognitive deficit or cognitive style? *Trends in Cognitive Sciences* 3 (6): 216—222.

9　Gerland G. 1997. *A Real Person: Life on the Outside* (J. Tate, trans.). London: Sou- venir Press.

10　Happé, FGE. 1996. Studying weak central coherence at low levels: Children with autism do not succumb to visual illusions: A research note. *Journal of Child Psychology and Psychiatry* 37: 873—877.

11　Eagleman DM. 2001. Visual illusions and neurobiology. *Nature Reviews Neurosci- ence* 2 (12): 920—926.

12　Jarrold C, Russell J. 1997. Counting abilities in autism: Possible implications for central coherence theory. *Journal of Autism and Developmental Disorders* 27: 25—37.

13　Gepner B et al. 1995. Postural effects of motion vision in young autistic children. *NeuroReport* 6: 1211—1214.

14　de Gelder B, Vroomen J, Van der Heide L. 1991. Face recognition and lip-reading in autism. *European Journal of Cognitive Psychology* 3: 69—86.

15　Cytowic RE. 2002. *Synesthesia: A Union of the Senses*, 2nd ed. Cambridge: MIT Press, pp. 147—153.

16　Rich AN, Bradshaw JL, Mattingley JB. 2005. A systematic, large-scale study of synaesthesia: Implications for the role of early experience in lexical—colour associations. *Cognition* 98 (1): 53—84.

17　Luria AR. 1968. *The Mind of a Mnenomist*. New York: Basic Books, pp. 150, 159.

参考文献

［1］ Amoore, JE. 1997: Specific anosmia and the concept of primary odors. *Chemical Senses and Flavor* 2: 267 – 281.

［2］ Armel, KC, Ramachandran, VS. 1999: Acquired synesthesia in retinitis pigmentosa. *Neurocase* 5 (4): 293 – 296.

［3］ Asher, J, Aitken, MRF, Farooqi, N, et al. 2006: Diagnosing and phenotyping visual synaesthesia: A preliminary evaluation of the revised test of genuineness (TOG – R). *Cortex* 42: 137 – 146.

［4］ Avidan, G, et al. 2002: Contrast sensitivity in human visual areas and its relation- ship to object recognition. *Journal of Neurophysiology* 87: 3102 – 3116.

［5］ Bach-y Rita, P, Collins, CC, Saunders, F, White, B, Scadden, L. 1969: Vision substi- tution by tactile image projection. *Nature* 221: 963 – 964.

［6］ Bach-y-Rita, P. 2004: Tactile sensory substitution studies. *Annals of the New York Academy of Sciences* 1013: 83 – 91.

［7］ Baeyens, F, Eelen, P, van den Bergh, O, Crombez, G. 1990: Flavor – flavor and color – flavor conditioning in humans. *Learning and Motivation* 21: 434 – 455.

［8］ Bailey, MES, Johnson, KJ. 1997: Synaesthesia: Is a genetic analysis feasible? pp. 182 – 207 in S Baron-Cohen, JE Harrison (eds.), *Synaesthesia: Classic and Contemporary Readings*. Oxford: Blackwell.

［9］ Baily, DB, Bruer, JT, Symons, FJ, Lichtman, JW. 2001: *Critical Thinking about Critical Periods*. Baltimore: Brookes.

［10］ Baron-Cohen, S, Harrison, J, et al. 1993: Coloured speech perception: Is synaesthe- sia what happens when modularity breaks down? *Perception* 22 (4): 419 – 426.

［11］ Baron-Cohen, S, Burt, L, Smith-Laittan, F, et al. 1996: Synaesthesia: Prevalence and familiality. *Perception* 25 (9): 1073 – 1079.

［12］ Baron-Cohen, S, Harrison, JE (eds.). 1997: *Synaesthesia: Classic and Contemporary Readings*. Oxford: Blackwell, pp. 224 – 242.

［13］ Bear, D. 1979: Temporal lobe epilepsy: A syndrome of sensory limbic hypercon- nectionism. *Cortex* 15: 357 – 384.

[14] Beeli, G, Esslen, M, Jäncke, L. 2005: When coloured sounds taste sweet. *Nature* 434: 38.

[15] Benevento, LA, Fallon, J, Davis, BJ, Rezak, M. 1977: Auditory – visual interaction in single cells in the cortex of the superior temporal sulcus and the orbital frontal cortex of the macaque monkey. *Experimental Neurology* 57: 849 – 872.

[16] Berlin, B, Kay, P. 1969: *Basic Color Terms: Their Universality and Evolution*. Berkeley: University of California Press.

[17] Berman, G. 1999: Synesthesia and the arts. *Leonardo* 32: 15 – 22.

[18] Bernard, JW. 1986: Messiaen's synaesthesia: The correspondence between color and sound structure in his music. *Music Perception* 4 (1): 41 – 68.

[19] Blake, R, Palmeri, T, Marois, R, Kim, C-O. 2004: On the perceptual reality of syn- esthesia, pp. 47 – 73 in LC Robertson, N Sagiv (eds.), *Synesthesia: Perspectives from Cognitive Neuroscience*. New York: Oxford University Press.

[20] Blavatsky, HP. 1888/1999: *The Secret Doctrine: The Synthesis of Science, Religion and Philosophy*. Pasedena CA: Theosophical University Press.

[21] Bos, MC. 1929: über echte und unechte audition coloreé. *Zeitschrift für Psychologie* 111: 321 – 401.

[22] Bowers, H, Bowers, JE. 1961: *Arithmetical Excursions*. New York: Dover, pp. 244 – 247.

[23] Brumbaugh, RS. 1981: *The Philosophers of Greece*. Albany: State University of New York Press.

[24] Bruner, J. 1964: The course of cognitive growth. *American Psychologist* 19: 1 – 15.

[25] Brust, JCM, Behrens, MM. 1977: Release hallucinations as the major symptoms of posterior cerebral artery occlusions: A report of 2 cases. *Annals of Neurology* 2: 432 – 436.

[26] Calkins, MW. 1893: A statistical study of pseudo-chromesthesia and of mental forms. *American Journal of Psychology* 5: 439 – 464.

[27] Calkins, MW. 1895: Synaesthesia. *American Journal of Psychology* 7: 90 – 107.

[28] Callender, C. 2000: Shedding light on time. *Philosophy of Science* 67 (Proceedings): S587 – S599.

[29] Calvert, GA, et al. 1997: Activation of auditory cortex during silent

lipreading. *Science* 276: 593 – 596.

[30] Campen, C van. 2007: *The Hidden Sense: Synesthesia in Art and Science*. Cambridge: MIT Press.

[31] Choo, CW. 1998: *Information Management for the Intelligent Organization*. Medford, NJ: Information Today.

[32] Churchland, P. 1979: *Scientific Realism and the Plasticity of Mind*. Cambridge: Cambridge University Press.

[33] Clancy, SA. 2005: *Abducted: How People Come to Believe They Were Kidnapped by Aliens*. Cambridge: Harvard University Press.

[34] Cohen, L, et al. 2000: The visual word form area: Spatial and temporal character- ization of an initial stage of reading in normal subjects and posterior split-brain patients. *Brain* 123: 291 – 307.

[35] Cohen, L, Dehaene, S. 2004: Specialization within the ventral stream: The case for the visual word form area. *NeuroImage* 22: 466 – 476.

[36] Corballis, MC. 1997: The genetics and evolution of handedness. *Psychological Review* 105: 714 – 777.

[37] Cytowic, RE, Wood, FB. 1982: Synesthesia. II: Psychophysical relations in the synesthesia of geometrically shaped taste and colored hearing. *Brain and Cognition* 1: 36 – 49. Cytowic, RE. 1989: *Synesthesia: A Union of the Senses*. *New York: Springer Verlag* (1st ed)

[38] Cytowic, RE. 1993: *The Man Who Tasted Shapes*. New York: Putnam.

[39] Cytowic, RE. 1996: *The Neurological Side of Neuropsychology*. Cambridge: MIT Press.

[40] Cytowic, RE. 1997: *Synesthesia: Phenomenology and Neuropsychology*, pp 1 – 42, in S Baron-Cohen, JE Harrison (eds.), *Synaesthesia: Classic and Contemporary Readings*. Oxford: Blackwell.

[41] Cytowic, RE. 2002: *Synesthesia: A Union of the Senses*, 2nd ed. Cambridge: MIT Press.

[42] Cytowic, RE. 2002: "Wahrnehnumgs – Synästhesie," pp 7 – 24, in H Adler & U Zeuch, eds, *Synästhesia: Interferenz – Transfer – Synthese der Sinne*. Würzburg: Knigshausen & Neumann.

[43] Cytowic, RE. 2003: The clinician's paradox: Believing those you must not trust. *Journal of Consciousness Studies* 10 (9 – 10): 157 – 166.

[44] Cytowic, RE. 2006: *My Auto-Neurography: A Memoir of Intellect, Emotion, and Detach- ment*. In preparation.

［45］D'Andrade, R, Egan, M. 1975: The colors of emotion. *American Ethnologist* 1: 49－63.

［46］Daily, A, Martindale, C, Borkum J. 1997: Creativity: Synesthesia and physiognomic perception. *Creativity Research Journal* 10: 1－8.

［47］Dann, K. 1998: *Bright Colors, Falsely Seen: Synesthesia and the Search for Transcendental Knowledge*. New Haven: Yale University Press.

［48］Day, S. 1996: Synesthesia and synesthetic metaphors. *PSYCHE: An Interdisciplinary Journal of Research on Consciousness* 2 (32). http: //psyche. cs. monash. edu. au/v2/ psyche-2-32-day. html.

［49］Day, S. 2005: Some demographic and socio-cultural aspects of synesthesia, pp. 11－33 in LC Robertson, N Sagiv (eds.), *Synesthesia: Perspectives from Cognitive Neuro- science*. New York: Oxford University Press.

［50］Day, S. 2007, 3 December: *Types of Synesthesia*. http: //home. comcast. net/～sean. day/html/types. htm.

［51］de Gelder, B, Vroomen, J, Van der Heide, L. 1991: Face recognition and lipreading in autism. *European Journal of Cognitive Psychology* 3: 69－86.

［52］de Gelder, B, Bocker, KB, Tuomainen, J, Hensen, M, Vroomen, J. 1999: The combined perception of emotion from voice and face: Early interaction revealed by human electric brain responses. *Neuroscience Letters* 260: 133－136.

［53］Dehaene, S, Bossini, S, Giraux, P. 1993: The mental representation of parity and numerical magnitude. *Journal of Experimental Psychology: General* 122: 371－396.

［54］Dehaene, S, Dehaene-Lambertz, G, Cohen, L. 1998: Abstract representations of numbers in the animal and human brain. *Trends in Neuroscience* 21: 355－361.

［55］Dehaene, S. 2001: Précis of the number sense. *Mind & Language* 16: 16－36.

［56］Dehaene, S, Molko, L, Cohen, L, Wilson, A. 2004: Arithmetic and the brain. *Current Opinion in Neurobiology* 14: 218－224.

［57］Devereaux, G. 1996: An unusual audio－motor synesthesia in an adolescent. *Psy- chiatric Quarterly* 40 (3): 459－471.

［58］Dixon, MJ, Smilek, D, Cudahy, C, Merikle, PM. 2000: Five plus two equals yellow: Mental arithmetic in people with synaesthesia is not coloured by visual experience. *Nature* 406 (6794): 365.

［59］Dixon, MJ, Smilek, D, Merikle, PM. 2004: Not all synaesthetes are created equal: Projector vs. associator synaesthetes. *Cognitive, Affective and Behav-*

ioral Neuroscience 4: 335 – 343.

[60] Domino, G. 1989: Synesthesia and creativity in fine art students: An empirical look. *Creativity Research Journal* 2 (1 – 2): 17 – 29.

[61] Doty, RL, Shaman, P, Dann, M. 1984: Development of the University of Pennsyl- vania Smell Identification Test: A standardized microencapsulated test of olfactory function. *Physiology & Behavior* (Monograph) 32: 489 – 502.

[62] Downey, JE. 1911: A case of colored gustation. *American Journal of Psychology* 22: 528 – 539.

[63] Dravnieks, A. 1985: *Atlas of Odor Character Profiles*. ASTM Data Series DS61. Phila- delphia: AASTM.

[64] Duchting, HJ. 1997: *Painting Music*. New York: Prestel, pp. 17, 65.

[65] Dudycha, GJ, Dudycha, MM. 1935: A case of synesthesia: Visual-pain and visual audition. *Journal of Abnormal and Social Psychology* 30: 57 – 69.

[66] Duffy, PL. 2001: *Blue Cats and Chartreuse Kittens: How Synesthetes Color Their Worlds*. New York: Henry Holt.

[67] Eagleman, DM. 2001: Visual illusions and neurobiology. *Nature Reviews Neuroscience* 2 (12): 920 – 926.

[68] Eagleman, DM. 2005: Obituary: Francis H. C. Crick. (1916 – 2004). *Vision Research* 45: 391 – 393.

[69] Eagleman, DM, Kagan, AD, Nelson, SN, Sagaram, D, Sarma, AK. 2006: A standardized test battery for the study of synesthesia. *Journal of Neuroscience Methods* 159: 139 – 145.

[70] Eagleman, DM, Nelson, S, Sarma, SK. 2007: The neuroscience, behavior, and genetics of synesthesia. Presentation, Society for Neuroscience.

[71] Eagleman, DM. (In press). *Plasticity: How the Brain Rewires Itself on the Fly*. New York: Oxford University Press.

[72] Eagleman, DM. (In press). *Ten Unsolved Questions of Neuroscience*. New York: Oxford University Press.

[73] Edelman, G. 1992: *Bright Air, Brilliant Fire*. New York: Basic Books.

[74] Edquist, J, Rich, AN, Brinkman, C, Mattingley, JB. 2006: Do synaesthetic colours act as unique features in visual search? *Cortex* 42: 222 – 231.

[75] Emrich, HM, Schneider, U, Zeidler, M. 2000: *Welche Farbe hat der Montag*? Stuttgart: Hirzel Verlag.

[76] English, H. 1923: Colored hearing. *Science* 57: 444.

[77] Falchier, A, Clavagnier, S, Barone, P, Kennedy, H. 2002: Anatomical evi-

dence of multimodal integration in primate striate cortex. *Journal of Neuroscience* 22: 5749 – 5759.

[78] Feynman, R. P. 1988: *What Do You Care What Other People Think?* New York: HarperCollins, p. 59.

[79] Fias, W, Brysbaert, M, Geypens, F, D'ydewalle, G. 1996: The importance of magnitude information in numerical processing: Evidence from the SNARC effect. *Mathematical Cognition* 2: 95 – 110.

[80] Fischinger, O. 1949: "True Creation," Knokke-le-Zoute Film Festival notes, reprinted in W Moritz. 2004: *Optical Poetry: The Life and Work of Oskar Fischinger*. London: John Libbey, p. 192.

[81] Flechsig, P. 1901: Developmental (myelogenetic) localisation of the cerebral cortex in the human subject. *Lancet* 2, pp. 1027 – 1029.

[82] Flournoy, T. 1893: *Des Phénomènes de Synopsie*, On the Phenomena of Synopsia. Geneva: Charles Eggimann.

[83] Frith, U. 1989: *Autism: Explaining the Enigma*. Oxford: Blackwell.

[84] Galton, F. 1880a: Visualized numerals. *Nature* 21: 252 – 256.

[85] Galton, F. 1880b: Visualized numerals. *Nature* 22: 494 – 495.

[86] Galton, F. 1883: *Enquiries into Human Faculty and Its Development*. London: Macmillian and Co.

[87] Gazzaniga, MS, Eliassen, JC, Nisenson, L, Wessinger, CM, Baynes, KB. 1996: Collaboration between the hemispheres of a callosotomy patient: Emerging right hemisphere speech and the left brain interpreter. *Brain* 119: 1255 – 1262.

[88] Gebhard, JW, Mowbray, GH. 1959: On discriminating the rate of visual flicker and auditory flutter. *American Journal of Psychology* 72: 521 – 528.

[89] Gepner, B, et al. 1995: Postural effects of motion vision in young autistic children. *NeuroReport* 6: 1211 – 1214.

[90] Gerland, G. 1997: *A Real Person: Life on the Outside* (J Tate, trans.). London: Souvenir Press.

[91] Geschwind, N. 1964: The development of the brain and the evolution of language, pp. 155 – 169 in CJJM Stuart (ed.), *Monograph Series on Language and Linguistics*, No. 17. Washington, DC: Georgetown University.

[92] Geschwind, N. 1965: Disconnection syndromes in animals and man, Part I (p. 275). *Brain* 88: 237 – 294.

[93] Gloor, P. 1972: Temporal lobe epilepsy: Its possible contribution to the un-

derstanding of the significance of the amygdala and its interaction with neocortical – temporal mechanisms, pp. 423 – 457 in BE Eleftheriou (ed.), *The Neurobiology of the Amygdala*. New York: Plenum Press.

[94] Gloor, P, Olivier, A, Quesney, LF, et al. 1982: The role of the limbic system in experiential phenomena of temporal lobe epilepsy. *Annals of Neurology* 12: 129 – 144.

[95] Gloor, P. 1986: Role of the human limbic system in perception, memory, and affect: Lesions from temporal lobe epilepsy, pp. 159 – 169 in BK Doane, KE Livingston (eds.),
The Limbic System: Functional Organization and Clinical Disorders. New York: Raven Press.

[96] Goléa, A. 1960: *Rencontres avec Olivier Messiaen*. Paris: Julliard.

[97] Gray, JA, Williams, SCR, Nunn, J, et al. 1997: "Possible implications of synaesthesia for the hard question of consciousness," written at Malden, MA, in S Baron-Cohen, JE Harrison (eds.), *Synaesthesia: Classic and Contemporary Readings*. Oxford: Blackwell, pp. 173 – 181.

[98] Gray, JA, Chopping, S, Nunn, J, et al. 2002: Implication of synaesthesia for functionalism. *Journal of Consciousness Studies* 9: 5 – 31.

[99] Grossenbacher, PG, Lovelace, CT. 2001: Mechanisms of synesthesia: Cognitive and physiological constraints. *Trends in Cognitive Sciences* 5 (1): 36 – 41.

[100] Grossenbacher, PG. 1997: Perception and sensory information in synesthetic experience, in S Baron-Cohen, J Harrison (eds.), *Synaesthesia: Classic and Contemporary Readings*. Oxford: Blackwell, pp. 148 – 172.

[101] Haber, RN, Haber, RB. 1964: Eidetic imagery. I: Frequency. *Perceptual and Motor Skills* 19: 131 – 138.

[102] Haber, RN. 1969: Eidetic images. *Scientific American* 220: 36 – 44.

[103] Haber, RN. 1979: Twenty years of haunting eidetic imagery: Where's the ghost? *Behavioral and Brain Sciences* 2: 583 – 629.

[104] Hall, GS. 1883: The contents of children's minds. *Princeton Review* 11 (4th serial): 249 – 272.

[105] Happé, FGE. 1996: Studying weak central coherence at low levels: Children with autism do not succumb to visual illusions: A research note. *Journal of Child Psychology and Psychiatry* 37: 873 – 877.

[106] Happé, F. 1999: Autism: Cognitive deficit or cognitive style? *Trends in Cognitive Sciences* 3 (6): 216 – 222.

[107] Harrison, JE, Baron-Cohen, S. 1997: pp. 109 – 122 in S Baron-Cohen, JE Harrison (eds.), *Synaesthesia: Classic and Contemporary Readings*. Oxford: Blackwell.

[108] Harrison, JE. 2001: *Synaesthesia: The Strangest Thing*. New York: Oxford University Press.

[109] Hausser-Hauw, C, Bancaud, J. 1987: Gustatory hallucinations in epileptic seizures: Electrophysiological, clinical and anatomical correlates. *Brain* 110 (Pt. 2): 339 – 359.

[110] Helson, H. 1933: A child's spontaneous reports of imagery. *American Journal of Psychology* 45: 360 – 361.

[111] Henik, A, Tzelgov, J. 1982: Is three greater than five: The relation between physical and semantic size in comparison tasks. *Memory and Cognition* 10: 389 – 395.

[112] Herman, L, Richards, D, Wolz, J. 1984: Comprehension of sentences by bottle nosed dolphins. *Cognition* 16: 129 – 219.

[113] Heron, W. 1957: The pathology of boredom. *Scientific American* 196: 52 – 56.

[114] Holden, ES. (1891). Colour-associations with numerals etc. *Nature* 44: 223 – 224.

[115] Horowitz, MJ. 1975: Hallucinations: An information processing approach, pp. 163 – 196, in RK Siegel, LJ West (eds.), *Hallucinations: Behavior, Experience and Theory*. New York: Wiley.

[116] Howard, RJ, et al. 1998: The functional anatomy of imagining and perceiving colour. *NeuroReport* 9: 1019 – 1023.

[117] Hubbard, EM, Arman, AC, Ramachandran, VS, Boynton, GM. 2005: Individual differences among grapheme – color synesthetes: Brain – behavior correlations. *Neuron* 45 (6): 975 – 985.

[118] Hubbard, EM, Piazza, M, Pinel, P, Dehaene, S. 2005: Interactions between number and space in parietal cortex. *Nature Reviews Neuroscience* 6 (6): 435 – 448.

[119] Hubbard, EM, Ramachandran, VS. 2005: Neurocognitive mechanisms of synesthe- sia. *Neuron* 48: 509 – 520.

[120] Hubbard, EM, Manohar, S, Ramachandran, VS. 2006: Contrast affects the strength of synesthetic colors. *Cortex* 42: 184 – 194.

[121] Hubbard, TL. 1996: Synesthesia-like mappings of lightness, pitch, and melodic interval. *American Journal of Psychology* 109: 219 – 238.

[122] Hunt, HT. 2005: Synaesthesia, metaphor, and consciousness. *Journal of*

Conscious-ness Studies 12 (12): 26 – 45.

[123] Innocenti, GM. 1986: General organization of callosal connections in the cerebral cortex, in EG Jones, A Peters (eds.), *Cerebral Cortex*, vol. 5. New York: Plenum, pp. 291 – 353.

[124] Jacobs, L, Karpik, A, Bozian, D, G Φ thgen, S. 1981: Auditory – visual synesthesia: Sound-induced photisms. *Archives of Neurology* 38 (4): 211 – 216.

[125] Jacome, DE, Gumnit, RJ. 1979: Audioalgesic and audiovisuoalgesic synesthesias: Epileptic manifestation. *Neurology* 29: 1050 – 1053.

[126] Jaensch, ER. 1930: *Eidetic Imagery and Typological Methods of Investigation*, 2nd ed. (O Oeser, trans.). New York: Harcourt Brace.

[127] James, W. 1890: *The Principles of Psychology*. New York: Dover.

[128] Jarrold, C, Russell, J. 1997: Counting abilities in autism: Possible implications for central coherence theory. *Journal of Autism and Developmental Disorders* 27: 25 – 37.

[129] Jiyu-Kennett, PTNH. 1990: The scripture of great wisdom, in *The Liturgy of the Order of Buddhist Contemplatives for the Laity*. Mt. Shasta, CA: Shasta Abbey Press, pp. 73 – 74.

[130] Johnson, DB. 1985: *Worlds in Regression: Some Novels of Vladimir Nabokov*. Ann Arbor: Ardis.

[131] Jordan, DS. 1917: The colors of letters. *Science* 46 (1187): 311 – 312.

[132] Kadosh, RC, Sagiv, N, Linden, EJ, et al. 2005: When blue is larger than red: Colors influence numerical cognition in synesthesia. *Journal of Cognitive Neuroscience* 17 (11): 1766 – 1773.

[133] Kennedy, H, Batardiere, A, Dehay, C, Barone, P. 1997: Synesthesia: Implications for developmental neurobiology, pp. 243 – 258 in S Baron-Cohen, JE Harrison (eds.), *Synaesthesia: Classic and Contemporary Readings*. Oxford: Blackwell.

[134] Kloos, G. 1931: Synästhesien bei psychisch Abnormen. Eine Studie über das Wesen der Synästhesie und der syn? sthetischen Anlage. *Archiv für Psychiatrie und Nerven-krankheiten* 94: 418 – 469.

[135] Klüver, H. 1996: *Mescal and Mechanisms of Hallucinations*. Chicago: University of Chicago Press, p. 22.

[136] Köhler, W. 1929/1947: *Gestalt Psychology*, 2nd ed. New York: Liveright.

[137] Komisaruk, BR, Whipple, B. 2005: Functional MRI of the brain during orgasm in women. *Annual Review of Sex Research* 16: 62 – 86.

［138］ Lakoff, G, Johnson, MH. 1980: *Metaphors We Live By*. Chicago: University of Chicago Press.

［139］ Lenay, C, Gapenne, O, Hanneton, S, Marque, C, Genouel, C. 2003: Sensory substitution: Limits and perspectives, in *Touching for Knowing*: *Cognitive Psychology of Haptic Manual Perception*. Amsterdam/Philadelphia: John Benjamins, pp. 275 – 292.

［140］ Lepore, F. 1990: Spontaneous visual phenomena with visual loss: 104 patients with lesions of retinal and neural afferent pathways. *Neurology* 40: 444 – 447.

［141］ Lewkowicz, D, Turkewitz, G. 1980: Cross-modal equivalence in infancy: Auditory-visual intensity matching. *Developmental Psychology* 16: 597 – 607.

［142］ Lickliter, R, Bahrick, LE. 2004: Perceptual development and the origins of multi- sensory responsiveness, pp. 643 – 654 in G Calvert, C Spence, BE Stein (eds.), *Hand- book of Multisensory Processes*. Cambridge: MIT Press.

［143］ Liu, H, Hockenberry, M, Selker, T. 2005: http: //web. media. mit. edu/～hugo/publications/papers/SIGGRAPH2005-SynaestheticRecipes. pdf.

［144］ Loe, PR, Benevento, LA. 1969: Auditory-visual interaction in single units in the orbito-insular cortex of the cat. *Electroencephalography and Clinical Neurophysiology* 26: 395 – 398.

［145］ Luria, AR. 1968: *The Mind of a Mnemonist*. New York: Basic Books.

［146］ Macaluso, E, Frith, CD, Driver, J. 2000: Modulation of human visual cortex by crossmodal spatial attention. *Science* 289: 1206 – 1208.

［147］ MacLeod, CM. 1991: Half a century of research on the Stroop effect: An integrative review. *Psychological Bulletin* 109: 163 – 203.

［148］ Maddock, RJ, Buonocore, MH. 1997: Activation of the left posterior cingulate gyrus by the auditory presentation of threat related words: An fMRI study. *Psychiatry Research* 75: 1 – 14.

［149］ Maddock, RJ. 1999: The retrosplenial cortex and emotion: New insights from functional neuroimaging of the human brain. *Trends in Neuroscience* 22: 310 – 316.

［150］ Mahling, F. 1926: Das Problem der "Audition colorée": Eine historische-kritische Untersuchung. *Archiv für Gesamte Psychologie* 57: 165 – 301.

［151］ Marks, LE. 1974: On associations of light and sound: The mediation of brightness, pitch, and loudness. *American Journal of Psychology* 87: 173 – 188.

［152］ Marks, LE. 1975: On colored – hearing synesthesia: Cross-modal translations of sensory dimensions. *Psychological Bulletin* 82 (3): 303 – 331.

[153] Marks, LE. 1978: *The Unity of the Senses: Interrelations among the Modalities*. New York: Academic Press.

[154] Marks, LE, Hammeal, RJ, Bornstein, MH. 1987: Perceiving similarity and comprehending metaphor. *Monographs of the Society for Research in Child Development* 52: 1 – 93.

[155] Marks, LE, Bornstein, MH. 1987: Sensory similarities: Classes, characteristics, and cognitive consequences, pp. 49 – 65, in RE Haskell (ed.), *Cognition and Symbolic Struc- tures: The Psychology of Metaphoric Transformation*. Norwood, NJ: Ablex.

[156] Marks, LE. 1989: On cross-modal similarity: The perceptual structure of pitch, loudness, and brightness. *Journal of Experimental Psychology: Human Perception and Performance* 15: 586 – 602.

[157] Marks, LE. 2004: Cross-modal interactions in speeded classification, pp. 85 – 106 in G Calvert, C Spence, BE Stein (eds.), *Handbook of Multisensory Processes*. Cambridge: MIT Press.

[158] Mass, W. 2003: *A Mango-Shaped Space*. Little, Brown.

[159] Mattingley, JB, Ward, J (eds.). 2006: *Cognitive Neuroscience Perspectives on Synaesthe- sia* (Special Issue). *Cortex* 42: 129 – 320.

[160] Maurer, D. 1997: Neonatal synesthesia: Implications for the processing of speech and faces, pp. 224 – 242 in S Baron-Cohen, JE Harrison (eds.), *Synaesthesia: Classic and Contemporary Readings*. Oxford: Blackwell.

[161] Maurer, D, Pathman, T, Mondloch, CJ. 2006: The shape of boubas: Sound – shape correspondences in toddlers and adults. *Developmental Science* 9 (3): 316 – 322.

[162] McGurk, G, MacDonald, J. 1976: Hearing lips and seeing voices. *Nature* 264: 746 – 748.

[163] McKellar, P. 1957: *Imagination and Thinking*. New York: Basic Books.

[164] McKelvie, SJ, Rohrberg, MM. 1978: Individual differences in reported visual imagery and cognitive performance. *Perceptual and Motor Skills* 46 (2): 451 –458.

[165] McTaggart, JME. 1908: The Unreality of Time. *Mind* 18: 457 – 484.

[166] Meltzoff, A, Moore, M. 1992: Early imitation within a functional framework. *Infant Behavior and Development* 15: 479 – 505.

[167] Meredith, MA, Nemitz, JW, Stein, BE. 1987: Determinants of multisensory in-

tegration in superior colliculus neurons. I: Temporal factors. *Journal of Neuro-science* 7: 3215 – 3229.

[168] Messiaen, O. 1944: *The Technique of My Musical Langauge*, vol. 1 (J Sat-terfield, trans.). Paris: Alphonse Leduc, p. 51.

[169] Messiaen, O. 1977: *Aux canyons des etoiles*. Liner notes, Erato STU70974/975 (recording). Paris: Alphonse Leduc.

[170] Mesulam, M-M. 2000: *Principles of Behavioral and Cognitive Neurology*, 2nd ed., pp. 1 – 120. New York: Oxford University Press.

[171] Miller, TC, Crosby, TW. 1979: Musical hallucinations in a deaf elderly pa-tient. *Annals of Neurology* 5: 301 – 302.

[172] Mills, CB, Boteler, EH, Oliver, GK. 1999: Digit synaesthesia: A case study using a Stroop-type test. *Cognitive Neuropsychology* 16: 181 – 191.

[173] Morgan, GA, Goodson, FE, Jones, T. 1975: Age differences in the associa-tions between felt temperatures and color choices. *American Journal of Psy-chology* 88 (1): 125 – 130.

[174] Moritz, W. 2004: *Optical Poetry: The Life and Work of Oskar Fischinger*. London: John Libbey, p. 84.

[175] Myers, CS. 1914 – 1915: Two cases of synaesthesia. *British Journal of Psy-chology* 7: 112 – 117.

[176] Myles, KM, Dixon, MJ, et al. 2003: Seeing double: The role of meaning in alphanumeric – colour synaesthesia. *Brain and Cognition* 53 (2): 342 – 345.

[177] Nabokov, V. 1949: Portrait of my mother. *New Yorker* April 9, pp. 33 – 37.

[178] Nabokov, V. 1962: *Pale Fire*. New York: Putnam, p. 34.

[179] Nabokov, V. 1996: *Spea, Memory: An Autobiography Revisited*. New York: Dover. (First published in 1951 as *Conclusive Evidence*.)

[180] Nabokov, V. 1969: *Ada or Ardor: A Family Chronicle*. New York: McGraw-Hill, p. 584.

[181] Nagel, T. 1986: *The View from Nowhere*. New York: Oxford University Press.

[182] Neville, HJ. 1995: Developmental specificity in neurocognitive development in humans, in M Gazzaniga (ed.), *The Cognitive Neurosciences*. Cambridge: MIT Press.

[183] Nikolic', D, Lichti, P, Singer, W. 2007: Color-opponency in synaesthetic experi- ences. *Psychological Science* 18 (6): 481 – 486.

[184] Nunn, JA, Gregory, LJ, Brammer, M, Williams, SCR, Parslow, DM, Morgan,

MJ, et al. 2002: Functional magnetic resonance imaging of synesthesia: Activation of V4/V8 by spoken words. *Nature Neuroscience* 5: 371 – 375.

[185] Osgood, CE. 1952: The nature and measurement of meaning. *Psychological Bulletin* 49: 197 – 237.

[186] Osterbauer, RA, Matthews, PM, Jenkinson, M, Beckmann, CF, Hansen, PC, Calvert, GA. 2005: Color of scents: Chromatic stimuli modulate odor responses in the human brain. *Journal of Neurophysiology* 93 (6): 3434 – 3441.

[187] Palmeri, TJ, Blake, R, Marois, R, et al. 2002: The perceptual reality of synesthetic colors. *Proceedings of the National Academy of Sciences*, USA 99: 4127 – 4131.

[188] Pascual-Leone, A, Amedi, A, Fregni, F, Merabet, LB. 2005: The plastic human brain cortex. *Annual Review of Neuroscience* 28: 377 – 401.

[189] Patterson, KE, Morton, J. 1985: From orthography to phonology: An attempt at an old interpretation, pp. 335 – 359 in KE Patterson, JC Marshall, M Coltheart (eds.), *Surface Dyslexia*. Hillsdale, NJ: Lawrence Erlbaum.

[190] Paulesu, E, Harrison, J, Baron-Cohen, S, et al. 1995: The physiology of coulored hearing: A PET activation study of coloured-word synaesthesia. *Brain* 118: 661 – 676.

[191] Paulsen, HG, Laeng, B. 2006: Pupillometry of grapheme – color synaesthesia. *Cortex* 42: 290 – 294.

[192] Peacock, K. 1988: Instruments to perform color-music: Two centuries of technological instrumentation. *Leonardo* 21: 397 – 406.

[193] Pepperberg, I. 1999: *The Alex Studies: Cognitive and Communicative Abilities of Grey Parrots*. Cambridge: Harvard University Press.

[194] Persinger, MA. 1983: Religious and mystical experiences as artifacts of temporal lobe function: A general hypothesis. *Perceptual and Motor Skills* 57: 1255 – 1262.

[195] Petersen, SE, Fox, PT, Snyder, AZ, Raichle, ME. 1990: Activation of extrastriate and frontal cortical areas by visual words and word-like stimuli. *Science* 249: 1041 – 1044.

[196] Piazza, M, Pinel, P, Dehaene, S. 2006: Objective correlates of a peculiar subjective experience: A single-case study of number-form synaesthesia. *Cognitive Neuropsychology* 23 (8): 1081 – 1082.

[197] Pierce, AH. 1907: Gustatory audition: A hitherto undescribed variety of synaesthesia. *American Journal of Psychology* 18: 341 – 352.

[198] Plodowski, A, Swainson, R, Jackson, GM, Rorden, C, Jackson, SR. 2003: Mental representation of number in different numerical forms. *Current Biology* 13 (23): 2045 – 2050.

[199] Plummer, HC. 1915: Color music – A new art created with the aid of science: The color organ used in Scriabin's symphony "Prometheus." *Scientific American* (April 10).

[200] Popper, KR, Eccles, JC. 1977: *The Self and Its Brain.* New York: Springer Verlag, p. 469.

[201] Pritchard, TC, Macaluso, DA, Eslinger, PJ. 1999: Taste perception in patients with insular cortex lesions. *Behavioral Neuroscience* 113: 663 – 671.

[202] Profitta, J, Bidder, H. 1988: Perfect pitch. *Journal of Musical Genetics* 29 (4): 763 – 771.

[203] Purpura, DP. 1956a: Electrophysiological analysis of psychotogenic drug action. I: Effect of lysergic acid diethylamide (LSD) on specific afferent systems in the cat. *Archives of Neurology and Psychiatry* 75: 122 – 131.

[204] Purpura, DP. 1956b: Electrophysiological analysis of psychotogenic drug action. II: General nature of lysergic acid diethylamide (LSD) action on central synapses. *Archives of Neurology and Psychiatry* 75: 132 – 143.

[205] Purpura, DP. 1957: Experimental analysis of the inhibitory action of LSD on cortical dendritic activity. *Annals of the New York Academy of Sciences* 66: 515 – 536.

[206] Ramachandran, VS, Hirstein, WS, Armel, KC, et al. 1997: The neural basis of religious experience. *Society for Neuroscience Abstracts* 23: 1316.

[207] Ramachandran, VS, Hubbard, EM. 2001: Psychophysical investigations into the neural basis of synaesthesia. *Proceedings of the Royal Society of London* B 268: 979 – 983.

[208] Ramachandran, V, Hubbar, EM. 2001: Synaesthesia – A window into perceptio, though, and language. *Journal of Consciousness Studies* 8 (12): 3 – 34.

[209] Ramachandran, VS, Hubbard, EM. 2003: The phenomenology of synaesthesia. *Journal of Consciousness Studies* 10: 49 – 57.

[210] Ramachandran, VS. 2004: *A Brief Tour of Human Consciousness.* New York: Pi Press, p. 74.

[211] Ramachandran, VS, Hubbard, EM, Butcher, PA. 2004: Synesthesia, cross-activation, and the foundations of neuroepistemology, pp. 867 – 883 in G Calvert, C Spence, BE Stein (eds.), *Handbook of Multisensory Processes.* Cam-

bridge: MIT Press.

[212] Raven, JC. 1956: *Guide to Using the Raven's Progressive Matrices*. London: HE Lewis.

[213] Renkel, M. 1957: Pharmacodynamics of LSD and mescaline. *Journal of Nervous and Mental Diseases* 125: 424 – 427.

[214] Rich, AN, Mattingley, JB. 2002: Anomalous perception in synaesthesia: A cognitive neuroscience perspective. *Nature Reviews Neuroscience* 3 (1): 43 – 52.

[215] Rich, AN, Bradshaw, JL, Mattingley, JB. 2005: A systematic large-scale study of synaesthesia: Implications for the role of early experience in lexical – color associations. *Cognition* 98: 53 – 84.

[216] Riggs, L, Karwoski, T. 1934: Synaesthesia. *British Journal of Psychology* 25: 29 – 41.

[217] Rizzo, MR, Esslinger, PJ. 1989: Colored hearing synesthesia: Investigation of neural factors in a single subject. *Neurology* 39: 781 – 784.

[218] Robertson, L, Sagiv, N (eds.). 2005: *Synesthesia: Perspectives from Cognitive Neuroscience*. Oxford: Oxford University Press.

[219] Rolls, ET, Bayliss, LL. 1994: Gustatory, olfactory and visual convergence within the primate orbitofrontal cortex. *Journal of Neuroscience* 14: 5437 – 5452.

[220] Root-Bernstein, R, Root-Bernstein, M. 1999: *Sparks of Genius: The Thirteen Thinking Tools of the World's Most Creative People*. Boston: Houghton Mifflin.

[221] Rouw, R, Scholte, HS. 2007: Increased structural connectivity in grapheme – color synesthesia. *Nature Neuroscience* 10: 792 – 797.

[222] Royet, JP, Koenig, O, Gregoire, MC, et al. 1999: Functional anatomy of perceptual and semantic processing for odors. *Journal of Cognitive Science* 11 (1): 94 – 109.

[223] Royet, JP, Hudry J, Zald, JH, et al. 2001: Functional neuroanatomy of different olfactory judgments. *Neuroimage* 13: 506 – 519.

[224] Russell, B. 1915: On the Experience of Time. *The Monist* 25: 212 – 233.

[225] Sadato, N, Pascual-Leone, A, Grafman, J, Ibanez, V, Deiber, MP, et al. 1996: Activation of the primary visual cortex by Braille reading in blind subjects. *Nature* 380: 526 – 528.

[226] Sadato, N, Pascual-Leone, A, Grafman, J, Deiber, MP, Ibanez, V, Hallett, M. 1998: Neural networks for Braille reading by the blind. *Brain* 121 (Pt. 7): 1213 – 1229.

[227] Sagiv, N, Heer, J, Robertson, LC. 2006a: Does binding of synesthetic color to the evoking grapheme require attention? *Cortex* 42: 232 – 242.

[228] Sagiv, N, Simner, J, Collins, J, Butterworth, B, Ward, J. 2006b: What is the relationship between synaesthesia and visuo- spatial number forms? *Cognition* 101 (1): 114 – 128.

[229] Sagiv, N, Olu-Lafe, O, Amin, M, Ward, J. 2006c: Grapheme personification: A profile. UK Synaesthesia Association 2nd Annual Meeting. April 22 – 23. London, UK.

[230] Samuel, C. 1976: *Conversations with Olivier Messiaen* (F Aprahamian, trans.). London: Stainer and Bell.

[231] Schlaug, G, Jancke, L, Huang, Y, Steinmetz, H. 1995: In vivo evidence of structural brain asymmetry in musicians. *Science* 267: 699 – 701.

[232] Schomer, DL, O'Connor, M, Spiers, P, et al. 2000: Temporolimbic epilepsy and behavior, pp. 377 – 388 in M-M Mesulam (ed.), *Principles of Behavioral and Cognitive Neurology*. New York: Oxford University Press.

[233] Schultze, E. 1912: Krankhafter Wandertrieb, räumlich beschrönkte Taubheit für bestimmte Töne und "tertiare" Empfindungen bei einem Psychopathen. *Zeitschrift für die gesamte Neurologie und Psychiatrie* 10: 399.

[234] Schwartz, J, Robert-Ribes, J, Escudier, JP. 1998: Ten years after Summerfield: A taxonomy of models for audiovisual fusion in speech perception, p. 319 in R Campbell, B Dodd, DK Burnham (eds.), *Hearing by Eye*. East Sussex: Hove.

[235] Scriabin, A. 1911: *Prometheus, The Poem of Fire Opus* 60.

[236] Seitz, JA. 2005: The neural, evolutionary, developmental, and bodily basis of meta- phor. *New Ideas in Psychology* 23: 74 – 95.

[237] Seron, X, Peseenti, M, Noel, M-P, et al. 1992: Images of numbers or "when 98 is upper left and 6 is sky blue." *Cognition* 44: 159 – 196.

[238] Shah, NJ, Marshall, JC, Safiris, O, et al. 2001: The neural correlates of person familiarity: A functional MRI imaging study with clinical applications. *Brain* 124: 804 – 815.

[239] Shams, L, Kamitani, Y, Shimojo, S. 2000: Illusions: What you see is what you hear. *Nature* 408 (6814): 788.

[240] Shanon, B. 1982: Color associates to semantic linear orders. *Psychological Research* 44: 75 – 83.

[241] Shipley, T. 1964: Auditory flutter-driving of visual flicker. *Science* 145: 1328 – 1330.

[242] Shuler, MG, Bear, MF. 2006: Reward timing in the primary visual cortex. *Science* 311 (5767): 1606 – 1609.

[243] Siegel, RK, Jarvik, ME. 1975: Drug-induced hallucinations in animals and man, pp. 81 – 162 in RK Siegel, LJ West (eds.), *Hallucinations: Behavior, Experience, and Theory*. New York: Wiley.

[244] Siegel, RK. 1977: Hallucinations. *Scientific American* 237 (4): 132 – 140.

[245] Simner, J, Ward, J, Lanz, M, Jansari, A, Noonan, K, Glover, L, Oakley, D. 2005: Non-random associations of graphemes to colors in synaesthetic and normal populations. *Cognitive Neuropsychology* 22 (8): 1069 – 1085.

[246] Simner, J, Mulvenna, C, Sagiv, N, Tsakanikos, E, Witherby, SA, Fraser, C, Scott, K, Ward, J. 2006: Synaesthesia: The prevalence of atypical cross-modal experiences. *Perception* 35 (8): 1024 – 1033.

[247] Simner, J, Glover, L, Mowat, A. 2006: Linguistic determinants of word colouring in grapheme-colour synaesthesia. *Cortex* 42: 281 – 289.

[248] Simner, J, Hubbard, EM. 2006: Variants of synesthesia interact in cognitive tasks: Evidence for implicit associations and late connectivity in cross-talk theories. *Neuroscience* 143 (3): 805 – 914.

[249] Simner, J, Holenstein, E. 2007: Ordinal linguistic personification as a variant of synesthesia. *Journal of Cognitive Neuroscience* 19 (4): 694 – 703.

[250] Simpson, R, Quinn, M, Ausubel, D. 1956: Synesthesia in children: Associations of colors with pure tone frequencies. *Journal of Genetic Psychology* 89: 95 – 103.

[251] Smilek, D, Dixon, MJ, Cudahy, C, Merikle, PM. 2001: Synaesthetic photisms influence visual perception. *Journal of Cognitive Neuroscience* 13: 930 – 936.

[252] Smilek, D, Dixon, MJ, Cudahy C, Merikle, PM. 2002: Concept driven color experiences in digit-color synesthesia. *Brain and Cognition* 48 (2 – 3): 570 – 573.

[253] Smilek, D, Moffatt, BA, Pasternak, J, White, BN, Dixon, MJ, Merikle, PM. 2002: Synaesthesia: A case study of discordant monozygotic twins. *Neurocase* 8: 338 – 342.

[254] Smilek, D, Dixon, MJ, Cudahy, C, Merikle, PM. 2002: Synesthetic color experiences influence memory. *Psychological Science* 13 (6): 548 – 552.

[255] Smilek, D, Callejas, A, Merikle, P, Dixon, M. 2006: Ovals of time: Space – time synesthesia. *Consciousness and Cognition* 16 (2): 507 – 519.

[256] Smilek, D, Malcolmson, KA, Carriere, JS, Eller, M, Kwan, D, Reynolds, M. 2007: When "3" is a jerk and "E" is a king: Personifying inanimate

objects in synesthesia. *Journal of Cognitive Neuroscience* 19 (6): 981 – 992.

[257] Sperling, JM, Prvulovic, D, Linden, DEJ, et al. 2006: Neuronal correlates of colour – graphemic syaesthesia: A fMRI study. *Cortex* 42: 295 – 303.

[258] Starr, F. 1893: Note on colored hearing. *American Journal of Psychology* 51: 416 – 418.

[259] Steen, CJ. 2001: Visions shared: A firsthand look into synesthesia and art. *Leonardo* 34: 203 – 208.

[260] Stein, BE, Meredith, MA. 1993: *The Merging of the Senses*. Cambridge: MIT Press.

[261] Stevenson, RJ, Boakes, RA. 2004: Sweet and sour smells: Learned synes-thesia between the senses of taste and smell, pp. 69 – 84 in G Calvert, C Spence, BE Stein (eds.), *Handbook of Multisensory Processes*. Cambridge: MIT Press.

[262] Stromeyer, CF, Psotka, J. 1970: The detailed texture of eidetic images. *Nature* 225: 346 – 349.

[263] Stroop, JR. 1935: Studies of interference in serial verbal reactions. *Journal of Experimental Psychology* 28: 643 – 662.

[264] Suarez de Mendoza, F. 1890: *L'audition colorée*. Paris: Octave Donin.

[265] Sullivan, JWN. 1914: An organ on which color compositions are played: The new art of color music and its mechanism. *Scientific American* (February 21).

[266] Swinkels, WAM, Kuyk, J, van Dyck, J, Spinhoven, PH. 2005: Psychiatric comorbidity in epilepsy. *Epilepsy and Behavior* 7: 37 – 50.

[267] Tellegen, A, Atkinson, G. 1978: Openness to absorbing and self altering experiences ("absorption"): A trait related to hypnotic susceptibility. *Journal of Abnormal Psychology* 83: 268 – 277.

[268] Ternaux, JP. 2003: Synesthesia: A multimodal combination of senses. *Leonardo* 36: 321 – 322.

[269] Teuber, HL. 1961: Sensory deprivation, sensory suppression and agnosia: Notes for neurologic theory. *Journal of Nervous and Mental Diseases* 132: 32 – 40.

[270] Torrance, JP. 1996: *Thinking Creatively with Words*. Princeton: Personnel Press.

[271] Toth, LJ, Assad, JA. 2002: Dynamic coding of behaviourally relevant stimuli in parietal cortex. *Nature* 415 (6868): 165 – 168.

[272] Tzourio-Mazoyer, N, De Schonen, S, Crivello, F, et al. 2002: Neural correlates

of woman face processing by 2-month-old infants. *Neuroimage* 15: 454 – 461.

Kandkisky, W. 1912: über das Geistige in der Kunst, trans. M. Sadleir, *On the Spiritual in Art* 1947: New York: Wittenborn, Schultz.

[273] Van Orden, GC. 1987: A rows is a rose: Spelling, sound, and reading. *Memory and Cognition* 14: 371 – 386.

[274] Van Wassenhove, V, Grant, KW, Poeppel, D. 2007: Temporal window of integration in auditory – visual speech perception. *Neuropsychologia* 45 (3): 598 – 607.

[275] Vike, J, Jabbari, B, Maitland, CG. 1984: Auditory – visual synesthesia: Report of a case with intact visual pathways. *Archives of Neurology* 41: 680 – 681.

[276] Vroomen, J, de Gelder, B. 2004: Perceptual effects of cross-modal stimulation: Ventriloquism and the freezing phenomenon, pp. 141 – 150 in G Calvert, C Spence, BE Stein (eds.), *Handbook of Multisensory Processes*. Cambridge: MIT Press.

[277] Vygotsky, L. 1965: *Thought and Language*. Cambridge: MIT Press.

[278] Wallace, MT. 2004: The development of multisensory integration, pp. 625 – 642 in G Calvert, C Spence, BE Stein (eds.), *Handbook of Multisensory Processes*. Cambridge: MIT Press.

[279] Walsh, R. 2005: Can synaesthesia be cultivated: Indications from surveys of meditators. *Journal of Consciousness Studies* 12 (4 – 5): 5 – 17.

[280] Ward, J, Collins, J, Auyeung, V. 2003: Word – taste synaesthesia is an automatic and perceptual phenomenon. *Journal of Cognitive Neuroscience* 15 (suppl): 51.

[281] Ward, J, Simner, J. 2003: Lexical – gustatory synaesthesia: Linguistic and conceptual factors. *Cognition* 89: 237 – 261.

[282] Ward, J. 2004: Emotionally mediated synaesthesia. *Cognitive Neuropsychology* 21 (7): 761 – 772.

[283] Ward, J, Simner, J, Auyeung, V. 2005: A comparison of lexical-gustatory and grapheme-colour synaesthesia. *Cognitive Neuropsychology* 22 (1): 28 – 41.

[284] Ward, J, Simner, J. 2005: Is synaesthesia an X-linked trait with lethality in males? *Perception* 34: 611 – 623.

[285] Ward, J, Tsakanikos, E, Bray, A. 2006: Synaesthesia for reading and playing musical notes. *Neurocase* 12 (1): 27 – 34.

[286] Ward, J, Huckstep, B, Tsakanikos, E. 2006: Sound – colour synaesthesia:

To what extent does it use cross-modal mechanisms common to us all? *Cortex* 42: 264 – 280.

[287] Weiss, PH, Shah, NJ, Toni, I, Zilles, K, Fink, GR. 2001: Associating colours with people: A case of chromatic-lexical synaesthesia. *Cortex* 37: 750 – 753.

[288] Weiss, PH, Zilles, K, Fink, GR. 2005: When visual perception causes feeling: Enhanced cross-modal processing in grapheme- color synesthesia. *Neuro-Image* 28: 859 – 868.

[289] Welch, RB, DuttonHurt, LD, Warren, DH. 1986: Contributions of audition and vision to temporal rate perception. *Perception & Psychophysics* 39: 294 – 300.

[290] Wellek, A. 1931: Zur Geschichte und Kritik der Synästhesie-Forschung. *Archiv für die gesamte Psychologie* 79: S. 325 – 384.

[291] Werner, H. 1940: *Comparative Psychology of Mental Development*. New York: Harper.

[292] Wheeler, RH, Cutsforth, TD. 1921: The number forms of a blind subject. *American Journal of Psychology* 32: 21 – 25.

[293] Whitchurch, AK. 1922: Synesthesia in a child of three and a half years. *American Journal of Psychology* 33: 302 – 303.

[294] Wild, T, Kuiken, D, Schopflocher, D. 1995: The role of absorption in experiential involvement. *Journal of Personality and Social Psychology* 69: 569 – 579.

[295] Witthoft, N, Winawer, J. 2006: Synesthetic colors determined by having colored refrigerator magnets in childhood. *Cortex* 42: 175 – 183.

[296] Wynn, K. 1990: Children's understanding of counting. *Cognition* 36 (2): 155 – 193.

[297] Yakovlev, P. 1962: Morpholological criteria of growth and maturation of the nervous sysem in man. *Research Publications of the Association for Nervous and Mental Disorders* 39: 3 – 46.

[298] Yakovlev, PI, Lecours, AR. 1967: The myelogenetic cycles of regional maturation of the brain, pp. 3 – 70 in A Minkowski (ed.), *Regional Development of the Brain in Early Life*. Oxford: Blackwell.

[299] Zeki, S. 1993: *A Vision of the Brain*. Oxford: Blackwell Science.

[300] Ziegler, MJ. 1930: Tone shapes: A novel type of synesthesia. *Journal of General Psychology* 3: 227 – 287.

索　引

注：条目后数字为原文页数，对应本书边码。原文页数后带有"f"表示插图，带有"t"表示表格。

367

星期三是靛蓝色的蓝 · 第六日译丛

星期三是靛蓝色的蓝 · 第六日译丛

图书在版编目（CIP）数据

　　星期三是靛蓝色的蓝 ／（美）理查德·西托维奇,（美）戴维·伊戈曼著 ； 萧倩,
徐漪译. -- 长沙 ： 湖南科学技术出版社，2017.8
　　（果壳阅读·第六日译丛）
　　ISBN 978-7-5357-9205-1

　　Ⅰ. ①星… Ⅱ. ①理… ②戴… ③萧… ④徐… Ⅲ.①感觉—研究
Ⅳ. ①B842.2

　　中国版本图书馆 CIP 数据核字 (2017) 第 025687 号

湖南科学技术出版社通过博达著作权代理有限公司获得本书中文简体版中国大
陆发行出版权
著作权合同登记号　　18-2012-19

XINGQISAN SHI DIANLANSE DE LAN
星期三是靛蓝色的蓝

著　　者：[美]理查德·西托维奇　　[美]戴维·伊戈曼
译　　者：萧　倩　徐　漪
责任编辑：孙桂均　吴　炜　李　蓓
出版发行：湖南科学技术出版社
社　　址：长沙市湘雅路 276 号
　　　　　http://www.hnstp.com
湖南科学技术出版社天猫旗舰店网址：
　　　　　http://hnkjcbs.tmall.com
邮购联系：本社直销科 0731-84375808
印　　刷：长沙超峰印刷有限公司
　　　　　（印装质量问题请直接与本厂联系）
厂　　址：长沙市金洲新区泉洲北路 100 号
邮　　编：410600
版　　次：2017 年 8 月第 1 版第 1 次
开　　本：880mm×1230mm　1/32
印　　张：12.25
字　　数：280000
书　　号：978-7-5357-9205-1
定　　价：58.00 元
（版权所有·翻印必究）